U0228302

国家科学技术学术著作出版基金资助出版

多因素影响下长江泥沙来源、分布和输移规律

熊 明 朱玲玲 袁 晶 等 著

科学出版社

北 京

内 容 简 介

本书依据多期实地调查，收集长江流域长历时的降雨、径流、泥沙、河道地形资料及遥感影像等多源海量的数据，基于数据挖掘、聚类分析等技术，阐明多因素影响下长江流域水沙通量来源、分布及输移等时空分异规律，揭示产输沙全过程的驱动机制及其对人类活动的响应机理。本书通过全面筛查长江泥沙变异的影响因子，提出泥沙输移多因子驱动贡献率评估体系，构建典型区域产流产沙综合模型和泥沙输移多因子模型，量化降雨、水库拦沙和水土保持等主要因子对长江泥沙变异的贡献权重，详细刻画水库下游河床对上游泥沙变异的宏观响应，算清长江流域的"沙账"，对强人类活动作用下长江泥沙的总体变化趋势进行预测，为流域综合治理、规划与保护及水资源利用系统工程的效益发挥等提供重要的技术支撑。

本书可供水利水电系统和有关科研部门的专业技术人员使用，也可供高等院校相关专业师生参考。

图书在版编目（CIP）数据

多因素影响下长江泥沙来源、分布和输移规律/熊明等著.—北京：科学出版社，2024.5

ISBN 978-7-03-077754-6

Ⅰ.① 多… Ⅱ.① 熊… Ⅲ.① 长江-泥沙-来源-研究 ② 长江-泥沙-分布-研究 ③ 长江-泥沙-泥沙输移-研究 Ⅳ.① TV152

中国国家版本馆 CIP 数据核字（2024）第 018348 号

责任编辑：何 念 王 玉/责任校对：张小霞
责任印制：彭 超/封面设计：无极书装

科 学 出 版 社 出版

北京东黄城根北街 16 号
邮政编码：100717
http://www.sciencep.com

武汉精一佳印刷有限公司印刷
科学出版社发行 各地新华书店经销

*

开本：787×1092 1/16
2024 年 5 月第 一 版 印张：17 1/4
2024 年 5 月第一次印刷 字数：406 000

定价：229.00 元
（如有印装质量问题，我社负责调换）

　　受自然变化和人类活动等多重因素的影响，长江泥沙输移变化十分剧烈。2003～2018 年长江上游控制站寸滩站、中游控制站宜昌站和入海控制站大通站年均输沙量分别为 1.43 亿 t、0.404 亿 t 和 1.39 亿 t，相较于 1990 年前均值的减幅分别达到 68.8%、92.2% 和 69.6%。输沙量的锐减致使长江流域各项规划及工程设计的基础发生变化。同时，长江水沙异源现象十分突出，泥沙变异兼具不确定性、剧烈性、复杂性及长期性，从而引起河道的冲淤再造和江河湖库系统的泥沙重分配过程。尤其是水库群下游河道，因泥沙减少，河床高强度、长距离和常态化地冲刷下切，当前长江中下游河床普遍冲深 1～3 m，冲刷产生河流岸滩崩塌、比降调平、河床粗化及局部河势调整等一系列响应，威胁堤防安全、加重咸潮入侵和引发生态失衡等水安全问题日益突出。因此，摸清近年来泥沙变异的原因，定量分割泥沙变异的驱动贡献，准确判断泥沙变化趋势，对长江防洪、航运、生态等河流功能的健康稳定具有重大意义。

　　面对流域水沙非一致性变异的新形势，已有研究初步掌握了流域或重点区域的水沙输移特点与规律，尤其是在造成 20 余年输沙量急剧减少的原因方面基本达成共识，基于数值模拟，开展了多批次水沙变化趋势预测研究，为流域系统性治理、保护及重大工程建设、运行提供了重要的技术支撑。但由于观测资料覆盖面有限、要素不全和序列长度不统一等局限性，尚未达到定量分割各因素作用权重的深度，部分预测结果出现偏差。

　　本书基于流域水沙及相关观测资料的集成、挖掘和统计分析，从不同时间和空间尺度，兼顾泥沙的粒径尺度，开展全流域泥沙来源、分布及输移规律的系统性研究，揭示流域泥沙显著变异的新规律，算清流域的"沙账"。构建产流产沙综合模型，开展现场调研，筛查出影响流域泥沙输移的主要因子，包括：以降雨为代表的自然因子；水利工程、水土保持工程与采砂、弃土等人类活动因子。揭示驱动因子的影响机制，分阶段、分区域明确给出降雨、水利工程和水土保持工程及其他因素对输沙变化的作用权重，对预测流域泥沙变化趋势具有较强的指导作用。本书还聚焦水库内泥沙单向沉积和水库下游"清水"冲刷两个典型的"沙多""沙少"现象，以金沙江下游 4 座梯级水库和三峡水库为对象，阐明泥沙单向沉积与冲刷的宏观效应。在掌握泥沙变化特征、规律、影响因子及作用机制和权重的基础上，采用相对成熟的一维水沙数学模型和经验模型，预测长江流域不同分区未来 30 年的泥沙变化趋势。

　　全书共分为 6 章。第 1 章为绪论，论述本书针对的实际工程问题与研究背景，相关内容的国内外研究现状，概要性介绍主要研究内容；第 2 章为长江流域多尺度泥沙来源及时空分异性，面向长江自源区到河口的干流和大型一级支流，基于水文泥沙实测资料，根据不同分区、不同时段和不同时间尺度、粒径尺度，分析流域水沙来源及输移变化规律；第 3 章为典型区域产流产沙综合机制，分别采用土壤与水评估工具模型和土壤侵蚀概念性模型，针对上游重点产输沙区域的典型小流域，模拟产流产沙对降雨、土地利用和覆被变化的响应机制；第 4 章为新环境下输沙变化驱动因子及机制研究，识别驱动长江中下游输沙的主要因子，定量评估流域不同控制断面各因子驱动泥沙输移变化的作用权重；第 5 章为大型水库泥沙淤积与坝下游河道冲刷特征，以金沙江下游 4 座梯级水库和三峡水库及相应的坝下游河道为对象，阐述泥沙在水库中单向沉积和在下游河道内单向冲刷的补给状态及其宏观效应；第 6 章为未来 30 年流域泥沙变化趋势预测，基于长江上游一维水沙数学模型，考虑水库群调度及中下游河道冲刷等因素，预测长江干流重要控制断面的泥沙变化趋势。

本书主要由水利部长江水利委员会水文局、中国科学院水利部成都山地灾害与环境研究所、中国水利水电科学研究院和长江设计集团有限公司有关专业人员撰写完成。第 1 章由熊明、朱玲玲撰写，第 2 章由熊明、朱玲玲、李思璇撰写，第 3 章由董炳江、刘媛、杨成刚、陈柯兵撰写，第 4 章由熊明、袁晶、罗春燕、朱玲玲撰写，第 5 章由朱玲玲、董炳江、杨成刚、罗春燕撰写，第 6 章由胡健、袁晶、陈柯兵撰写，全书由熊明、朱玲玲统稿。

本书在撰写过程中，得到了国家科学技术学术著作出版基金、国家自然科学基金长江水科学研究联合基金项目"长江上游洪峰沙峰异步传播机理及水沙阐述模型研究"（U2040218）、"长江通江湖泊演变机制与洪枯调控效应研究"（U2240224）和"三峡水库下游河道不平衡输沙机制与演变规律研究"（U2240206）的资助与支持。

长江流域的泥沙输移变化是一个多重时空尺度的复杂问题，交织着自然条件改变和人类活动的影响。同时，泥沙为河流重要的构成物和塑造者，泥沙输移的量变必将导致河道形态、河势等的质变，进而影响河道治理规划的方向和河流功能的发挥，具有一定的连锁效应。当前，长江流域输沙态势进入了一个崭新的阶段，特征鲜明，尤其是伴随人们对河流保护意识和高质量开发利用需求的不断提高，摸清泥沙输移的宏观和微观规律及其变异所产生的综合效应显得尤为重要，也更需要多学科融合的理论基础与技术手段。

本书研究方法以原型观测数据分析和数值模拟计算为主，认识仍存在片面性，疏漏之处在所难免，敬请读者批评指正。

作　者
2022 年 10 月 26 日于武汉

►►►目 录

第1章 绪 论

1.1 长江流域泥沙研究的重要性

长江流域总人口、地区生产总值和粮食总产量均约占全国三分之一。流域内已形成长江三角洲城市圈、皖江城市带、武汉城市圈、环长株潭城市群、成渝地区双城经济圈 5 大城市经济圈，聚集地级以上城市 50 多个。2016 年，《长江经济带发展规划纲要》正式印发，强调"以长江黄金水道为依托，发挥上海、武汉、重庆的核心作用，以沿江主要城镇为节点，构建沿江绿色发展轴"。流域工农业发展迅速，交通发达，在我国经济社会发展中占有极其重要的地位。经过几十年的治理开发与保护，长江流域的防洪能力得到了显著提高，水资源利用和保护取得了较好成绩，水能开发、水运交通等得到了长足发展。

在流域经济社会发展的同时，人类活动也深刻地影响着长江，输沙变异是最直观的体现之一。长江上游（湖北省宜昌市以上地区）流域面积约为 100 万 km^2，位于青藏高原的东缘，地质构造复杂，新构造运动和地壳隆升强烈，地形高差大，受东亚季风和南亚季风的交替影响，降雨丰沛且多强降雨过程，土壤侵蚀强烈，滑坡、泥石流分布集中。据不完全统计，长江上游仅泥石流沟就有 4 200 多条，新老滑坡有 1.5 万余处，加之坡陡土薄，雨量也较集中，每年冲刷大量的地表土壤。到 20 世纪 90 年代初，长江上游的水土流失面积约为 35 万 km^2，占上游总流域面积的 35%，年均地面侵蚀物总量近 16 亿 t，为我国水土流失最为严重的地区之一，是流域泥沙的主要来源。长江中下游河道比降变小、水流平缓，枝城镇以下沿江两岸均筑有堤防，并与众多大小湖泊相连，总体河势稳定，河道冲淤主要受上游水沙条件变化的影响。长江上游地区是中下游地区经济发展的能源（水电）供应地和防洪减灾的生态屏障，以水电开发和水土保持为代表的人类活动的强度逐渐加大后，泥沙输移发生了时空变异，对中下游流域河流泥沙控制和防洪减灾产生了重大影响。

长江水沙异源现象十分突出，泥沙变异在时空尺度上兼具不确定性与复杂性。半个多世纪以来，受自然变化和人类活动的双重影响，长江泥沙输移与河床边界变化十分剧烈。1950～1990 年长江上游控制站宜昌站、入海控制站大通站年均输沙量分别为 5.21 亿 t、4.58 亿 t，1991～2002 年两站年均输沙量减少至 3.91 亿 t、3.25 亿 t，2003～2022 年进一步锐减至 0.321 亿 t、1.29 亿 t。泥沙输移规律与变化趋势是长江流域规划、治理和保护及水利工程设计的重要基础，输沙变化带来了许多连锁反应：一方面，对于长江上游以三峡水库为核心的水库群而言，输沙量锐减使库区的泥沙淤积比预计的要轻，有利于延长水库的运行年限，为水库的进一步优化调度提供了便利条件，有利于水库群综合效益的发挥；对于长江中游淤积型通江湖泊而言，泥沙减少可以缓解湖泊萎缩。另一方面，输沙量锐减使河道冲淤再造、江河湖库系统泥沙重分配，水库下游河道冲刷的深度和沿程冲刷的速度、河道变形幅度与河势稳定性破坏程度，以及河口海岸侵蚀速度都比预估的情况更为严重，给长江中下游河道稳定、防洪、供水、航运及水生态环境安全造成了威胁，长江大保护面临着严峻的挑战。

长江流域泥沙输移的重要性决定了它是一项长期受到关注的内容，以往相关成果较多。但长江水沙异源现象十分突出，泥沙输移时空变化规律兼具不确定性与复杂性，影响因素繁多且不断发生着变化，人们对其驱动机制及影响权重尚未形成量化认识，以至于对其变化趋势的认识仍不十分清晰。针对长江泥沙来源变异、河道输沙量骤降及其带来的江河湖库泥沙格局调整等问题，通过集成实地调查得到的长历时的水文泥沙监测资料及空间遥感等海量数据，研究建立流域泥沙通量变化数据库，基于大数据挖掘技术，系统掌握长江流域典型区域产流产沙综合机制，全面揭示长江流域多尺度泥沙来源及时空分异性，重点筛查长江泥沙变异的驱动因子，量化降雨、水库拦沙和水土保持等主要因素对长江泥沙变异的贡献权重，刻画中下游泥沙时空格局及其对上游泥沙变异的响应。旨在算清长江流域的"沙账"，预测出流域未来 30 年的输沙变化趋势，为长江泥沙调控及干流河道演变与治理奠定基础，为长江大保护提供技术支撑。研究成果对长江防洪、航运、生态等河流功能的可持续发挥具有重大意义。

1.2 国内外研究现状

1.2.1 长江源及金沙江上游地区径流泥沙变化

联合国政府间气候变化专门委员会（Intergovernmental Panel on Climate Change，IPCC）的第四次调查报告中曾指出：由于气候明显变暖，很多寒区的冰川出现大面积的后退（Intergovernmental Panel on Climate Change，2007）。其中，受冰川融化影响最为严重的区域之一是喜马拉雅山和青藏高原地区，该地区拥有世界第三大的冰储量，而该地区是很多较大河流（包括长江、黄河）的河源区（Knight and Harrison，2009）。在冰川逐年萎缩、湿地面积缩小、草地退化、土地沙漠化和生物多样性破坏等综合作用下，江源区的水源涵养能力大大削弱（Guo et al.，2016；Jiang et al.，2015；Xiang et al.，2013）。河流产沙输沙随之发生变化（王莹 等，2015；刘光生 等，2012）。21 世纪以来，通天河含沙量比多年平均值偏小，输沙量比多年平均值偏大（刘希胜，2014）。沱沱河径流量和输沙量均有所增大（关颖慧 等，2021）。长江源的输沙量增大与流域其他区域输沙量的明显减少形成了鲜明对比（Lu and Chen，2008）。然而，目前关于长江源径流、泥沙过程的研究，仍较多地依赖于水文站的实测资料，并局限于中下段，源头区河段泥沙变化，尤其是长时间序列的泥沙变化研究尚未见公开文献报道。目前，长江三源仅有沱沱河设有监测径流、泥沙的水文站，当曲河无水文站，楚玛尔河下游设立了简易水文站（监测项目不含泥沙），难以掌握其水沙输移特征与规律，尤其是对其近期水量略增而沙量大幅增加的内在机制缺乏解释。

除此之外，伴随着流域梯级水库建设的不断推进，长江流域重点产沙区金沙江继中游 6 座梯级水库建成运行和下游乌东德水库、白鹤滩水库、溪洛渡水库、向家坝水库 4 座大型梯级水库投产后，水电开发的步伐继续向上游延伸，达到金沙江上游地区，而金沙江上游直接承接来自长江源的水沙，近期长江源区径流和输沙增大也对金沙江上游水沙输移造成了重大的影响。同时，2018 年还发生了白格堰塞湖封堵金沙江干流的特殊事件，也对干流河道的水沙输移乃至众多梯级水库的建设与运行造成了一定的影响（朱玲玲　等，2020）。目前，对于金沙江上游水沙输移规律，限于观测站点较少、内容不全和系列较短等，一直未能有相对系统的分析和研究，以至于对近期出现的增沙现象的产生机理和发展趋势尚不明晰。

1.2.2　流域泥沙来源及时空分异性和影响因素

水沙条件对于河流变迁和发育的作用是独一无二、不可取代的，因而关于长江水沙条件变化规律的研究成果多而广。这些研究从全流域（从上游一直到河口）和部分区域等不同角度对水沙进行分析研究，不仅研究了水沙的变化幅度和变化特征，还揭示了水沙变化的主要影响因素。其中，长江上游干流河道的水沙主要有金沙江和嘉陵江两大来源。金沙江下游在 21 世纪初之前，尤其是在其下游的向家坝水库、溪洛渡水库蓄水运用前，输沙量呈现轻微递增的变化趋势，嘉陵江输沙减少则较为明显；金沙江下游梯级水库运行后，长江上游输沙量整体大幅度下降（朱玲玲　等，2016）。影响长江上游水沙变化的因素主要有降雨量、水土保持措施、水库拦沙及其他人类活动等（张莉莉和陈进，2007；许全喜　等，2004；张信宝和文安邦，2002）。

长江中游干流河道的水沙大部分来自宜昌市以上的干支流，区间还有较大支流、湖泊入汇的水沙，因此，其变化特征有一定的区域性，并且径流和泥沙的变化规律近几十年存在着明显的差异，径流总量年际以周期性波动为主，水库调蓄改变了年内过程，泥沙总量及过程均显著变化（王延贵　等，2014；许全喜和童辉，2012；胡向阳　等，2010；府仁寿　等，2003；Chen et al.，2001）。尤其是 2003 年三峡水库的运行拦截了其下游长江干流河道和通江湖泊泥沙来源的 88%（Yang et al.，2007），宜昌站、汉口站和大通站年输沙量具有显著的减少趋势（王延贵　等，2014），水流明显变清，三峡水库出库悬移质泥沙的粒径明显变细，坝下游河床冲刷导致悬移质泥沙的粗颗粒含量沿程增多，粒径变粗，监利站粗沙量已基本恢复到蓄水前的水平，长江上游与中下游泥沙输移的格局发生了变化，大通站泥沙来源和地区组成产生新变化（许全喜和童辉，2012）。近 50 年来，长江入海输沙量也呈减少趋势（刘成 等，2007）。水沙变化的影响因素主要有流域水库拦沙、流域水土保持、河道采砂等人类活动（王延贵 等，2014；许全喜 等，2004），三峡水库的拦沙作用进一步加大了泥沙的减幅。

纵观已有关于长江流域水沙条件的论述，大部分结论、认识存在相似性。一方面，径流变化的程度较小，如三峡水库等控制性水库群蓄水更多地改变了径流的年内过程，对径流总量的影响较小；另一方面，在自然条件变化的大背景下，以水利工程和水土保持工程为代表的人类活动长期作用于输沙量的变化，使得进入长江流域及河道输送的泥沙量均呈减少趋势，尤其是流域重点产输沙区，以三峡水库为核心的水库群的蓄水运用更使进入河道的泥沙被大量截留，流域性的输沙呈减少趋势。长江流域近60年的水沙变化过程更确切地说是径流量波动性变化和输沙量阶段性减少的过程。以往关于长江流域泥沙来源的认识较为清晰，但关于半个多世纪以来，众多复杂因素影响下的不同时空尺度的泥沙来源及分布、输移变化规律的研究较少，尤其是在泥沙不同粒径尺度的微观层面进行的流域性变化规律研究尚不多见。

1.2.3 流域输沙驱动因子作用机制和变化趋势

长江流域建有完善的雨量站和水文站，有系统的降雨、水文、泥沙监测资料。三峡水库上游来水来沙条件变化对三峡库区泥沙冲淤和调度运用及长江中下游防洪、生态环境影响巨大，一直受到社会各界和专家学者的高度关注。在充分认识流域产输沙变化总体规律的基础上，在长江流域输沙驱动因子作用机制方面也积累了丰富的成果。

关于长江流域输沙驱动因子影响的研究成果较多。刘毅（1997）认为，长江泥沙地表侵蚀以水力侵蚀和重力侵蚀为主，但输沙量远小于侵蚀量。水土保持和兴建中小型水库的拦沙作用明显减少了进入河道的泥沙，与人类活动加剧水土流失所带来的负效应部分相互抵消。李长安等（2000）分析认为，近40年来长江上游水土流失、山地灾害等带给流域系统的泥沙大部分堆积在各支流的中下游河道。朱鉴远（2000）认为，长江上游水库淤积，在客观上对长江中下游河道减沙已起到很大作用。若无水库淤积拦沙，长江上游输沙量、含沙量的年增长率将达约1%。张信宝和文安邦（2002）、张信宝（1999）认为，人类活动的方式、程度，植被破坏与恢复，水土流失治理，水利工程拦沙和工程建设增沙等的明显差异，是20世纪80年代以来嘉陵江和金沙江水沙变化不同的主要原因。许炯心（2000）认为，长江上游的森林可以显著增大枯水流量，显著削减中小洪水的洪峰流量，但对全流域性长历时暴雨所造成的特大洪水的削减作用是有限的。长江上游支流岷江和嘉陵江的输沙变化表现出一定的趋势性：森林破坏和坡地开垦使河流泥沙增多；水库修建后，因水库的拦沙作用，河流输沙量减少。许炯心（2006）用经验统计方法研究了人类活动和降雨变化对嘉陵江流域侵蚀产沙的影响。水利工程水保措施和20世纪80年代以来的降雨减少，共同导致了嘉陵江流域产沙量的减少，降雨减少所导致的年减沙量占年平均总减沙量的28.6%，水利工程水保措施导致的年减沙量占年平均总减沙量的71.4%。许全喜等（2004）对长江上游近期的水沙变化特点及其趋势进行了分析，最终给出了影响长江上游水沙变化的主要因素，包括降雨、水土保持措施、水库拦沙及其他人类活动等。

还有一些研究对于典型流域，给出了泥沙变异驱动因子的贡献权重。Yang 等（2007）认为，水库拦沙和水土保持措施是 1985 年后嘉陵江流域输沙量减少的主要原因，且水库拦沙减沙量占总减沙量的 2/3，水土保持措施减沙量占总减少量的 1/3。Hu 等（2004）对嘉陵江水沙变化规律进行了初步研究，认为嘉陵江水土保持措施减沙量、水库拦沙减沙量各占北碚站总减沙量的 1/3。

在三峡工程论证阶段和"九五""十五"期间，水利部长江水利委员会水文局等国内一些单位对三峡工程来水来沙条件、长江上游水库群对三峡工程的拦沙作用、嘉陵江流域水土保持对三峡工程来沙量的影响等进行了较为深入的分析研究，取得了丰富的研究成果。对长江上游地区水土流失治理措施及其效应、滑坡与泥石流分布、降雨分布与输沙量之间的关系等也进行了较为深入的调查和分析工作，也取得了一些有益的研究成果，但仍然存在不足之处。

一方面，以往的研究重点在于长江上游，对流域性的驱动因子及其权重量化涉及较少。对于长江流域水沙变化的原因尚不完全清楚。对于降雨对侵蚀产沙的影响，以及水土保持减蚀减沙、水利工程拦沙作用与减沙效益等方面还缺乏深入、系统的研究，特别是尚未对大型水利工程、下垫面变化等人类活动对长江水沙输移变化作用强度的量化进行研究。在算清长江上游地区"沙账"、准确预测一定时期内的长江泥沙变化趋势等方面还存在不足。

另一方面，长江水沙条件发生变化的原因除包括气候变化（如降雨大小、分布，以及暴雨强度和落区分布等）外，还主要包括水土保持、水利工程和其他人类活动影响（包括筑路、采矿、河道采砂等）等，这些影响因素往往交织在一起，如何定量分割和评估各影响因子对长江上游水沙条件变化的作用，尚无公认成熟的方法。尤其是长江流域水库众多，所处位置及调度方式各不相同，拦沙作用及效率也有差异。如何定量并且准确地评估已建水库群对水沙的影响，目前所使用的方法都不同程度地存在一些不足，尚无公认完善的方法。

1.2.4　泥沙在水库群及河道的单向沉积与冲刷效应

长江流域泥沙重新配置的典型特征在于水库中泥沙的单向沉积和水库下游河道的"清水"冲刷。尤其是对于长江上游重点产沙区内的大型水库，泥沙淤积及坝下游河道的河床冲刷问题十分突出，并产生了一系列的宏观影响，包括水利工程综合效益的发挥，水库下游河道的河势稳定、防洪安全、通航保障及水生态环境保护等，因此备受行业关注。

已发表的论文中，长江上游水库群的泥沙淤积研究以三峡水库为主，如以水利部长江水利委员会水文局为代表的基于原位观测资料的泥沙淤积特征分析，包括水库的排沙比、淤积分布、淤积形态（刘尚武　等，2019a；李文杰　等，2015；袁晶　等，2013；陈

桂亚 等，2012），近期的研究主要侧重于进一步加大水库排沙和减少局部重点河段淤积的调度措施与指标等方面（朱玲玲 等，2021；唐小娅 等，2019；周曼 等，2015；董炳江 等，2014）；水库淤积发展趋势的预测也是工程论证阶段所关注的重点内容，研究成果以长江科学院和中国水利水电科学研究院的成果为代表（卢金友和黄悦，2013）；还有一些研究以泥沙为载体，侧重于考量泥沙沉积所带来的水环境效应（刘尚武 等，2019b）。三峡水库坝下游河道冲刷的研究成果从工程论证阶段关于趋势的预测（仍以长江科学院和中国水利水电科学研究院的成果为典型代表）（韩其为和何明民，1997；长江科学院，2002；中国水利水电科学研究院，2002），逐渐发展到水库蓄水后河床冲刷过程中一般性和特异性规律的探究（朱玲玲 等，2015；许全喜，2013；李义天 等，2003），以及河床冲刷所带来的显著影响，包括水情、通航和江湖关系变化等多个方面（朱玲玲 等，2017，2016；江凌 等，2010；熊明 等，2010；葛华 等，2009）。

金沙江下游梯级水库成库时间相对于三峡水库晚 10 年左右，且多为高坝深库，在设计阶段就基本明确了控制金沙江泥沙为三峡水库拦沙的任务，因此关于梯级水库泥沙淤积和坝下游河道冲刷的研究偏少，研究多围绕溪洛渡水库排沙比、溪洛渡水库与向家坝水库的泥沙淤积特征及其与三峡水库的异同性开展（朱玲玲 等，2021），或是进行金沙江下游梯级水库群运用对坝下游通航、三峡水库入库水沙条件等影响的研究（潘增 等，2020；袁晶和许全喜，2018；朱玲玲 等，2016）。

本书在已有成果的基础上，整合了相对完整的观测资料，对金沙江下游的乌东德水库、白鹤滩水库、溪洛渡水库和向家坝水库及长江上游的三峡水库的泥沙淤积规律进行了详细的阐述，包括水库淤积量，淤积沿时程、沿高程的分布特征，水库泥沙淤积带来的纵剖面和横断面的形态响应，以及水库中淤积泥沙的组成及沿程的分选规律等。关于水库下游的冲刷，主要围绕向家坝水库下游河道和长江宜昌市以下中下游河道，从冲淤量、冲淤形态、河床组成粗化效应等方面揭示了冲刷的总体规律，并结合冲刷带来的河道边界的剧烈调整，延伸分析了枯水情势对冲刷的响应。

1.3 本书的主要内容及成果

1.3.1 主要内容

本书拟通过建立长江流域水沙通量数据库，构建典型区域的产流产沙综合模型，解析强人类活动影响下长江来水来沙过程的时空分异规律，揭示长江泥沙输移多因子驱动机制，阐明水库群内泥沙沉积和坝下游河道河床冲刷等单向过程的宏观效应，明确流域泥沙输移的发展趋势，主要研究内容包括以下五个部分。

（1）长江流域多尺度泥沙来源及时空分异性：集成多源、海量的观测资料，建立长江流域泥沙通量变化特征数据库。通过异源信息的同化与聚类分析，揭示长江流域多时间、多空间尺度的泥沙来源及其变化特征，重点阐述泥沙通量时空分异性，明确多因素影响下流域泥沙输移周期性、突变性等基本规律和突变促发因子，解析强人类活动作用及环境变化等新背景下的长江泥沙输移新规律。

（2）典型区域产流产沙综合机制：采用水文站长序列观测数据分析与遥感调查、解译相结合的方法，分析典型区域不同尺度流域产输沙与地形、降雨、植被、土地利用、人类活动等因子的关系，建立不同尺度的流域侵蚀产沙模型；基于已有侵蚀产沙数据库，解析流域不同空间格局与输沙量的关系；通过对比不同尺度的流域输沙量，揭示泥沙输移的流域尺度效应；建立典型区域流域输沙综合模型，研究和模拟长江典型区域的产流产沙综合机制。

（3）新环境下输沙驱动因子作用机制研究：建立长江泥沙输移多因子驱动贡献率评估体系，系统辨识和解析降雨、地质灾害、水库运行、水土保持、采砂等环境变化和人类活动对长江流域输沙的驱动机制，分阶段评估各主要驱动因子对长江泥沙通量变化的作用，提出不同阶段影响长江流域输沙的关键驱动因子，初步形成长江流域泥沙输移多因子驱动贡献率评估体系，重点揭示长江来沙过程对人类活动的响应机理及其持续性。

（4）大型水库泥沙淤积与坝下游河道冲刷特征：以金沙江下游 4 座大型梯级水库和三峡水库为核心，基于大量水文泥沙、河道地形和固定断面观测资料，分析掌握水库内泥沙沉积的基本规律，包括淤积量、淤积时程分布规律及河道形态调整特征，阐明水库群下游河道河床冲刷发展的过程及其对水文情势的影响。

（5）未来 30 年流域泥沙变化趋势预测：基于实测泥沙系列数据，构建泥沙输移多因子驱动贡献率评估体系和典型区域产流产沙综合模型，阐释长江流域产输沙基本规律及其控制因素的作用机理，复演泥沙通量变化典型历史过程，预测水利工程、水土保持工程等强人类活动影响下长江流域泥沙的变化趋势。

1.3.2 主要成果

本书取得的主要研究成果有如下四个方面。

主要成果 1：基于泥沙通量变化数据库和典型区域产流产沙综合模型，系统揭示了长江流域泥沙多尺度来源及时空分异特征和新规律。

（1）长江流域不同时空尺度的泥沙来源均显著变化。自然状态下，流域的泥沙主要来源于上游重点产沙区；随着自然因素的不断变化和人类活动的增强，长江上游的泥沙更多地来源于支流和未控区间，长江下游的泥沙则依赖于河床冲刷补给，水沙异源和相关关系不协调等现象更为突出。

（2）长江流域泥沙分布格局明显调整。自然状态下，长江上游河道多年处于相对平衡状态，流域输入河道的泥沙主要分为两个去向：在中下游平原河流、通江湖泊沉积和随水流入海，分配比例约为 1:3；今后输入河道的泥沙将基本被拦截和固积在上游控制性水库群内。

（3）长江流域泥沙更为集中地在汛期输移。水库群的运行极大程度地改变了泥沙输移总量和过程，未来泥沙年内输移过程将与水库群运行及调度方式密切相关，水库群汛期集中排沙和极端暴雨产沙等决定了输沙主要发生在洪水过程中。

（4）长江流域水沙峰值异步传播特性突出。受产流产沙机理有差异、水沙异源和水动力条件沿程变化等影响，天然河流中洪峰、沙峰存在异步输移的现象；水库群修建后，进一步改变了水动力条件和水沙来源，水沙峰值异步传播特性更为突出，这对于水库群排沙调度来说既是机遇又是挑战。

（5）长江流域的泥沙变异还体现在粒径尺度上。天然状态下，长江自上而下泥沙粒径总体减小；水库群建成后，对粗细颗粒泥沙的拦截幅度不同，河床上粗细颗粒泥沙含量也千差万别，从而影响沿程粗细颗粒泥沙的恢复程度，"粗细均冲""淤粗冲细"等作用下，泥沙粒径沿程变化，分异性明显。

主要成果 2：结合产输沙机理和成因分析，分阶段、分区域地识别了长江流域输沙驱动因子作用机制和贡献权重。

梳理长江流域产输沙的驱动因子，主要包括气候（降雨）变化、下垫面因素及以水土保持工程、水利工程和采砂为代表的典型人类活动。通过集成多种估算方法，以金沙江出口屏山站、三峡水库入库寸滩站和武隆站、中游入口宜昌站及下游大通站为流域控制性断面，分阶段地评估了造成各控制断面泥沙变化的各驱动因子的贡献权重。

主要成果 3：详细阐述了金沙江下游梯级水库群和三峡水库的泥沙淤积规律，以及其坝下游河道的冲刷特征。

长江上游大型梯级水库群建成运行后，将流域重点产沙区的泥沙拦截在水库内，尤以金沙江下游水库群和三峡水库泥沙淤积最为显著，相应的水库下游河道的河床发生长距离、高强度的冲刷调整。截至 2021 年底，金沙江下游 4 座梯级水库和三峡水库联合年均淤积泥沙约 1.994 亿 t，淤积主要发生在常年回水区和死库容内，淤积以主槽平淤为主要形式，溪洛渡水库深泓平均淤积幅度最大。水库群基本截断了长江上游的泥沙，向家坝水库和三峡水库近似"清水"下泄，导致坝下游河道剧烈冲刷，向家坝水库下游河道累计冲刷 13 917 万 m³，三峡水库下游宜昌至河口段累计冲刷 50.296 亿 m³。冲刷以枯水河槽的下切为主要形式，河床平均冲深 1～3m。

主要成果 4：建立了涵盖长江上游干流及主要支流梯级水库群的大范围一维非恒定水沙数学模型，预测了寸滩站、宜昌站和大通站未来 30 年的输沙变化趋势。

采用河道一维非恒定水沙数学模型，模拟预测出长江上游未来 30 年平均输入三峡水库的沙量约为 1.10 亿 t（含三峡水库未控区间年均来沙量 0.17 亿 t）；考虑金沙江下游梯级水库群运行对三峡水库排沙比的影响，中游宜昌站的年均输沙量为 0.24 万～0.34 万 t；宜昌至大通段主要有洞庭湖、鄱阳湖和汉江水系来沙，以及干流河床冲刷补给的泥沙，综合原型观测分析和已有河道冲刷预测计算成果，未来 30 年大通站的年均输沙量约为 1.25 亿 t，最大输沙量仍有可能达到 2.5 亿 t。

第2章 长江流域多尺度泥沙来源及时空分异性

2.1 概 述

长江泥沙来源复杂。受地质地貌、降雨等影响，流域内输沙模数大于 $500t/(km^2 \cdot a)$ 的区域主要分布在长江上游，输沙模数大于 $2\ 000\ t/(km^2 \cdot a)$ 的区域主要分布在金沙江下游、嘉陵江上中游、乌江上游和三峡库区等，烈度产沙区除位于嘉陵江上游的甘肃省陇南市地区属少雨区以外，其余均处在暴雨或大暴雨区。长江中下游地区除洞庭湖水系的沅江、资江的部分区域输沙模数偏高外，其他区域多在 $50 \sim 500\ t/(km^2 \cdot a)$。实测资料表明，长江流域的泥沙变化特点主要表现为以下四个方面。

（1）长江流域的河道输沙量总体减小明显。长江干流自石鼓站以下，受沿程支流入汇、区间补给等作用，自上而下径流量和输沙量逐渐增加的规律较为明显，且一直以来径流量沿程变化的规律得到保持，输沙量则自攀枝花站以下出现不同幅度的减少现象，综合表现为水沙非一致性变化，水沙相关关系明显调整。20 世纪 90 年代后，相较于此前，长江流域除金沙江输沙基本稳定以外，自岷江以下多年平均输沙量减少 $7.3\% \sim 72.2\%$；进入 21 世纪以来，$2003 \sim 2018$ 年，长江流域输沙水平再次下降，相较于 $1991 \sim 2002$ 年，除长江源输沙量、金沙江上游输沙量、沱江来沙量和鄱阳湖出湖沙量偏大以外，干流及其他主要支流的输沙量都较为一致地呈现减少趋势，减幅在 $5.7\% \sim 90.9\%$，尤其以长江中下游干流减幅偏大（表 2.1.1）。

表 2.1.1 长江干流、主要支流控制站不同阶段多年平均输沙量统计表

控制站	1990 年前 /万 t	1991~2002 年 /万 t	2003~2018 年 /万 t	变化率 1/%	变化率 2/%
直门达站	991	834	1 100	-15.8	31.9
巴塘站	1 440	1 670	2 110	16.0	26.3
石鼓站	2 180	3 050	3 060	39.9	0.3
攀枝花站	4 480	6 700	2 920	49.6	-56.4
华弹（白鹤滩）站	16 800	21 600	9 980	28.6	-53.8
屏山（向家坝）站	24 600	28 100	8 920	14.2	-68.3

控制站	1990 年前 /万 t	1991~2002 年 /万 t	2003~2018 年 /万 t	变化率 1/%	变化率 2/%
横江站	1 370	1 390	617	1.5	-55.6
高场站	5 260	3 450	2 410	-34.4	-30.1
富顺站	1 170	372	539	-68.2	44.9
朱沱站	31 600	29 300	12 100	-7.3	-58.7
北碚站	13 400	3 720	2 820	-72.2	-24.2
寸滩站	46 100	33 700	14 300	-26.9	-57.6
武隆站	3 040	2 040	455	-32.9	-77.7
宜昌站	52 100	39 200	3 580	-24.8	-90.9
枝城站	53 700	39 200	4 330	-27.0	-89.0
沙市站	46 200	35 500	5 380	-23.2	-84.8
监利站	37 400	31 500	6 960	-15.8	-77.9
城陵矶站	4 860	2 430	1 860	-50.0	-23.5
螺山站	43 800	32 000	8 570	-26.9	-73.2
仙桃站	4 020	1 230	1 160	-69.4	-5.7
汉口站	42 600	31 200	9 960	-26.8	-68.1
湖口站	1 070	726	1 120	-32.1	54.3
大通站	45 800	32 700	13 400	-28.6	-59.0

注：变化率 1 和变化率 2 分别指 1991~2002 年相较于 1990 年前、2003~2018 年相较于 1991~2002 年的多年平均输沙量的变化幅度。

（2）长江流域输沙量时空变化差异明显。受减沙控制因素有差别的影响，长江流域输沙量减幅在时空尺度上呈现明显的差异性。1991~2002 年，输沙减少主要发生在长江上游的支流沱江、支流嘉陵江和长江中下游的支流汉江、洞庭湖区。其中，沱江和嘉陵江多年平均输沙量的减幅之和为 1.01 亿 t，占寸滩站多年平均输沙量减幅 1.24 亿 t 的 81.4%，洞庭湖区泥沙汇入量的减幅与汉江输沙量的减幅之和为 1.38 亿 t，更是超过了大通站输沙量的减幅 1.31 亿 t。2003~2018 年，以三峡水库为核心的长江干流控制性水利枢纽陆续建成运行，同时受河床补给有限的影响，相较于 1991~2002 年，长江干流上游输沙量减少幅度沿程自攀枝花站的 56.4%递增至宜昌站的 90.9%，宜昌站的多年平均输沙量从亿吨级下降至千万吨级，直至 2013 年之后的百万吨级，泥沙总量减少约 41.2 亿 t；在中下游平原冲积河流高强度的河床冲刷补给作用下，输沙量减幅沿程下降至大通站的 59.0%，长江入海控制站大通站的泥沙累计减少约 17.8 亿 t（表 2.1.1）。因此，30 余年间，长江流域输沙量减少总体上经历了两个阶段，两个阶段输沙量的减少在空间分布、量级及控制因素上都不相同，具有从支流发展到干流，上游减幅沿程递增、中下游减幅沿程递减的总体特征（图 2.1.1）。

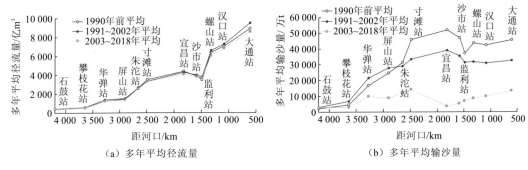

图 2.1.1 长江干流控制站不同阶段径流量和输沙量的变化

（3）长江上游河道泥沙年内主汛期（7～9 月）集中输移现象突出。河道泥沙的输移水平主要取决于径流过程，长江流域年内具有典型的丰枯交替的周期特征，径流集中在汛期（5～10 月），输沙相对于径流，汛期集中输移的现象更为明显，沙市站以上的干支流汛期输沙量占全年的比例基本在 90% 以上。1991～2002 年相较于 1990 年前，长江流域的输沙量变化主要集中在沱江、嘉陵江、洞庭湖水系及汉江等区域，因此年内输沙量的分布变化也主要发生在这些区域，表现为汛期和主汛期输沙量占比减小，沱江和汉江的输沙量减幅偏大，主要受降雨、下垫面条件变化和水利工程的影响。2003～2018 年，长江流域干流输沙量减少极为显著，支流来沙占干流的比例越来越大，其年内分布规律也对干流产生了一定的影响。其中，长江上游的主要支流具有暴雨输沙的特征，主汛期的输沙量占比较大。以产输沙强度较大的沱江和嘉陵江为代表，主汛期的输沙量占比增幅较大，从而使得干流朱沱站、寸滩站主汛期的输沙量占比都略有增加，至三峡水库常年回水区内，主汛期水库排沙的现象更为突出，万县站主汛期输沙量占比增大 14.4 个百分点。长江中下游输沙量的年内分配规律主要与三峡水库调度方式有关，水库汛期集中排沙导致宜昌站主汛期输沙量的占比增大近 15 个百分点，并一直影响到沙市站。自螺山站以下，泥沙受到的河床补给作用强，而三峡水库汛期开展了削峰调度，减少了高水频次，同时两湖地区汛期较干流早，主汛期还存在干流倒灌鄱阳湖的现象，从而使得干流主汛期的输沙量占比下降（图 2.1.2）。

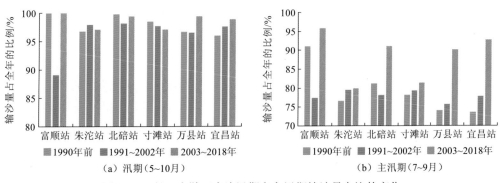

图 2.1.2 长江上游干支流汛期和主汛期输沙量占比的变化

（4）悬移质泥沙粒径尺度上的输移特征也有时空差异性。三峡水库蓄水前，长江干流及典型支流的悬移质泥沙输移主要集中在颗粒粒径 $d \leqslant 0.031$ mm 的细颗粒泥沙，其沙重百分数大多在 70% 以上，$d > 0.125$ mm 的粗颗粒泥沙基本不超过 10%，0.031 mm $< d \leqslant 0.125$ mm 的泥沙颗粒在 20% 左右，沿程无明显变化规律且差异也较小，中值粒径自山区河流至平原河流具有沿程略减小的特征。三峡水库等控制性水利枢纽运行后，长江上游和下游的变化规律有较大差异，上游自朱沱站至宜昌站（包括嘉陵江和乌江）细颗粒泥沙的含量普遍增加，其主要原因在于梯级水库将粗颗粒泥沙拦截，同时山区河流河床可冲刷补给的粗颗粒泥沙有限，粗颗粒泥沙难以恢复。中下游自沙市站以下，细颗粒泥沙的含量均有所减小，尤其是监利站，$d \leqslant 0.031$ mm 的细颗粒泥沙减少了 25.7 个百分点，冲积河流河床冲刷补给水流中粗颗粒泥沙的现象较为明显，$d > 0.125$ mm 的粗颗粒泥沙至监利站已基本恢复至三峡水库蓄水前的水平，强冲刷区的泥沙中值粒径明显增大（表 2.1.2、图 2.1.3）。

表 2.1.2　长江流域干流及典型支流控制站悬移质泥沙级配变化统计表

时段	粒径级	朱沱站	北碚站	寸滩站	武隆站	万县站	宜昌站	枝城站	沙市站	监利站	螺山站	汉口站	大通站
2002年前	$d \leqslant 0.031$ mm /%	69.8	79.8	70.7	80.4	70.3	73.9	74.5	68.8	71.2	67.5	73.9	73.0
	0.031 mm $< d$ $\leqslant 0.125$ mm /%	19.2	14.0	19.0	13.7	20.3	17.1	18.6	21.4	19.2	19.0	18.3	19.3
	$d > 0.125$ mm /%	11	6.2	10.3	5.9	9.4	9.0	6.9	9.8	9.6	13.5	7.8	7.8
	中值粒径/mm	0.011	0.008	0.011	0.007	0.011	0.009	0.009	0.012	0.009	0.012	0.01	0.009
2003～2018年	$d \leqslant 0.031$ mm /%	73.4	82.1	77.9	82.5	88.9	86.6	74.5	60.2	45.5	64.1	62.6	72.6
	0.031 mm $< d$ $\leqslant 0.125$ mm /%	18.3	13.8	16.4	14.1	10.2	8.2	11.3	13.1	16.5	14.8	17.4	18.7
	$d > 0.125$ mm /%	8.3	4.1	5.7	3.4	0.8	5.2	14.2	26.8	38	21.2	20	8.8
	中值粒径/mm	0.011	0.01	0.01	0.008	0.007	0.006	0.009	0.016	0.048	0.014	0.015	0.011

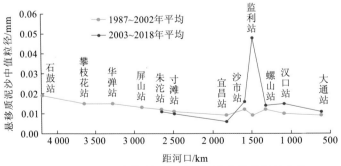

图 2.1.3　长江干流控制站悬移质泥沙中值粒径的变化

2.2　长江源区泥沙输移变化

2.2.1　径流泥沙基本特征

长江源区水系由长江正源沱沱河、南源当曲、北源楚玛尔河和通天河组成。沱沱河与当曲汇合于囊极巴陇，以下称通天河，自囊极巴陇向东流与楚玛尔河汇合，此河段为通天河上段。江源干流段全长 1 174 km，区间集水面积为 13.77 万 km^2。长江源区主要控制站径流输沙特征值见表 2.2.1。直门达站、沱沱河站两个站观测径流量和输沙量，曲麻河乡站和雁石坪站两个站仅观测径流量。

表 2.2.1　长江源区主要控制站径流输沙特征值

流域	测站	时段	流量 / (m^3/s)	径流量 / 亿 m^3	径流模数 /[万 m^3/ (km^2·a)]	含沙量 / (kg/m^3)	输沙量 / 万 t	输沙模数 /[t/ (km^2·a)]
长江源区	直门达站	多年平均 (1957~2018 年)	417	132	9.56	0.74	974	71.4
		近 10 年年均 (2009~2018 年)	527	166	12.1	0.726	1 260	91
沱沱河	沱沱河站	多年平均 (1956~2018 年)	31.1	9.86	6.17	0.82	106	66.4
		近 10 年年均 (2009~2018 年)	51.6	16.3	10.2	0.92	163	102
楚玛尔河	曲麻河乡站	2017 年	39.1	12.3	6.18	—	—	—
		2018 年	61.7	19.6	9.84	—	—	—
布曲	雁石坪站	多年平均 (1960~1992 年, 2007~2018 年)	26.6	8.4	5.75			
		2018 年	31.9	10.0	7.02			

直门达站 1957~2018 年多年平均流量为 417 m^3/s，多年平均径流量为 132 亿 m^3；其中，2009~2018 年，径流量有所增加（图 2.2.1），年均径流量为 166 亿 m^3，较多年平均值偏大 25.8%。多年平均含沙量为 0.74 kg/m^3，多年平均输沙量为 974 万 t，多年平均输沙模数为 71.4 t/（km^2·a）；其中，2009~2018 年，年均输沙量为 1 260 万 t，较多年平均值增加 29.4%，与径流量增幅基本相当。

沱沱河站 1956~2018 年多年平均流量为 31.1 m^3/s，多年平均径流量为 9.86 亿 m^3。其中，2009~2018 年，年均径流量为 16.3 亿 m^3，较多年平均值偏大 65.3%。多年平均含沙量为 0.82 kg/m^3，多年平均输沙量为 106 万 t，多年平均输沙模数为 66.4 t/（km^2·a）；其中，2009~2018 年，年均输沙量为 163 万 t，较多年平均值增加 53.8%，与径流量增幅也基本相当。

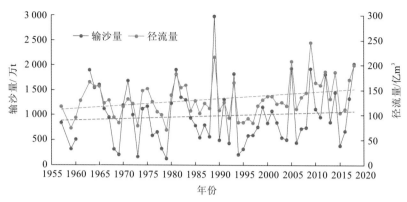

图 2.2.1 长江源区直门达站历年径流量和输沙量的变化

楚玛尔河曲麻河乡站建于 2016 年，2017 年年均流量为 39.1 m³/s，年均径流量为 12.3 亿 m³；2018 年年均径流量为 19.6 亿 m³，较 2017 年增加 59.3%。

布曲雁石坪站没有泥沙观测数据，多年平均流量为 26.6 m³/s，多年平均径流量为 8.4 亿 m³。

2.2.2 径流泥沙年际变化

1）直门达站

1957～2018 年，该站径流量在 33.47 亿～245.70 亿 m³ 波动，相对变幅为 7.34，变差系数为 0.27，整体呈增加趋势，平均每 10 年增加 7.61 亿 m³。曼-肯德尔（Mann-Kendall，M-K）检验结果显示，直门达站径流量 UF（正序列统计量）和 UB（逆序列统计量）曲线的交点为 2005 年、2007 年。2005 年之前，UF 曲线在 0 值两侧，径流量上下波动，无明显趋势；2005 年之后，UF 基本位于 0 值以上，径流量呈增加趋势，径流量发生突变的年份为 2005 年（图 2.2.2）。

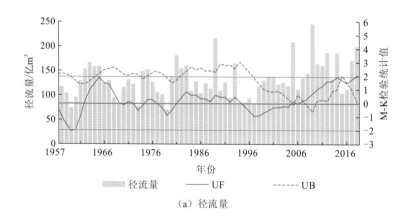

（a）径流量

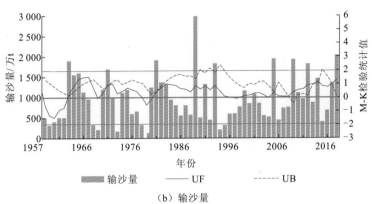

（b）输沙量

图 2.2.2　直门达站径流量、输沙量的 M-K 检验

直门达站输沙量在 129 万～2 980 万 t 波动，相对变幅为 23.1，变差系数为 0.59，年际变化幅度较大。1956～2018 年整体呈增加趋势，每 10 年增加 4.95 万 t。M-K 检验的统计值大部分大于 0，在 2004～2006 年发生突变。输沙量呈现出 3 个周期的变化，最近 2 个周期分别为 1967～1993 年、1994～2018 年，均经历了先减小后增加的变化趋势，最低点分别在 1979 年、2004～2006 年。

2000 年以前，直门达站各年代间径流量和输沙量均在多年平均值上下周期性地波动变化，有增有减；而在 2000 年之后，径流量和输沙量呈持续增加趋势。径流量 2011～2018 年均值最大，其次为 2001～2010 年；输沙量 2011～2018 年最大，其次为 1981～1990 年。

直门达站年内径流量和输沙量都基本集中在 5～10 月（图 2.2.3），其中：5～10 月径流量占比约为 84%，年内 7 月、8 月、9 月流量明显偏大，对比不同时期来看，1961～1980 年和 1981～2000 年，7 月平均流量最大，分别为 1 020 m³/s 和 1 100 m³/s，2001～2018 年，7 月平均流量减小，8 月平均流量增大为年内最大，为 1 240 m³/s；5～10 月输沙量占比约为 97%，集中度大于径流量，与径流过程相似，仍然是 7 月、8 月的平均输沙率偏大，1961～1980 年和 1981～2000 年，7 月平均输沙率最大，分别为 1 480 kg/s 和 1 580 kg/s，2001～2018 年，7 月平均输沙率减小，8 月平均输沙率增大为年内最大，为 1 220 kg/s。

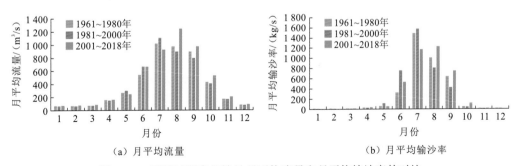

（a）月平均流量　　　　　　　　　　　（b）月平均输沙率

图 2.2.3　不同时期直门达站月平均流量和月平均输沙率的对比

2）沱沱河站

1956~2018 年，沱沱河站的径流量在 2.8 亿~19.71 亿 m³ 波动，多年平均值为 9.86 亿 m³。年际径流量波动较大，相对变幅为 6.7，变差系数为 0.45。整体呈增加趋势，增加速率为 0.24 亿 m³/a。沱沱河流域的径流量变化主要经历了三个阶段：1958~1966 年和 1997~2017 年累计距平明显上升阶段，径流量以增加为主，这两个阶段总体上丰水年多于枯水年，1967~1996 年累计距平呈显著下降趋势，径流量以减少为主，表明这 30 年枯水年多于丰水年。M-K 检验及累计距平检验均显示径流量发生突变的年份为 2002 年（图 2.2.4）。

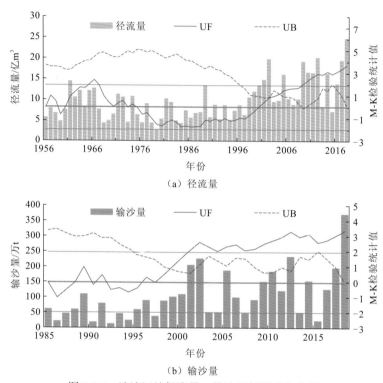

（a）径流量

（b）输沙量

图 2.2.4 沱沱河站径流量、输沙量年际变化曲线

1985~2018 年沱沱河站输沙量在 15.58 万~373.65 万 t 波动，相对变幅为 23.98，变差系数为 0.75，年际输沙量的波动幅度较大。1985 年以来，沱沱河站输沙量整体呈先减小后增加的趋势，其中 1985~1997 年，输沙量累计距平趋势持续减小，说明这期间输沙量均较小；1998 年以后，输沙量累计距平曲线整体呈波动增加趋势，输沙量较大。M-K 检验及累计距平曲线显示，输沙量产生突变的年份为 1999 年，此后沱沱河站输沙量呈持续增加趋势。

沱沱河流域的径流量主要分布在 5~10 月，占全年径流量的 95%以上。年内流量分配呈"单峰型"，流量最大月份为 8 月，7~9 月流量也较大。从年代际来看，1985~1999 年，各月份流量变化不大；2000 年以后，各月份流量均较上一年代有所增加，其中 8 月、9 月流量增加尤为明显。输沙量主要集中在 7~9 月。输沙率年内分配不平衡，汛后输沙率呈增加趋势。对于年际，2000 年以后，6 月、7 月、8 月的输沙率有所增加，2010～2018 年，8 月输沙率增加最为明显（图 2.2.5）。

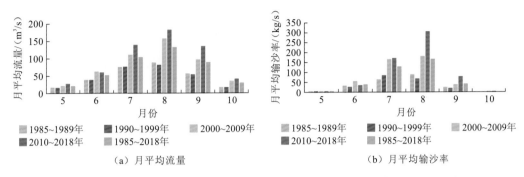

图 2.2.5　沱沱河站月平均流量和月平均输沙率的变化

2.3　长江上游泥沙来源及输移变化

2.3.1　金沙江泥沙来源及输移变化

1. 金沙江上中游泥沙输移规律

金沙江上游自巴塘河口以下进入横断山纵谷区，向南流至石鼓区，河长约 965 km，区间流域面积为 7.65 万 km²，为典型的深谷河段，特别是横断山纵谷区，河流穿行于高山峡谷之间，河道深下切，平均比降为 1.76‰，水流湍急，两岸山势陡峭，河谷与两岸山顶的相对高差可达 2 500 m 以上。青海省玉树藏族自治州巴塘河口至云南省迪庆藏族自治州奔子栏段（全长约 772 km）拥有 1 516 m 的天然落差，水能资源极为丰富，规划采用 13 级开发。其中，近期开发的梯级工程包括叶巴滩水库、拉哇水库和巴塘水库 3 级，均位于巴塘河段，分别间隔 88 km 和 18.5 km，其开发任务均以发电为主，同时兼顾生态环境保护，促进地区社会经济发展等综合效益。叶巴滩水库、巴塘水库和拉哇水库已分别于 2019 年、2020 年和 2021 年实现大江截流，2021 年 1 月 31 日，苏洼龙水库成功下闸蓄水。梯级水库开发，阻隔河流，对河道径流、泥沙输移规律造成影响。

以金沙江上游岗拖至石鼓段为对象，基于河道内 1971～2020 年岗拖站、巴塘站、石鼓站等水文站的长系列流量、含沙量观测数据，采用数理统计、M-K 检验等方法，分析金沙江上游段近 50 年的径流泥沙变化规律，其中岗拖站和巴塘站的水文序列不够完整，M-K 检验主要针对石鼓站的流量和含沙量。岗拖站位于分析河段进口，集水面积约为 14.9 万 km²，其上游为少沙区域，因此该站不开展含沙量观测，巴塘站位于岗拖站下游约 280 km 处，集水面积约为 18.0 万 km²，上、下游分别为巴塘水库和苏洼龙水库，石鼓站为金沙江上游出口控制站，集水面积约为 21.4 万 km²，位于巴塘站下游约 400 km。岗拖站与巴塘站间的支流相对发育，其中叶巴滩水库坝址至苏洼龙水库库尾段的流域面积约为 1.61 万 km^2，入汇主要支流罗麦曲、斜曲、西曲和玛曲的流域面积总计约 1.04 万 km^2，支流流域面积和多年平均流量分别占区间的 64.7%和 71.1%。巴塘站和石鼓站均有含沙量观测的项目（测站资料使用情况如表 2.3.1 所示）。

表 2.3.1 金沙江上游控制站观测数据情况表

站名	集水面积/km^2	观测内容	时间序列
岗拖站	149 072	流量	1971～2020 年（缺 1990 年和 1994 年）
巴塘站	179 612	流量、含沙量	1971～2020 年（流量缺 1989～1991 年，含沙量缺 1989～1996 年）
石鼓站	214 184	流量、含沙量	1971～2020 年

1）径流泥沙年际变化

在分时段统计金沙江上游控制站年径流量和年输沙量的变化特征时，岗拖站和巴塘站有部分年份观测资料缺失，但上下游控制站年径流量和年输沙量存在较好的相关关系（图 2.3.1），因此，对于缺失的年份，对上下游控制站的相关关系进行插补，对插补完整后的序列统计各时段年径流量和年输沙量均值，如表 2.3.2 所示。1971 年以来，金沙江上游控制站年径流量和年输沙量均呈递增的变化趋势，2011～2020 年岗拖站、巴塘站和石鼓站年径流量分别为 215 亿 m^3、329 亿 m^3 和 433 亿 m^3，相较于此前的各时段，大多有所增大，其中较 1971～1980 年分别偏大 36.9%、27.5%和 11.6%，增幅沿程递减；

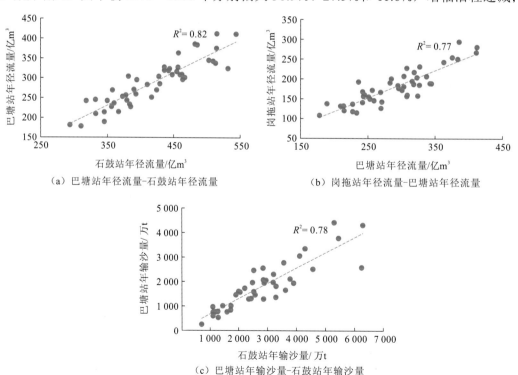

（a）巴塘站年径流量-石鼓站年径流量　　　（b）岗拖站年径流量-巴塘站年径流量

（c）巴塘站年输沙量-石鼓站年输沙量

图 2.3.1 金沙江上游不同控制站年径流量和年输沙量的相关关系
R^2 为相关系数。

表 2.3.2　金沙江上游不同时段年径流量和年输沙量的变化

| 时段 | 岗拖站 | 巴塘站 | | | 石鼓站 | | |
	年径流量 /亿 m³	年径流量 /亿 m³	年输沙量 /万 t	含沙量 /(kg/m³)	年径流量 /亿 m³	年输沙量 /万 t	含沙量 /(kg/m³)
1971～1980 年	157	258	1 260	0.488	388	1 734	0.447
1981～1990 年	183	279	1 614	0.578	422	2 512	0.595
1991～2000 年	148	277	1 673	0.604	434	3 007	0.693
2001～2010 年	196	313	1 918	0.613	439	3 094	0.705
2011～2020 年	215	329	2 431	0.739	433	3 453	0.797

2011～2020 年巴塘站和石鼓站年输沙量分别为 2431 万 t 和 3453 万 t，两个控制站年输沙量自 1971 年以来持续增加，相较于 1971～1980 年增幅分别高达 92.9%和 99.1%，含沙量分别由 0.488 kg/m³、0.447 kg/m³ 增大至 0.739 kg/m³、0.797 kg/m³，石鼓站含沙量增幅较巴塘站更为明显。

　　一般多采用相关关系和双累积曲线关系来表征流域水沙关系的变化。其中，年径流量和年输沙量双累积曲线关系可以反映一定径流量条件下的相对产沙比例及输沙量绝对变化值，也能通过曲线斜率偏离特征，间接反映流域植被改变、人类活动等因素对产沙的影响。金沙江上游巴塘站和石鼓站的年径流量与年输沙量双累积曲线见图 2.3.2，巴塘站大概在 2009 年前后、石鼓站自 1998 年开始出现年输沙量增幅超过年径流量的现象，双累积曲线的斜率发生改变，且石鼓站变化更为明显。相应地，巴塘站 2011～2020 年年输沙量相较于 2001～2010 年增大了 26.7%，而年径流量仅增加 5.1%，石鼓站 2011～2020 年年输沙量相较于 1991～2000 年增大了 14.8%，但年径流量基本无变化。年径流量和年输沙量的非一致性变化也可以通过两者的相关关系线来体现（图 2.3.3），巴塘站在 2009 年之后径流相对偏丰的年份，同径流条件下年输沙量偏大，石鼓站不同，几乎在各类年份，1998 年之后与之前相比，同径流条件下年输沙量都呈增大的趋势。

　　2018 年 10 月 10 日和 11 月 3 日，在强降雨的持续作用下，西藏自治区昌都市江达县波罗乡白格村发生 2 次大型滑坡事件，总滑坡体积达 3380 万 m³，滑坡体随即堆积在河道内，阻断金沙江干流，形成白格堰塞湖险情。两次堰塞湖险情溃口处的最大下泄流

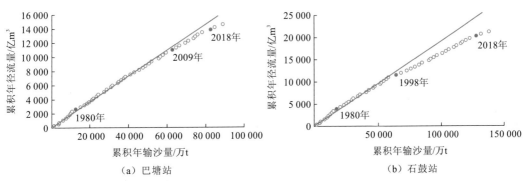

（a）巴塘站　　　　　　　　　　　　　（b）石鼓站

图 2.3.2　金沙江上游巴塘站和石鼓站的年径流量与年输沙量双累积曲线

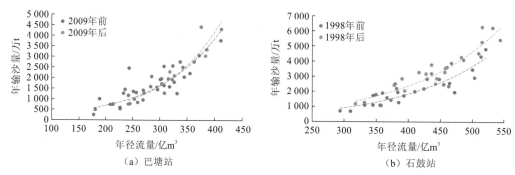

图 2.3.3 金沙江上游巴塘站和石鼓站年径流量-年输沙量相关关系

量分别达到 10 000 m³/s 和 31 000 m³/s（10 000 年一遇洪水），大洪水挟带大量的滑坡体泥沙，导致下游巴塘站先后出现 21.6 kg/m³、42.0 kg/m³ 的沙峰过程。据统计，两次滑坡堆积在金沙江河道内的土体体积约为 5 300 万 t，从而导致 2018 年及此后一段时间内，堰塞湖下游的巴塘站和石鼓站的年输沙量明显增加。

进一步采用 M-K 检验方法，分析 1971～2020 年石鼓站年径流量、年输沙量变化的趋势性和突变性。基于 M-K 检验方法，可计算出统计序列的 UF 和 UB，其具体物理意义为：若 UF＞0，表明序列呈上升趋势；若 UF＜0，表明序列呈下降趋势，当 UF 超过临界值（±1.96）时，表明趋势显著。如果 UF 和 UB 两条曲线出现交点，且交点在临界值之间，则表明在交点所处的时间，统计序列开始发生突变。从石鼓站年径流量和年输沙量的检验结果来看（图 2.3.4），石鼓站年径流量呈上升趋势，但并不显著，突变也不明显；年输沙量在 1971～1980 年有增有减，1980 年之后至 1995 年呈不显著的上升趋势，1995 年之后上升趋势逐渐变得显著，与年输沙量明显增加的时段 1998 年较为接近，尤其是从 2000 年开始，UF 基本都大于 2，表明上升趋势显著，即 2000 年之后金沙江上游输沙量明显增大。

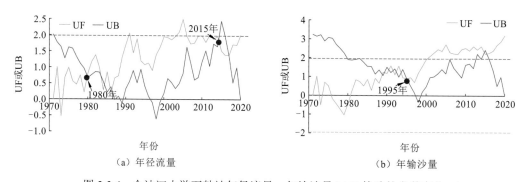

图 2.3.4 金沙江上游石鼓站年径流量、年输沙量 M-K 检验的参数变化

综上所述，近 50 年来，金沙江上游的径流量和输沙量都呈现一定的增长趋势。相较而言，输沙量增幅明显偏大，且越往下游，输沙量和径流量增幅的差异越大。至石鼓站，相较于 1971～1980 年，近 10 年输沙量增加近 1 倍，输沙量显著增加主要发生在 2000 年之后。这对金沙江上游水库规划建设，尤其是工程的泥沙淤积和排沙设计可能

会造成一定的影响。

2）径流泥沙年内变化

金沙江上游的水沙年内集中在汛期（5～10 月）输移，1971 年以来，巴塘站年内汛期径流量的占比基本稳定在 82%左右，汛期输沙量的占比在 2011 年之前基本在 99%左右，2011～2020 年下降至 95.4%，石鼓站年内汛期径流量占比约为 80%，不同时期变化较小，汛期输沙量的占比在 2011 年之前约为 99%，2011～2020 年下降至 96.4%。近 10 年，金沙江上游汛期径流量占比变化较小，但输沙量的占比整体有所下降，巴塘站和石鼓站分别下降 4.1 个百分点和 2.4 个百分点（表 2.3.3）。

表 2.3.3　金沙江上游控制站径流量、输沙量年内分配比例变化统计表 （单位：%）

控制站	统计项目	时期	1971～1980 年	1981～1990 年	1991～2000 年	2001～2010 年	2011～2020 年
巴塘站	径流量	汛期	82.1	82.7	82.2	82.6	82.1
		非汛期	17.9	17.3	17.8	17.4	17.9
	输沙量	汛期	98.8	99.1	99.1	99.5	95.4
		非汛期	1.2	0.9	0.9	0.5	4.6
石鼓站	径流量	汛期	79.7	79.9	79.4	80.5	80.1
		非汛期	20.3	20.1	20.6	19.5	19.9
	输沙量	汛期	98.9	98.9	98.9	98.8	96.4
		非汛期	1.1	1.1	1.1	1.2	3.6

逐月对比不同时期的月径流量和月输沙量均值发现（图 2.3.5）：巴塘站近 10 年，相对于此前各时段，年内除 8 月径流量相较于 2001～2010 年均值偏枯以外，其他月份径流量均偏丰，至石鼓站，年内除 7 月、10 月和 11 月径流量偏丰以外，其他月份均偏枯；月输沙量的变化规律与月径流量有差异，2011～2020 年巴塘站年内 7 月、10 月和 11 月输沙量较其他时段均偏大，石鼓站呈类似的变化规律，其中，这一时段内 10 月、11 月输沙量偏大的主要原因仍然与白格村的滑坡事件有关。2018 年 10 月，受白格堰塞湖泄流影响，巴塘站和石鼓站的月输沙量分别高达 688 万 t 和 710 万 t，分别接近多年平均值的 10 倍和 6.5 倍，2018 年 11 月巴塘站和石鼓站的月输沙量分别为 842 万 t 和 892 万 t，分别接近多年平均值的 10 倍和 5 倍，从而加大了 2011～2020 年这一时段内非汛期输沙量的占比。

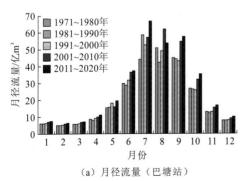

（a）月径流量（巴塘站）

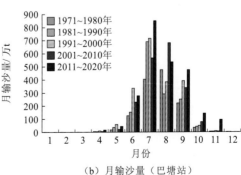

（b）月输沙量（巴塘站）

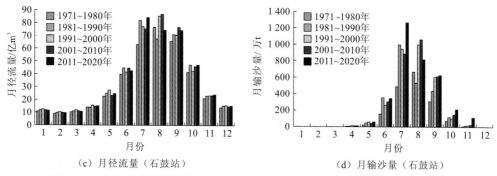

（c）月径流量（石鼓站） （d）月输沙量（石鼓站）

图 2.3.5　金沙江上游巴塘站、石鼓站不同时段月径流量和月输沙量均值的对比

2. 金沙江下游泥沙来源及输移变化

1）水沙来源地区组成变化

金沙江下游水沙异源、不平衡现象十分突出（表 2.3.4、表 2.3.5）。屏山站径流量主要来自攀枝花以上地区、雅砻江和攀枝花至屏山段，输沙量主要来自攀枝花至屏山段。其中：攀枝花以上地区和雅砻江来水量分别占屏山站水量的 39.9%、41.7%，攀枝花至屏山段（不含雅砻江，下同）来水量占屏山站水量的 18.4%。攀枝花以上地区来沙量占比为 21.5%；雅砻江占比为 15.7%；攀枝花至屏山段来沙量占比达到 62.8%，其中攀枝花至华弹段、华弹至屏山段来沙量分别占屏山站沙量的 35.0%、27.8%。从各支流水沙量来看，雅砻江、龙川江、黑水河、美姑河年来水量分别为 592 亿 m³、7.38 亿 m³、21.1 亿 m³ 和 10.4 亿 m³，分别占屏山站水量的 41.7%、0.5%、1.5% 和 0.7%；其来沙量分别为 3 610 万 t、454 万 t、462 万 t 和 177 万 t，分别占屏山站沙量的 15.7%、2.0%、2.0% 和 0.8%。

表 2.3.4　金沙江干流径流量地区组成

河名	测站	集水面积		径流量					
				多年平均		1998 年前		1998~2012 年	
		大小 /km²	占屏山站 /%	大小 /亿 m³	占屏山站 /%	大小 /亿 m³	占屏山站 /%	大小 /亿 m³	占屏山站 /%
金沙江	攀枝花站	259 177	56.5	566	39.9	524	37.4	626	41.4
雅砻江	桐子林站	128 363	28.0	592	41.7	583	41.6	612	40.5
龙川江	小黄瓜园站	5 560	1.2	7.38	0.5	7.26	0.5	7.67	0.5
金沙江	华弹站	425 948	92.9	1 260	88.7	1 220	87.1	1 350	89.4
黑水河	宁南站	3 074	0.7	21.1	1.5	20.9	1.5	21.5	1.4
美姑河	美姑站	1 607	0.4	10.4	0.7	10.5	0.8	10.1	0.7
攀枝花至华弹段（不含雅砻江）		50 281	11.0	102	7.2	113	8.1	113	7.5
华弹至屏山段		32 644	7.1	160	11.3	180	12.9	159	10.5
金沙江	屏山站	458 592	100	1 420	100	1 400	100	1 510	100
横江	横江站	—	—	83.5	—	86.6	—	75.9	—

注：桐子林站径流量 1963~1998 年采用安宁河的湾滩站与雅砻江干流的小得石站之和，1999~2012 年采用桐子林站实测资料。

表 2.3.5　金沙江干流输沙量地区组成

| 河名 | 测站 | 集水面积 | | 输沙量 | | | | | |
| | | | | 多年平均 | | 1998 年前 | | 1998~2012 年 | |
		大小/km²	占屏山站/%	大小/万 t	占屏山站/%	大小/万 t	占屏山站/%	大小/万 t	占屏山站/%
金沙江	攀枝花站	259 177	56.5	4 950	21.5	4 590	18.4	5 970	30.9
雅砻江	桐子林站	128 363	28.0	3 610	15.7	4 440	17.8	1 730	9.0
龙川江	小黄瓜园站	5 560	1.2	454	2.0	453	1.8	458	2.4
金沙江	华弹站	425 948	92.9	16 600	72.2	17 400	69.9	15 200	78.8
黑水河	宁南站	3 074	0.7	462	2.0	439	1.8	515	2.7
美姑河	美姑站	1 607	0.4	177	0.8	188	0.8	151	0.8
攀枝花至华弹段（不含雅砻江）		50 281	11.0	8 040	35.0	8 510	34.2	7 500	38.9
华弹至屏山段		32 644	7.1	6 400	27.8	7 500	30.1	4 100	21.2
金沙江	屏山站	458 592	100	23 000	100	24 900	100	19 300	100
横江	横江站	—	—	1 210	—	1 370	—	843	—

可见，金沙江下游悬移质泥沙沿程补给具有明显的地域性，主要来自高产沙地带。例如，攀枝花以上流域面积约为 25.92 万 km²，集水面积占比 56.5%，水量占比 39.9%，来沙量仅占 21.5%，输沙模数仅为 191 t/（km²·a）；下游攀枝花至屏山段集水面积占比 18.1%，水量占比 18.4%，来沙量则占 62.8%，其中华弹至屏山段集水面积仅占 7.1%，水量占比 11.3%，来沙量则达到 6 400 万 t，占屏山站沙量的 27.8%，为重点产沙区，此河段多年平均含沙量为 4 kg/m³，为攀枝花站年均含沙量的 4 倍以上，平均输沙模数为 1 961 t/（km²·a），约为攀枝花以上地区的 10 倍。其主要原因是该河段滑坡和泥石流活动频发，直接向金沙江下游干流和支流输送了大量泥沙。可见，金沙江水沙主要来自攀枝花至屏山段，其中以华弹至屏山段的输沙模数为最大。

不同时段，金沙江下游来沙组成也发生了一定变化。与 1998 年前相比，1998~2012 年屏山站输沙量出现大幅度减少，其年均输沙量为 19 300 万 t，较 1998 年前均值减少了 5 600 万 t（减幅为 22.5%），其主要原因包括两个方面：一是攀枝花至华弹段（不含雅砻江）的来水量没有明显变化，来沙量则有所减少，来沙量由 8 510 万 t 减少至 7 500 万 t（减幅为 11.9%），但其占屏山站沙量的比例却由 34.2%增加到 38.9%。1997 年雅砻江二滩水库开始蓄水，拦截了水库上游绝大部分的泥沙，1998 年后雅砻江出口桐子林站年均来沙量由 4 440 万 t 减少至 1 730 万 t，减幅为 61.0%。二是华弹至屏山段水量变化不大，但沙量减少了 3 400 万 t。

2）水沙年际、年内输移规律

多年来，金沙江下游受气候变化、上游及流域内干支流梯级水库建设运行和水土保持工程等的影响，径流量和输沙量都呈现出一定的变化，径流量以周期性波动为主，输沙量则整体趋于减少。雅砻江是金沙江下游入口段的支流，是金沙江下游重要的水沙来源，1998 年 5 月，位于雅砻江下游的二滩水库下闸蓄水，该水库蓄水对金沙江下游水沙特性影响较大。2010 年以来，金沙江中游金安桥水库、龙开口水库、阿海水库、鲁地拉水库、观音岩水库、梨园水库，以及雅砻江干流锦屏水库等梯级陆续运行，给金沙江中下游的水沙特性带来了明显的影响。另外，溪洛渡水库 2013 年 5 月开始初期蓄水，向家坝水库于 2012 年 10 月初期蓄水，在 2013 年汛末进行二期蓄水，对金沙江出口水沙的影响较为明显，金沙江干流和主要支流控制性水利枢纽及水文站分布示意图如图 2.3.6 所示。以金沙江干流和主要支流控制站的水沙资料为基础，分别以 1998 年、2010 年为时间节点进行统计分析。

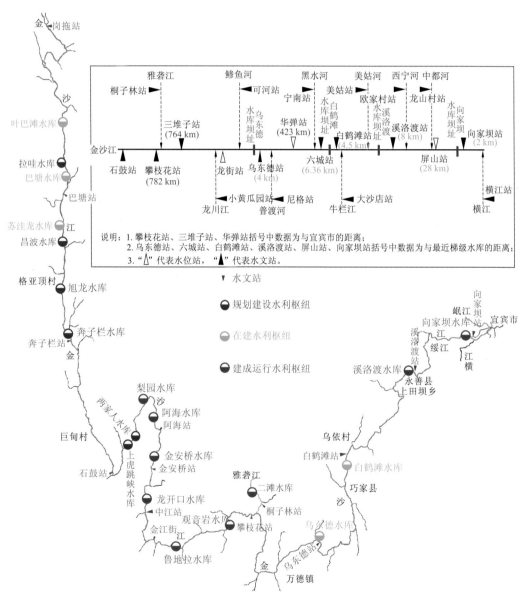

图 2.3.6　金沙江干流和主要支流控制性水利枢纽及水文站分布示意图

（1）金沙江干流。金沙江干流水沙变化集中体现在攀枝花站以下的下游段，以输沙量的单向减小为主要特征；上游及中游段水沙变化年际以周期性波动为主，无明显趋势性调整（图 2.3.7）。巴塘站在 2011~2018 年径流量和输沙量均较以往偏大，石鼓站径流量变化较小，输沙量呈周期性波动；攀枝花站及下游的白鹤滩站（2015 年前为华弹站）、向家坝站（2012 年前为屏山站）径流量和输沙量大多较以往偏小，尤其是攀枝花站和向家坝站 2011~2018 年输沙量相较于 1998~2010 年分别偏少 88.7% 和 87.0%（表 2.3.6），其最主要的原因是大量梯级水库相继建成运行，拦截了一定范围内的河道泥沙。

表 2.3.6　金沙江干流控制站水沙年际变化统计

时段	巴塘站		石鼓站		攀枝花站		白鹤滩站		向家坝站	
	径流量 /亿 m³	输沙量 /万 t	径流量 /亿 m³	输沙量 /万 t	径流量 /亿 m³	输沙量 /万 t	径流量 /亿 m³	输沙量 /万 t	径流量 /亿 m³	输沙量 /万 t
1998 年前	273	1 680	418	2 190	540	4 590	1 220	17 400	1 400	24 900
1998~2010 年	315	2 020	453	3 510	638	6 640	1 380	13 600	1 550	20 700
2011~2018 年	319	2 240	422	3 060	560	749	1 210	8 070	1 340	2 690
变化率 1/%	16.8	33.3	1.0	39.7	3.7	-83.7	-0.8	-53.6	-4.3	-89.2
变化率 2/%	1.3	10.9	6.8	-12.8	-12.2	-88.7	-12.3	-40.7	-13.5	-87.0

注：1998 年前统计年份巴塘站、石鼓站、攀枝花站、华弹站、屏山站分别为 1960~1997 年、1952~1997 年、1966~1997 年、1958~1997 年、1954~1997 年；变化率 1、变化率 2 分别指 2011~2018 年相对于 1998 年前、1998~2010 年的变化，下同。

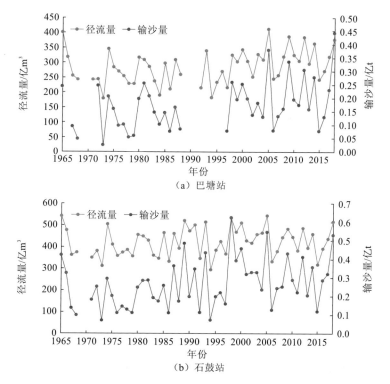

（a）巴塘站

（b）石鼓站

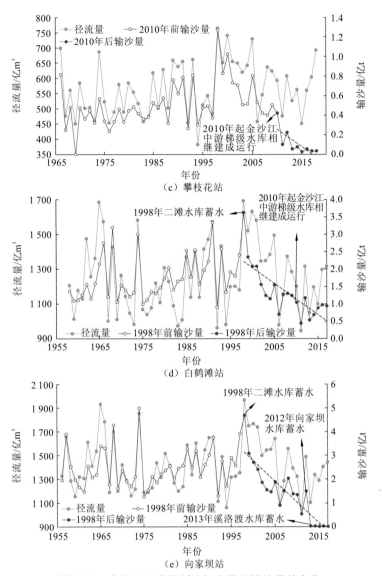

图 2.3.7　金沙江干流控制站径流量和输沙量的变化

2012 年 7 月，国家发改委批复了金沙江上游"一库十三级"的水电开发方案，其中自白格堰塞湖往下游分别为叶巴滩水库、拉哇水库、巴塘水库、苏洼龙水库、昌波水库、旭龙水库和奔子栏水库等，叶巴滩水库、巴塘水库和苏洼龙水库已开工建设。金沙江中游水电开发规划方案为"一库八级"，目前上虎跳峡水库和两家人水库尚未开工建设，梨园水库、阿海水库、金安桥水库、龙开口水库、鲁地拉水库、观音岩水库均已建成；金沙江下游乌东德水库、白鹤滩水库、溪洛渡水库、向家坝水库均已蓄水运行，水库相对位置分布如图 2.3.6 所示。金沙江中游 6 级水库和下游 2 级水库从 2010 年开始陆续蓄水运行，2015 年均建成完工。金沙江中游 6 级水库的总调节库容约为 16.38 亿 m^3，正常蓄水位以下的总库容为 65.99 亿 m^3。

（2）金沙江下游主要支流。2010 年后，金沙江中游梯级水库相继运行，在干流河道的泥沙被水库大幅拦截的情况下，金沙江下游支流来沙对干流河道泥沙输移及水库运行的影响越来越重要，金沙江下游（向家坝水库坝址以上）支流控制站桐子林站（雅砻江）、小黄瓜园站（龙川江）、可河站（鲹鱼河）、尼格站（普渡河）、宁南站（黑水河）、大沙店站（牛栏江）、欧家村站（西宁河）和龙山村站（中都河）共 8 条支流总计流域面积约为 16.9 万 km^2，占金沙江下游有水文观测站的所有支流总流域面积的 89.8%，8 条支流2018 年年均总输沙量为 1 461.8 万 t（表 2.3.7），是同期金沙江下游干流入口控制站攀枝花站年输沙量的 4 倍多，占白鹤滩站同期输沙量的比例达到 17.9%。

表 2.3.7　2010～2018 年金沙江下游主要支流水沙基本情况统计

河名	控制站	统计项目	2010～2017 年	2017 年	2018 年	变化率 1/%	变化率 2/%
雅砻江	桐子林站	年径流量/亿 m^3	558	567	648.3	14.3	16.2
		年输沙量/万 t	1 129	765	725	-5.2	-35.8
龙川江	小黄瓜园站	年径流量/亿 m^3	2.96	4.255	3.152	-25.9	6.5
		年输沙量/万 t	79.3	57.7	16.3	-71.8	-79.4
鲹鱼河	可河站	年径流量/亿 m^3	—	4.005	3.885	-3.0	—
		年输沙量/万 t	—	50.7	30.2	-40.4	—
普渡河	尼格站	年径流量/亿 m^3	20.7	38.79	34.13	-12.0	64.9
		年输沙量/万 t	52.6	65.5	35.7	-45.5	-32.1
黑水河	宁南站	年径流量/亿 m^3	21.5	25.75	23.56	-8.5	9.6
		年输沙量/万 t	443	583	302	-48.2	-31.8
牛栏江	大沙店站	年径流量/亿 m^3	26.7	38.84	33.11	-14.8	24.0
		年输沙量/万 t	181	74.7	45.1	-39.6	-75.1
西宁河	欧家村站	年径流量/亿 m^3	4.35	4.61	6.401	38.8	47.1
		年输沙量/万 t	47.0	85.1	73.5	-13.6	56.4
中都河	龙山村站	年径流量/亿 m^3	2.23	2.517	3.828	52.1	71.6
		年输沙量/万 t	—	16.9	234	1 284.6	—

注：尼格站、大沙店站缺 2010 年输沙量；变化率 1 指 2018 年与 2017 年的相对变化，变化率 2 指 2018 年与 2010～2017 年的相对变化。

各支流来沙也大多呈现减少的变化趋势。例如，1971 年以来雅砻江入汇金沙江干流的水沙量历年变化过程如图 2.3.8（a）所示，其水量年际周期性波动，无明显趋势性变化，输沙量在 1998 年之前也呈波动状态，1998 年之后输沙量减少较为明显，且近年来雅砻江输沙量减少的趋势仍在持续，其输沙量减少的原因与干流相似，都是受水库拦沙的作用。再如，1990 年以来，龙川江受气候变化的影响，小黄瓜园站于 2003 年前后径流量和输沙量都出现减少的现象[图 2.3.8（b）]。于金沙江出口附近入汇的横江的控制站（横江站）1998 年以来（1998～2018 年），平均径流量为 79.0 亿 m^3，相较于 1998 年前偏小约 8.8%，受水土保持工程等影响，其输沙量偏少幅度较大，约为 40.8%[图 2.3.8（d）]。也有个别支流输沙量无明显趋势性变化，如 1970 年以来黑水河径流量和输沙量年际呈波动状态，无明显趋势性变化，且水沙关系较好，"大水带大沙、小水带小沙"的特点明显[图2.3.8（c）]。

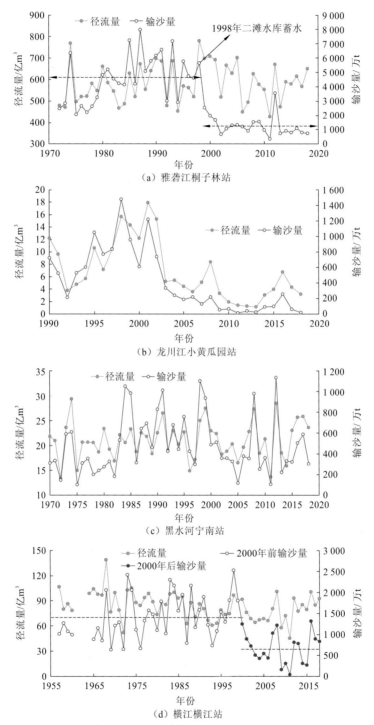

图 2.3.8 金沙江下游典型支流历年径流量和输沙量的变化

（3）干支流水沙年内变化。干流和支流的径流过程年内集中在 5～10 月输移，从近期的 2011～2018 年来看，巴塘站、石鼓站、攀枝花站、白鹤滩站及向家坝站年内月最大径流量一般出现在 7 月、8 月、9 月，汛期 5～10 月的径流量占年径流量的比例分别为 82.3%、80.4%、79.2%、75.5%和 78.7%。相对于 1998 年前和 1998～2010 年，干流非汛期径流量有所增加，汛期有所减小（图 2.3.9）。

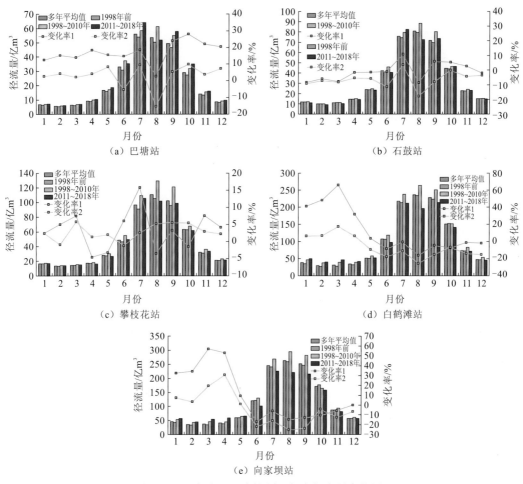

图 2.3.9　金沙江干流控制站年内径流量变化图

相对于径流量，金沙江干流汛期集中输沙的现象更为突出。年内各站泥沙输移基本集中在 6～10 月，月最大输沙量一般出现在 7 月或 8 月。2011～2018 年，巴塘站、石鼓站、攀枝花站、白鹤滩站及向家坝站汛期 6～10 月的输沙量占年输沙量的比例均在 90% 以上。相较于 1998 年前和 1998～2010 年，金沙江干流上中游各月输沙量以增加为主，尤其是 2018 年 10 月和 11 月在金沙江白格堰塞湖事件影响下，输沙量异常偏大，金沙江下游各站月输沙量减小（图 2.3.10）。

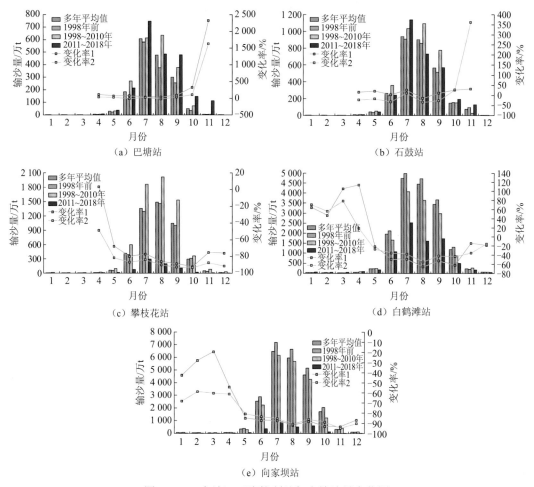

图 2.3.10 金沙江干流控制站年内输沙量变化图

3）水沙相关关系变化

金沙江上中游水沙相关关系变化较小，金沙江下游水沙关系明显变化，且与上中游相反，主要表现为同径流量条件下的输沙量大幅度减小（图 2.3.11）。具体来看：1998年之前和 1998～2010 年攀枝花站年输沙量和年径流量的相关关系总体均较好，点据较集中，不同时段差异不明显，2010 年金沙江中游金安桥水库的蓄水运用，拦截了部分来自金沙江中游的泥沙，使攀枝花站 2011～2018 年水沙相关关系点分布在相关线下侧，表明其同径流量下输沙量有所减少，但年输沙量和年径流量仍存在一定的幂指数关系；白鹤滩站年输沙量和年径流量的点据较为散乱，但水沙相关关系尚未发生明显变化，2011 年以来输沙量也有所减少，随着区间的补给作用，减少幅度较上游攀枝花站略小；向家坝站 1998～2018 年水沙相关关系点大多分布在相关线下侧，水沙相关关系变化较为明显，同径流量下，输沙量有所减少。2018 年与 2011 年以来各年类似，攀枝花站、白鹤滩站和向家坝站水沙相关关系点均分布在相关线下侧，表明其在同径流量下输沙量有所减少。

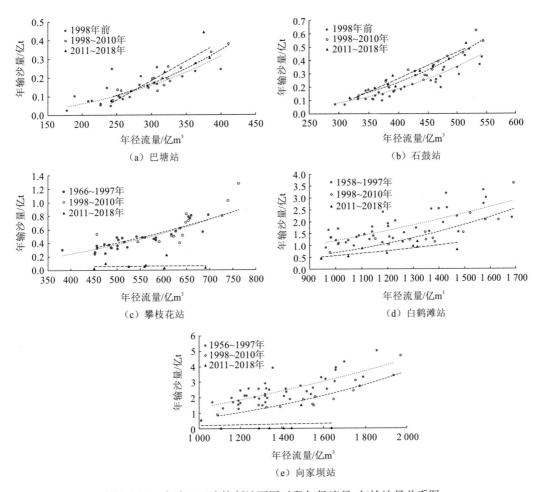

（a）巴塘站　　　　　（b）石鼓站

（c）攀枝花站　　　　　（d）白鹤滩站

（e）向家坝站

图 2.3.11　金沙江干流控制站不同时段年径流量-年输沙量关系图

2.3.2　三峡水库入库泥沙来源及输移变化

1. 水沙地区组成变化

长江三峡水库上游径流主要来自金沙江、横江、岷江、沱江、嘉陵江和乌江等河流。以寸滩站为干流控制站，金沙江、岷江及嘉陵江控制站的集水面积分别占寸滩站的 52.9%、15.6% 和 18.1%，总计占寸滩站的 86.6%，因而寸滩站的水沙也主要来自金沙江、岷江和嘉陵江。其中：岷江水量相对丰沛，2003～2018 年其径流量占寸滩站的 24.2%，占比相对稳定；金沙江径流量占比为 41.9%，嘉陵江占比为 19.3%，前者相对于 1991～2002 年减少，后者增加，变幅基本相当。寸滩站的泥沙主要来自金沙江和嘉陵江，1991～2002 年，两者来沙量占寸滩站的比例高达 94.4%，2003～2018 年占比减小至 82.2%，主要是金沙江来沙量减少，占比下降了 21 个百分点。

2. 水沙年际、年内输移规律

20 世纪 90 年代以来，长江上游径流量变化不大，与 1990 年前均值相比，1991～2002 年长江上游水量除嘉陵江北碚站减少 24%、横江横江站和沱江富顺站分别减少 15% 和 16% 外，其余各站变化不大；三峡水库蓄水后 2003～2018 年相较于 1991～2002 年，金沙江和乌江水量分别偏枯 8% 和 17%，嘉陵江偏丰 19%，其他支流变化不大（图 2.3.12、图 2.3.13、表 2.3.8）。

受水利工程拦沙、降雨时空分布变化、水土保持、河道采砂等因素的综合影响，输沙量明显减少。与 1990 年前均值相比，1991～2002 年长江上游输沙量除金沙江屏山站增大 14% 外，其他各站大多明显减小，其中尤以嘉陵江和沱江最为明显，分别减小了 72% 和 68%。与 1990 年前均值相比，1991～2002 年寸滩站和武隆站输沙量分别减小约 27% 和 33%。三峡水库蓄水后的 2003～2018 年，相较于 1991～2002 年，其上游仅沱江富顺站输沙量增加 45%，干流及其他主要支流的输沙量进一步减小，金沙江、横江、乌江的减幅均超过 55%，岷江和嘉陵江减幅也都超过 20%（图 2.3.12、表 2.3.8）。

表 2.3.8 三峡水库上游主要水文站径流量和输沙量与多年平均值的比较

	项目	金沙江向家坝站	横江横江站	岷江高场站	沱江富顺站	长江朱沱站	嘉陵江北碚站	长江寸滩站	乌江武隆站	三峡入库朱沱站+北碚站+武隆站
	集水面积/km²	458 800	14 781	135 378	19 613	694 725	156 736	866 559	83 035	934 496
径流量	1990 年前/亿 m³	1 440	90.14	882	129	2 659	704	3 520	495	3 858
	1991～2002 年/亿 m³	1 506	76.7	814.7	107.8	2 672	533.3	3 339	531.7	3 737
	变化率 1	5%	−15%	−8%	−16%	0%	−24%	−5%	7%	−3%
	2003～2018 年/亿 m³	1 383	77.21	799.2	112.3	2 569	636.5	3 300	439.4	3 644.9
	变化率 2	−8%	1%	−2%	4%	−4%	19%	−1%	−17%	−2%
输沙量	1990 年前/万 t	24 600	1 370	5 260	1 170	31 600	13 400	46 100	3 040	48 040
	1991～2002 年/万 t	28 100	1 390	3 450	372	29 300	3 720	33 700	2 040	35 060
	变化率 1	14%	1%	−34%	−68%	−7%	−72%	−27%	−33%	−27%
	2003～2018 年/万 t	8 920	617	2 410	539	12 100	2 830	14 300	455	15 385
	变化率 2	−68%	−56%	−30%	45%	−59%	−24%	−58%	−78%	−56%

注：变化率 1 为 1991～2002 年相对于 1990 年前的变化；变化率 2 为 2013～2018 年相对于 1991～2002 年的变化。朱沱站 1990 年前水沙统计年份为 1956～1990 年（缺 1967～1970 年），横江站 1990 年前水沙统计年份为 1957～1990 年（缺 1961～1964 年），其余水库 1990 年前统计均为三峡水库初步设计值。北碚站于 2007 年下迁 7 km，集水面积增加 594 km²。屏山 2012 年下迁 24 km 至向家坝站（向家坝水库坝址下游 2.0 km），集水面积增加 208 km²。李家湾站 2001 年上迁约 7.5 km 至富顺站。向家坝站（屏山站）多年平均统计年份为 1956～2018 年，横江为 1957～2018 年，高场为 1956～2018 年，富顺（李家湾站）为 1957～2018 年，朱沱为 1954～2018 年（缺 1967～1970 年），北碚站为 1956～2018 年，寸滩站为 1950～2018 年，武隆站为 1956～2018 年。横江站 2018 年 1～3 月、12 月输沙量按规定停测，富顺站 2018 年 1～4 月、12 月输沙量按规定停测。

1）干支流水沙年际变化

（1）长江干流。年际各站径流量均以周期性波动变化为主（图 2.3.12），1998 年大水以前，各站基本呈现"大水带大沙、小水带小沙"的规律，1998 年之后，各站输沙量开始出现单向减小的变化趋势，朱沱站和寸滩站均在 2015 年出现了历史最小年输沙量2 120 万 t 和 3 280 万 t，万县站 2015 年和 2017 年输沙量也只有 1130 万 t 和 1080 万 t，也出现了历史最小值。

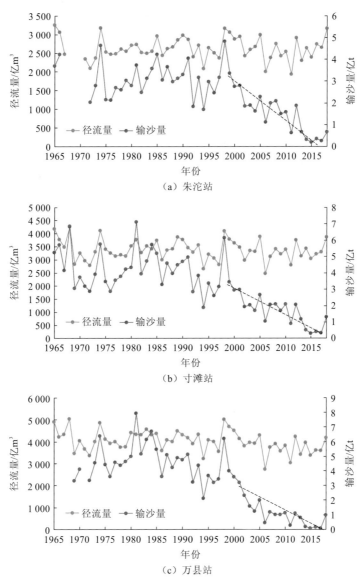

（a）朱沱站

（b）寸滩站

（c）万县站

图 2.3.12　三峡水库上游干流控制站历年径流量和输沙量的变化

（2）主要支流。三峡水库上游支流分布众多，但有长系列观测资料的较少，从岷江、沱江、嘉陵江及乌江入汇控制站历年径流量和输沙量的变化过程来看（图 2.3.13），支流与干流的典型区别在于个别年份输沙量异常偏大，如沱江富顺站，分别在 1981 年和 2013

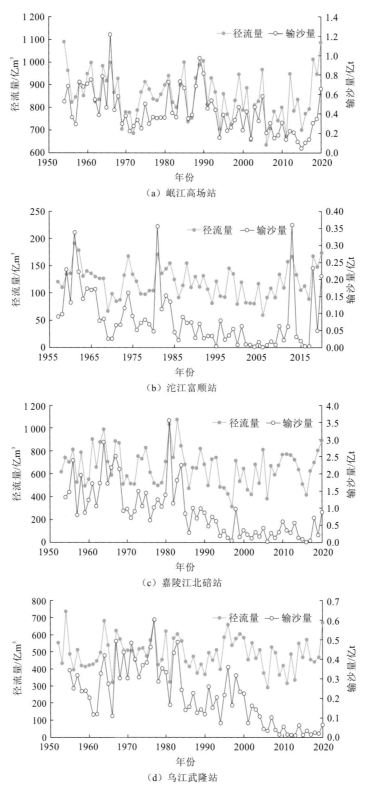

（a）岷江高场站

（b）沱江富顺站

（c）嘉陵江北碚站

（d）乌江武隆站

图 2.3.13 三峡水库上游主要支流历年径流量和输沙量的变化

年出现了历史最大的两次输沙过程，输沙量分别达 3 560 万 t 和 3 600 万 t，主要与高强度的暴雨有关。

除此之外，多数支流也和干流类似，表现出径流量波动性变化、输沙量大幅减小的变化特征，具体减小的时段有先有后，岷江从 20 世纪 90 年代初开始出现趋势性减小的现象，嘉陵江和乌江受水土保持工程及水利工程建设的影响，均从 20 世纪 80 年代中期开始出现输沙量趋势性减小现象，乌江近年来输沙量偏少的现象尤为明显。

（3）悬移质泥沙级配。从三峡水库上游及库区干支流控制站悬移质泥沙中值粒径和 $d>0.125$ mm 粗颗粒泥沙占比的变化情况来看（图 2.3.14），沿程粗颗粒泥沙易于落淤，泥沙中值粒径呈逐渐减小趋势，三峡水库蓄水后相对于多年平均情况，各站的中值粒径无明显趋势性变化。相应地，沿程各站的 $d>0.125$ mm 粗颗粒泥沙占比呈逐渐减小趋势，且相对于三峡水库蓄水前，各站的粗颗粒泥沙占比也有所减小，反映了三峡库区粗颗粒泥沙沿程逐步落淤的规律。

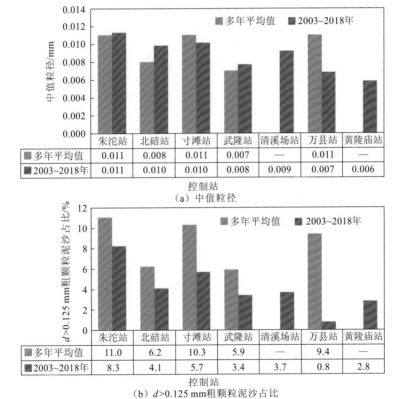

图 2.3.14　三峡水库入库干支流控制站悬移质泥沙级配变化

2）干支流水沙年内变化

三峡水库入库（朱沱站+北碚站+武隆站）、上游干流及主要支流年内各月径流量和输沙量的变化如图 2.3.15～图 2.3.17 所示。长江流域干流和主要支流的水沙年内输移规律大体相似，径流基本集中在 5～10 月输移，最大的月径流量一般出现在 7 月、8 月或 9

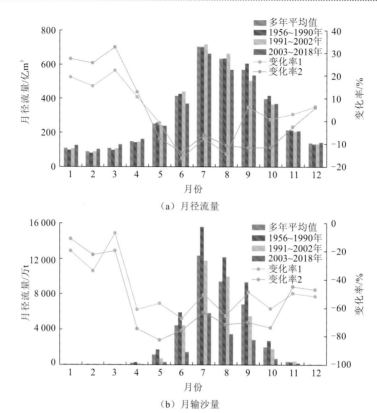

（a）月径流量

（b）月输沙量

图 2.3.15　年内三峡水库入库径流量和输沙量的分配及变化情况

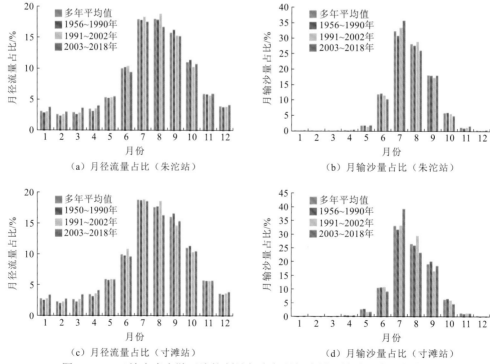

（a）月径流量占比（朱沱站）

（b）月输沙量占比（朱沱站）

（c）月径流量占比（寸滩站）

（d）月输沙量占比（寸滩站）

图 2.3.16　三峡水库上游干流控制站年内各月径流量、输沙量占比的变化

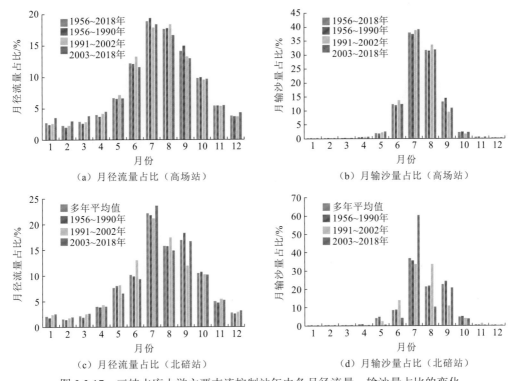

图 2.3.17　三峡水库上游主要支流控制站年内各月径流量、输沙量占比的变化

月，汛期输沙集中的现象则更为明显，泥沙基本在主汛期 6～9 月进行输移，最大的月输沙量一般出现在 7 月或 8 月。三峡水库入库的水沙年内分配变化情况与上游干支流也较为相似，均表现为 2003～2018 年与之前的时段相比，非汛期径流量有所增加，汛期减少，输沙量全年各月均有所减小，非汛期减幅小于汛期和汛后。

3. 水沙相关关系变化

从 20 世纪 90 年代开始，长江上游干流及主要支流都先后出现了径流量变化不大，而输沙量大幅减小的现象，简而言之，就是水沙变化具有明显的异步性，这种特征在干支流控制站水沙相关关系的变化中得以体现，在三峡水库上游干流的朱沱站、寸滩站及主要支流嘉陵江的北碚站、乌江的武隆站都有类似的变化特征（图 2.3.18、图 2.3.19）。朱沱站在三峡水库蓄水前，同径流量条件下的输沙量变化并不大，1990 年前和 1991～2002 年的年径流量与年输沙量的相关关系无明显变化，三峡水库蓄水后及金沙江下游梯级水库运行后，朱沱站同径流量条件下的输沙量大幅度减少。寸滩站的水沙主要来自长江上游干流和嘉陵江，嘉陵江自 20 世纪 80 年代末期开始大规模实施水土保持工程，使得 1991～2002 年嘉陵江的输沙量大幅度减少，同期金沙江下游也实施了水土保持工程，进而使得寸滩站输沙量减少，三峡水库蓄水后及金沙江下游水库运行后寸滩站输沙量的减少主要受梯级水库拦沙的影响。支流嘉陵江和乌江也是自 20 世纪 90 年代开始减沙，三峡水库蓄水后输沙量进一步减少。

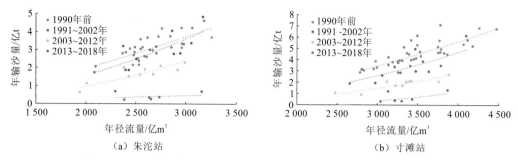

图 2.3.18　三峡水库上游干流控制站年径流量与年输沙量的相关关系

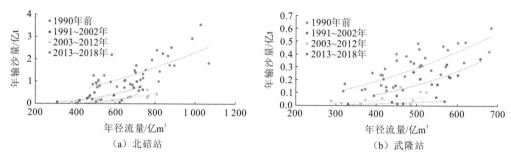

图 2.3.19　三峡水库上游主要支流控制站年径流量与年输沙量的相关关系

4. 库区洪峰沙峰异步传播现象

洪峰沙峰输移特征研究一直都受到众多学者的关注,从理论上讲,洪水的流动属于不稳定流,水流或洪水是按波动条件传递的波动过程,而河流泥沙输移则是按质点速度传递的对流过程。河流洪峰是以波的形式传播的,而沙峰输移则与水流平均流速有关,两者的传播速度是不相同的。天然河道由于水深较小,泥沙运动与水流运动的相位之间没有很大差别,沙峰过程一般与洪峰过程相近。在河流上修建水库后,由于水深加大,库区洪峰传播速度加快,而沙峰传播速度明显减缓,水沙过程的相位差大幅度增加,越靠近坝前,沙峰传播过程滞后洪峰越多。水沙相位异化使水库中的沙峰滞后于洪峰,水库输沙出库的水动力学条件减弱,沙峰沿程衰减,水库排沙能力降低。今后控制性水库排沙将是决定流域输沙的主要因子,本次针对三峡库区的洪峰沙峰异步传播现象进行了研究。

三峡水库属于典型的河道型水库,库区干流长度超 660 km,最宽处达 2 000 m,库区平均水面宽 1 000 m。在洪峰期间,库区水流流速较大,水流挟沙能力强,进入水库的泥沙大部分能输移到坝前。多年实测资料表明,三峡水库坝前洪峰与沙峰到达时间的相对关系一般可分为三种情况:①洪峰在前、沙峰在后;②洪峰在后、沙峰在前;③洪峰与沙峰同步。

三峡水库蓄水运用后,受上游来水来沙条件变化的影响,入库洪峰和沙峰异步现象突出。根据 2003~2018 年寸滩站 111 场洪水的实测资料,洪峰沙峰异步次数占 50%左右;金沙江下游溪洛渡水库、向家坝水库蓄水后,寸滩站沙峰滞后洪峰的次数占比从 22%增加到 37%。同时,洪峰、沙峰进入水库后,其异步传播特征更为突出,如三峡水库蓄水前，洪峰、沙峰传播时间基本同步，但水库蓄水运用后，库区寸滩站至大坝坝址的洪峰传播时间由原来的 1～3 天缩短至 12～24 h，沙峰传播时间则延长至 3～7 天。例如，2009 年汛期，朱沱站于 8 月 2 日同天出现洪峰（30 500 m^3/s）和沙峰（2.67 kg/m^3），北碚站分别于 8 月 4 日、8 月 5 日出现洪峰（19 500 m^3/s）和沙峰（0.86 kg/m^3），由于上游两站的叠加效应，寸滩站于 8 月 6 日形成洪峰（52 800 m^3/s），于 8 月 3 日形成沙峰（3.6 kg/m^3），沙峰比洪峰提前了 3 天（图 2.3.20）。

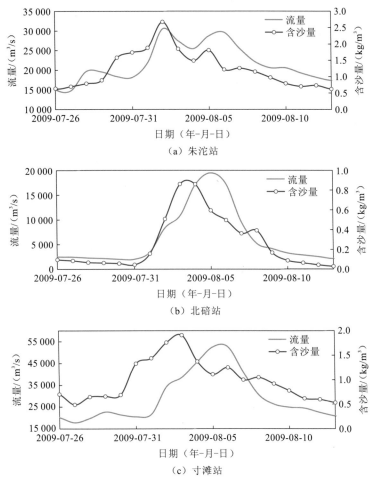

（a）朱沱站

（b）北碚站

（c）寸滩站

图 2.3.20　2009 年汛期朱沱站、北碚站和寸滩站日均流量与含沙量过程图

三峡库区洪峰沙峰异步的原因主要包括：

（1）在水沙同源的情况下，区域产流产沙的不同机理会使洪峰与沙峰的形成不同步。三峡水库上游地区地质地貌、降雨、水库、植被等时空差异大，流域产流、产沙环境条件和规律十分复杂，上游区域产沙主要来源于坡面侵蚀产沙和沟道冲刷产沙，前者主要与降雨强度有关，后者取决于水流的流速、流量和土壤性质等。

暴雨一段时间后，当地面形成浅层径流，雨滴作用于地面时，土团分散、土粒悬浮，在坡面上形成的水流和泥沙进入坡面的细沟，沿程水流冲刷细沟，导致更多泥沙进入细沟的水体中，当流量变小时，细沟的沿程冲刷依旧发生，使得沙峰滞后于洪峰。当细沟汇入比其大一级的浅沟时，浅沟的流量和沙量过程又由各条长度不一的细沟的流量和沙量过程叠加而成。依此类推，随着流域面积和沟道等级的增大，沙峰滞后于洪峰的现象逐渐明显。此外，随着沟道冲刷的加剧，边坡变陡，加上土体含水量增加，受重力侵蚀作用影响，易发生崩塌、滑坡、泥石流等现象，进一步增大洪峰与沙峰不同步的概率。由于三峡水库上游降雨在时空分布上的不均匀性、地形地貌的差异、细沟汇流及重力侵蚀的随机性，洪峰和沙峰可能会产生多种组合形式。

（2）水沙异源，造成洪峰与沙峰不同步。长江三峡水库上游径流主要来自金沙江、岷江、沱江、嘉陵江和乌江等河流，而悬移质泥沙主要来源于金沙江和嘉陵江，从入库沙量地区组成来看，2010年长江上游干流、嘉陵江和乌江的来沙量分别占70.4%、27.2%、2.4%，2011年三个区域的来沙量分别占63.6%、34.9%、1.5%，2012年三个区域的来沙量分别占86.3%、13.2%、0.5%。一场洪水不同区域产流产沙的叠加势必会造成洪峰与沙峰的不同步。

（3）水库内洪水演进与泥沙输移速度不同，是库区洪峰、沙峰异步的重要原因。库区洪峰传播速度由水流运动速度和重力波波速共同组成，洪峰传播速度的基本表达式为 $u\pm\sqrt{gh}$（u 为水流平均流速，g 为重力加速度，h 为平均水深），对于水流较缓、水深较大的水库，可认为其主要由重力波引起传播。而泥沙运动则与水流平均流速有关，是由运动波引起的传播。同时，水流沿垂线的流速分布与含沙量沿垂线的分布是不同的，河道中水流沿垂线的流速分布一般为上大下小，而含沙量的分布则是上小下大，对比每一单位柱状体积床面到水面的清水与泥沙发现，水体前进速度大于泥沙群体的前进速度。沿垂线含沙量分布的梯度越大，水体与泥沙群体的这种速度差别将越大，也将导致沙峰运动滞后于洪峰运动。

此外，在库区洪水演进过程中，河道泥沙冲淤将影响沙峰形态。从库尾至坝前，库区水深沿程不断增加，水流挟沙能力减小，泥沙沿程不断落淤，造成沙峰坦化，增加了洪峰与沙峰的相位差，也在一定程度上增大了沙峰滞后洪峰的时间。

在不同入库流量和坝前水位条件下，三峡库区的洪峰传播时间是不同的，一般当坝前水位在155 m以下时，入库洪峰从寸滩站到达坝前的传播时间为18~30 h，平均约为22 h；当坝前水位为155~165 m时，传播时间约为18 h；当坝前水位为165~175 m时，传播时间约为12 h。由此可见，随着库区水位的抬高，洪峰传播速度是加快的，而沙峰传播却滞后洪峰许多，表2.3.9统计了2012年共4场沙峰的传播过程，沙峰在库区的传播时间在3~7天不等。

表2.3.9   2012年沙峰到达坝前时间统计表

项目	沙峰序号			
	1	2	3	4
入库时段	6月28日~7月5日	7月13日~7月28日	8月31日~9月8日	9月13日~9月21日

续表

项目	沙峰序号			
	1	2	3	4
到达坝前时段	7月2日～ 7月16日	7月17日～ 8月7日	9月2日～ 9月14日	9月15日～ 9月22日
寸滩站峰现时间	7月2日	7月24日	9月6日	9月14日
清溪场站峰现时间	7月2日	7月25日	9月7日	9月15日
万县站峰现时间	7月4日	7月26日	—	—
庙河站峰现时间	7月9日	7月29日	9月9日	9月19日
入库至到达坝前 沙峰传播时间/天	7	5	3	5
入库沙峰峰值/（kg/m³）	1.98	2.33	3.6	1
坝前平均水位/m	146.17	158.29	155.97	165.74
入库洪峰流量/（m³/s）	54 500	71 200	51 500	42 000

注：入库水文站为寸滩站，坝前水文站为庙河站，沙峰峰值均为日均值。

2.3.3　典型支流泥沙来源及输移变化

1. 典型支流泥沙来源变化

（1）岷江、沱江流域。径流量和输沙量均主要来自大渡河，径流量的占比与流域集水面积占比基本一致。岷江上游、大渡河、青衣江1960～2003年平均径流量占比分别为25.6%、56.1%和18.3%，输沙量占比分别为44.7%、35.7%和19.6%；2004～2018年平均径流量占比分别为26.0%、56.9%和17.1%，输沙量占比分别为23.8%、48.4%和27.8%。青衣江处于雅安市暴雨区，径流模数和输沙模数均较岷江干流和大渡河偏大，见表2.3.10、表2.3.11。

表 2.3.10　岷江流域径流量地区组成

河流	站名	集水面积		年径流量					
				1960～2003年		2004～2018年		1960～2018年	
		值/km²	占比/%	值/亿m³	占比/%	值/亿m³	占比/%	值/亿m³	占比/%
青衣江	多营坪站	8 777	6.48	110	12.78	—	—	—	—
	夹江站	12 588	9.30	—	—	136.4	17.06	—	—
大渡河	安顺场站	1 452	1.07	17.8	2.07	—	—	—	—
	沙湾站	76 622	56.60	—	—	454.7	56.88	—	—

河流	站名	集水面积		年径流量					
				1960～2003年		2004～2018年		1960～2018年	
		值/km²	占比/%	值/亿m³	占比/%	值/亿m³	占比/%	值/亿m³	占比/%
岷江	镇江关站	4 486	3.31	17.1	1.99	15.9	1.99	17.1	2.03
	镇江关站—彭山站	26 175	19.33	112.9	13.11	107.85	13.49	111.5	13.24
	彭山站	30 661	22.65	130	15.10	122.7	15.35	128.6	15.27
	彭山站—五通桥站	6 607	4.88	—	—	12.00	1.50	—	—
	五通桥站	126 478	93.43	771	89.55	727.8	91.04	760.7	90.34
	五通桥站—高场站	8 900	6.57	90	10.45	71.6	8.96	81.3	9.66
	高场站	135 378	100	861	100	799.4	100	842.0	100

表 2.3.11　岷江流域输沙量地区组成

河流	站名	年输沙量					
		1960～2003年		2004～2018年		1960～2018年	
		值/万t	占比/%	值/万t	占比/%	值/万t	占比/%
青衣江	多营坪站	944	19.59	—	—	—	—
	夹江站	—	—	628.5	27.82	—	—
大渡河	安顺场站	143	2.97	—	—	—	—
	沙湾站	—	—	1094	48.43	—	—
岷江	镇江关站	54.1	1.12	61.9	2.74	56.0	1.37
	镇江关站—彭山站	838.9	17.40	360.52	15.96	727.4	17.74
	彭山站	893	18.53	422.4	18.70	782.4	19.09
	彭山站—五通桥站	—	—	212	9.38	—	—
	五通桥站	4 010	83.20	2357	104.34	3 604	87.92
	五通桥站—高场站	810	16.80	-98.0	-4.34	495.0	12.08
	高场站	4 820	100	2259	100	4 099	100

沱江输沙量很集中，主要来源于龙门山。登瀛岩站多年平均径流量占富顺站的77.43%，输沙量占85.57%。1956～1990年、1991～2004年和2005～2018年，登瀛岩站输沙量分别占富顺站的76.72%、87.03%和110.83%，输沙量占比增大，主要受中下游河道淤积和采砂的影响。流域输沙模数从上游向下游减小，源头区仍是主要产沙区，见表 2.3.12、表 2.3.13。

表 2.3.12　沱江流域径流量地区组成

河名	站名	集水面积		年径流量					
				1956～2004 年		2005～2018 年		1956～2018 年	
		值/km²	占比/%	值/亿 m³	占比/%	值/亿 m³	占比/%	值/亿 m³	占比/%
沱江	三皇庙站	6 590	28.30	69.1	57.63	59.4	50.86	68.2	57.21
	三皇庙站—登瀛岩站	7 894	32.90	25	20.85	26.2	22.43	24.1	20.22
	登瀛岩站	14 484	62.21	94.1	78.48	85.6	73.29	92.3	77.43
	登瀛岩站—富顺站	8 799	37.79	25.8	21.52	31.3	26.80	26.9	22.57
	富顺站	19 613	100	119.9	100	116.8	100	119.2	100

表 2.3.13　沱江流域输沙量地区组成

河名	站名	年输沙量									
		1956～1990 年		1991～2004 年		1956～2004 年		2005～2018 年		1956～2018 年	
		值/万 t	占比/%	值/万 t	占比/%	值/万 t	占比/%	值/万 t	占比/%	值/万 t	占比/%
沱江	三皇庙站	537	46.29	311	106.14	518	56.92	—	—	—	—
	三皇庙站—登瀛岩站	353	30.43	-56	-19.11	190	20.88	—	—	—	—
	登瀛岩站	890	76.72	255	87.03	708	77.80	672.4	110.83	700.3	85.57
	登瀛岩站—富顺站	270	23.28	39	13.31	202	22.20	-66.7	-10.99	118.1	14.43
	富顺站	1 160	100	293	100	910	100	606.7	100	818.4	100

（2）嘉陵江流域。径流量占比与集水面积占比较为一致，径流分布较均匀，且年际变化不大。泥沙来源集中，且地区组成年际变化大，输沙量主要来自亭子口站以上，占 49.56%，西汉水为少水多沙区，是嘉陵江流域的重点产沙区。2003 年后嘉陵江不同水沙来源区输沙量大幅度减小，但干流输沙量减小的幅度最大，占比减小幅度最大（三江汇流区输沙量占比变化尤为明显，1990 年前占比 19.5%，1991～2002 年占比 2.4%，2003～2018 年占比-2.2%），而罗渡溪站和小河坝站输沙量也减小，但其占比大幅度增加，见表 2.3.14、表 2.3.15。

表 2.3.14　嘉陵江流域径流量地区组成

河流	站名	集水面积		年径流量							
				1956～1990 年		1991～2002 年		2003～2018 年		1956～2018 年	
		值/km²	占比/%	值/亿 m	占比/%	值/亿 m³	占比/%	值/亿 m³	占比/%	值/亿 m³	占比/%
白龙江	武都站	14 288	9.15	44.3	6.36	32.2	6.05	37.8	5.91	40.3	6.18
	碧口站	26 086	16.71	88.7	12.72	66.3	12.46	86.8	13.58	85.4	13.10

续表

河流	站名	集水面积		年径流量							
				1956~1990年		1991~2002年		2003~2018年		1956~2018年	
		值/km²	占比/%	值/亿m	占比/%	值/亿m³	占比/%	值/亿m³	占比/%	值/亿m³	占比/%
白龙江	三磊坝站	29 247	18.73	105.4	15.12	79.2	14.88	88.5	13.85	96.5	14.80
西汉水	顺利峡站	3 439	2.20	2.6	0.37	1.2	0.22	2.5	0.39	2.9	0.44
	鐔家坝站	9 538	6.11	15.6	2.24	8.6	1.62	9.5	1.49	12.7	1.95
嘉陵江	江源—略阳站	9 668	6.19	22.4	3.21	-8.6	-1.62	16.5	2.58	22.0	3.37
	略阳站	19 206	12.30	38.1	5.47	—	—	26.1	4.08	—	—
	广元站	25 647	16.43	—	—	—	—	54.6	8.54	—	—
	略阳站—亭子口站	41 883	26.82	170.1	24.40	140.9	26.47	128.5	20.11	150.2	23.04
	亭子口站	61 089	39.12	208.2	29.87	140.9	26.41	154.6	24.19	184.9	28.36
	亭子口站—武胜站	18 625	11.93	69.9	10.03	51.1	9.60	71.4	11.17	62.6	9.60
	武胜站	79 714	51.05	278.1	39.90	192.0	36.07	226.0	35.36	248.5	38.12
	武胜站—北碚站	8 944	5.73	42.5	6.10	32.2	6.05	71.9	11.25	48.8	7.48
渠江	东林站	6 462	4.14	55.4	7.95	—	—	—	—	—	—
	罗渡溪站	38 064	24.38	226.7	32.52	179.5	33.72	218.8	34.24	215.7	33.09
涪江	平武站	4 310	2.76	—	—	—	—	35.4	5.54	—	—
	江油站	5 915	3.79	—	—	—	—	32.5	5.08	—	—
	涪江桥站	11 908	7.63	87.7	12.58	71.6	13.45	84.2	13.17	82.4	12.64
	射洪站	23 574	15.10	129.4	18.56	—	—	122.1	19.10	127.5	19.56
	小河坝站	29 420	18.84	149.7	21.48	129.6	24.35	122.4	19.15	138.9	21.31
嘉陵江	北碚站	15 736	100	697.0	100	532.3	100	639.1	100	651.9	100

表 2.3.15 嘉陵江流域输沙量地区组成

河流	站名	年输沙量							
		1956~1990年		1991~2002年		2003~2018年		1956~2018年	
		值/万t	占比/%	值/万t	占比/%	值/万t	占比/%	值/万t	占比/%
白龙江	武都站	1 622	11.13	482	12.96	81	2.87	1 048	11.23
	碧口站	1 264	8.68	6	0.16	286	10.14	866	9.28

续表

河流	站名	年输沙量							
		1956~1990 年		1991~2002 年		2003~2018 年		1956~2018 年	
		值/万 t	占比/%	值/万 t	占比/%	值/万 t	占比/%	值/万 t	占比/%
白龙江	三磊坝站	1 622	11.13	482	12.96	81	2.87	1 048	11.23
西汉水	顺利峡站	1 008	6.92	126	3.39	89	3.16	1 048	11.23
	镡家坝站	2 328	15.98	771	20.72	559	19.82	1 510	16.18
嘉陵江	江源站—略阳站	946	6.49	−53	−1.42	61	2.16	700	7.50
	略阳站	3 273	22.46	717	19.27	620	21.98	2 211	23.70
	广元站	—	—	—	—	1 444	51.20	—	—
	略阳站—亭子口站	1 311	9.00	787	21.16	679	24.08	1 366	14.64
	亭子口站	6 207	42.60	1 987	53.41	1 380	48.94	4 624	49.56
	亭子口站—武胜站	985	6.76	1 603	43.09	−451	−15.99	−174	−1.86
	武胜站	7 192	49.36	1 603	43.09	929	32.94	4 450	47.7
	武胜站—北碚站	2 846	19.53	90	2.42	−63	−2.23	1 435	15.38
渠江	东林站	846	5.81	—	—	—	—	846	9.07
	罗渡溪站	2 707	18.58	1 052	28.28	1 099	38.97	1 971	21.12
涪江	平武站	—	—	—	—	35	1.24	—	—
	江油站	—	—	—	—	34	1.20	—	—
	涪江桥站	1 162	7.98	—	—	1 724	61.13	1 344	14.40
	射洪站	1 546	10.61	—	—	738	26.17	—	—
	小河坝站	1 825	12.53	982	26.40	860	30.50	1 413	15.14
嘉陵江	北碚站	14 570	100	3 720	100	2 820	100	9 330	100

（3）乌江流域。径流量分布较均匀，多年平均径流量主要来自江界河站以下，占55.30%，输沙量主要来自思南站下游，占 58.48%。三岔河、六冲河产沙强度大，但源区面积小，径流量和输沙量比例小；乌江下游面积大，径流量和输沙量比例大，产沙强度也较大。2004 年后，流域输沙量受水库群拦沙的影响较大，乌江渡上游地区泥沙占比大幅度减小，中下游占比有所增加，见表 2.3.16、表 2.3.17。

表 2.3.16　乌江流域径流量地区组成变化

河流	站名	集水面积		年径流量							
				1956~1990 年		1991~2004 年		2005~2018 年		1956~2018 年	
		值/ km²	占比/%	值/亿 m³	占比/%	值/亿 m³	占比/%	值/亿 m³	占比/%	值/亿 m³	占比/%
三岔河	阳长站	2 696	3.25	14	2.88	14.7	2.80	—	—	—	—
六冲河	洪家渡站	9 456	11.39	44.5	9.16	44.4	8.46	—	—	—	—

续表

河流	站名	集水面积		年径流量							
				1956~1990年		1991~2004年		2005~2018年		1956~2018年	
		值/km²	占比/%	值/亿m³	占比/%	值/亿m³	占比/%	值/亿m³	占比/%	值/亿m³	占比/%
乌江	鸭池河站	18 187	21.90	105	21.60	105	20.00	87.4	20.06	101.2	20.98
	乌江渡站	27 838	33.52	147	30.25	155	29.52	125.0	28.70	146.0	30.27
	江界河站	42 306	50.94	211	43.42	238	45.33	—	—	—	—
	思南站	51 270	61.73	264	54.32	310	59.05	224.5	51.54	266.7	55.30
	中游	23 432	28.21	117	24.07	155	29.52	99.5	22.84	120.7	25.02
	龚滩站	64 200	77.30	352	72.43	375	71.43	—	—	—	—
	武隆站	83 053	100	486	100	525	100	435.6	100	482.3	100
	下游	31 783	38.27	222	45.68	215	40.95	211.1	48.46	216.6	44.91

表 2.3.17 乌江流域输沙量地区组成变化

河流	站名	年输沙量							
		1956~1990年		1991~2004年		2005~2018年		1956~2018年	
		值/万t	占比/%	值/万t	占比/%	值/万t	占比/%	值/万t	占比/%
三岔河	阳长站	219	7.35	259	13.42	—	—	—	—
六冲河	洪家渡站	685	22.99	418	21.66	—	—	—	—
乌江	鸭池河站	1 340	44.97	332	17.20	0.3	0.09	792.2	36.76
	乌江渡站	1 170	39.26	18.9	0.98	0.4	0.12	762.8	35.40
	江界河站	856	28.72	303	15.70	—	—	—	—
	思南站	1 420	47.65	480	24.87	138.2	40.54	894.8	41.52
	中游	250	8.39	461.1	23.89	137.7	40.39	131.0	6.08
	龚滩站	1 860	62.42	1 120	58.03	—	—	—	—
	武隆站	2 980	100	1 930	100	340.9	100	2155.1	100
	下游	1 560	52.35	1 450	75.13	202.7	59.46	1260.2	58.48

综上可见，对于三峡水库的各支流流域，其径流来源相对稳定，但大多数流域泥沙的来源都发生了变化。

2. 典型支流水沙年际变化

1）水沙输移量变化

长江上游支流主要控制站基本遵循"大水带大沙、小水带小沙"的规律（图2.3.13），但受上游地区降雨条件和下垫面条件等因素的影响，历年水沙量过程高低值期交替出现，特别是在集中性强降雨时期，如在 2020 年 8 月第 4 号和第 5 号洪水期间，强降雨带主要位于长江上游主要产沙区，岷江、沱江、嘉陵江等区域出现了较大的输沙过程，其中沱江富顺站的最大含沙量达到 16.3 kg/m³，年输沙量达 2 100 万 t，明显高于多年平均值（856 万 t）。

（1）岷江高场站。多年平均径流量和输沙量分别为 852 亿 m³、4 250 万 t，年径流量、年输沙量最大值出现在 1954 年、1966 年，最小值出现在 2006 年、2015 年。不同时段径流量、输沙量的变化表明，1991~2002 年多年平均径流量和输沙量分别为 814.7 亿 m³、3 450 万 t，与 1990 年以前相比，径流量、输沙量分别减少 67.3 亿 m³、1 810 万 t，减幅分别为 8%、34%；2003~2012 年，高场站径流量、输沙量进一步减少，与 1990 年以前相比，减幅分别为 10%、44%；2013 年以来，高场站多年平均径流量和输沙量分别为 866 亿 m³、2 430 万 t，与 2003~2012 年相比，径流量增幅为 10%，而输沙量减幅达 17%。

（2）沱江富顺站。多年平均径流量和输沙量分别为 126 亿 m³、1 150 万 t，年径流量、年输沙量最大值出现在 1961 年、2013 年，最小值均出现在 2006 年。从不同时段的变化来看，富顺站 1991~2002 年多年平均径流量和输沙量分别为 107.8 亿 m³、372 万 t，与 1990 年以前相比，径流量、输沙量分别减少 21.2 亿 m³、798 万 t，减幅分别为 16%、68%，输沙量呈锐减态势；三峡水库蓄水运用以来，2003~2012 年富顺站径流量、输沙量进一步减少，与 1990 年以前相比，减幅分别为 18%、82%；溪洛渡水库、向家坝水库蓄水运用后，2013~2020 年，沱江富顺站多年平均径流量和输沙量分别为 137 亿 m³、1 140 万 t，与 2003~2012 年相比，径流量、输沙量的增幅分别为 33%、443%，主要是因为近年来沱江流域频发强降雨，同时受到汶川地震的影响，暴雨高强度产输沙，导致富顺站输沙量呈显著增加态势。

（3）嘉陵江北碚站。多年平均径流量和输沙量分别为 659 亿 m³、9 360 万 t，年径流量、年输沙量最大值出现在 1983 年、1981 年，最小值出现在 1997 年、2006 年。不同时段径流量、输沙量的变化表明，1991~2002 年多年平均径流量和输沙量分别为 533.3 亿 m³、3 720 万 t，与 1990 年以前相比，径流量、输沙量分别减少 170.7 亿 m³、9 680 万 t，减幅分别为 24%、72%；2003~2012 年，与 1990 年以前相比，北碚站年径流量变化不大，减幅约为 5%，而输沙量则进一步减少至 2 920 万 t，减幅达 78%；溪洛渡水库、向家坝水库蓄水运用后，2013~2020 年北碚站径流量基本与 2003~2012 年持平，而输沙量增加 470 万 t，增幅达 16%。

（4）乌江武隆站。多年平均径流量和输沙量分别为 492 亿 m³、2 980 万 t，年径流量、年输沙量最大值出现在 1954 年、1977 年，最小值出现在 2006 年、2013 年。从不同时段的变化来看，武隆站 1991~2002 年多年平均径流量和输沙量分别为 531.7 亿 m³、2 040 万 t，与 1990 年以前相比，径流量增加 36.7 亿 m³，增幅为 7%，而输沙量则减小 33%，三峡水库蓄水运用以来，2003~2012 年武隆站年径流量变化不大，与 1990 年以前相比减幅约为 5%，而输沙量锐减至 570 万 t，减幅高达 81%；溪洛渡水库、向家坝水库蓄水运用后，2013~2020 年武隆站多年平均径流量和输沙量分别为 492 亿 m³、302 万 t，与 2003~

2012 年相比，径流量增幅为 17%，而输沙量呈进一步减小态势，减幅为 47%。

总体来看，长江上游支流各站年径流量变化不大，整体上以周期性波动变化为主，而自 21 世纪以来，输沙量锐减，呈显著降低态势。值得注意的是，近年来长江上游流域发生了集中性强降雨，如沱江出现了较大的输沙过程，暴雨高强度产输沙导致富顺站输沙量突增。

2）输沙跃变特性

（1）岷江高场站。输沙量分别在 1969 年和 1993 年发生跳跃，且秩和检验、游程检验结果表明，跳跃点显著存在。各期平均输沙量见表 2.3.18。图 2.3.21（a）为高场站输沙量跳跃变化的情势。1969 年一级跳跃点的跳跃幅度很大，输沙量减小幅度达到了37.8%，其主要是受到了 1969 年建成的龚嘴水库拦沙的影响；而 1993 年次级跳跃点输沙量的减幅为 40.9%，其主要是受到了 1994 年建成的铜街子水库拦沙的影响。自 1994 年

表 2.3.18 岷江高场站各期平均输沙量

项目	1954～1969 年	1970～2020 年			一级跳跃相差
		1970～1993 年	1994～2020 年	次级跳跃相差	
输沙量/亿 t	0.597	0.474	0.280	−0.194（−40.9%）	−0.226（−37.8%）
		0.371			

注：括号内数据代表跳跃点输沙量的减幅。

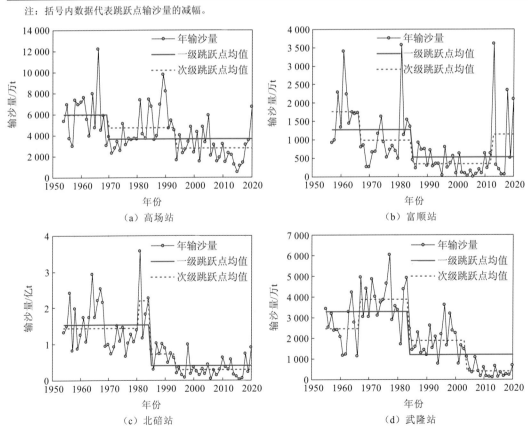

图 2.3.21 长江上游典型支流控制站分期平均输沙量图

开始，输沙量平均值仅为 0.280 亿 t，最大值为 0.663 亿 t（2020 年）。可见，1994 年后高场站的输沙量发生了质的变化，说明岷江输沙量变化主要受龚嘴水库、铜街子水库、瀑布沟水库、紫坪铺水库明显的拦沙作用的影响。

（2）沱江富顺站。输沙量分别在 1966 年、1984 年和 2012 年出现明显跳跃。各期平均输沙量见表 2.3.19。图 2.3.21（b）显示了富顺站输沙量的跳跃变化情势。其中，一级跳跃点 1984 年、次级跳跃点 1966 年和 2012 年均显著存在，说明富顺站输沙量出现了明显的 3 个跳跃过程，1984 年一级跳跃点的跳跃幅度很大，输沙量减小幅度达到了 58.8%（径流量减小 9.5%），而 1966 年和 2012 年两个次级跳跃点输沙量的跳跃幅度分别为 -43.5% 和 222.9%（径流量分别减小 15.0% 和增大 25.7%）。1985~2012 年，输沙量平均值仅为 353 万 t，最大值为 906 万 t（1987 年），小于 1957~1984 年输沙量平均值。因此，1984 年后受径流量减小和水利工程拦沙等因素的影响，沱江流域输沙量发生明显变化。近期，2013 年、2018 年、2020 年因流域大暴雨，输沙量大幅度增加，除降雨强度大导致流域侵蚀强度增大外，还受汶川地震影响，前期淤积于河道或低坝水库内的泥沙被洪水冲刷，导致输沙量大幅增加，2013~2020 年平均输沙量明显高于 1985~2012 年。

表 2.3.19 沱江富顺站各期平均输沙量

项目	1957~1984 年			1985~2020 年			一级跳跃相差
	1957~1966 年	1967~1984 年	次级跳跃相差	1985~2012 年	2013~2020 年	次级跳跃相差	
输沙量/万 t	1 770	1 000	-770 (-43.5%)	353	1 140	787 (222.9%)	-752 (-58.8%)
	1 280			528			

注：括号内数据代表跳跃点输沙量的减幅。

（3）嘉陵江北碚站。输沙量变化 1984 年为一级跳跃点，1980 年和 1993 年为次级跳跃点。其中，1984 年一级跳跃点和 1993 年次级跳跃点显著，但 1980 年跳跃不显著。这说明 1981~1984 年北碚站输沙量出现增加主要是受大水影响，不能代表输沙量增加趋势，各期平均输沙量见表 2.3.20，图 2.3.21（c）显示了北碚站输沙量的跳跃变化情势。

北碚站 1984 年一级跳跃点的跳跃幅度很大，1954~1984 年与 1985~2020 年相比，输沙量减小幅度达到 73.4%（径流量减小 12.9%），受低矮水坝拦沙影响较大，1980 年、

表 2.3.20 嘉陵江北碚站各期平均输沙量

项目	1954~1984 年			1985~2020 年			一级跳跃相差
	1954~1980 年	1981~1984 年	次级跳跃相差	1985~1993 年	1994~2020 年	次级跳跃相差	
输沙量/亿 t	1.45	2.20	0.75 (51.7%)	0.73	0.31	-0.42 (-57.5%)	-1.13 (-73.4%)
	1.54			0.41			

注：括号内数据代表跳跃点输沙量的减幅。

1993 年两个次级跳跃点输沙量的跳跃幅度分别为 51.7%和-57.5%（径流量跳跃幅度分别为 35.8%和-7.8%）。可以看出，1985 年后嘉陵江流域输沙量发生明显变化，嘉陵江 1981~1984 年为连续出现的大水大沙年，其年均输沙量达到 2.20 亿 t，自 1985 年开始，输沙量平均值仅为 0.41 亿 t，最大值仅为 1.01 亿 t（1987 年），小于 1954~1984 年输沙量平均值。

（4）乌江武隆站。1955~2020 年共 51 年（部分年份缺失）的输沙量序列计算结果表明，1983 年为一级跳跃点，1966 年、2003 年为次级跳跃点。1967~1983 年输沙量明显增加，1984 年后输沙量出现明显下降，2004 年后输沙量出现较明显的下降过程（主要是由于径流量减小）。各期平均输沙量见表 2.3.21。图 2.3.21（d）显示了武隆站输沙量的跳跃变化情势。

表 2.3.21　乌江武隆站各期平均输沙量

项目	1955~1983 年			1984~2020 年			一级跳跃相差
	1955~1966 年	1967~1983 年	次级跳跃相差	1984~2003 年	2004~2020 年	次级跳跃相差	
输沙量/亿 t	0.247	0.389	0.142 (57.5%)	0.188	0.039	-0.149 (-79.2%)	-0.211 (-63.9%)
	0.330			0.119			

注：括号内数据代表跳跃点输沙量的减幅。

武隆站 1983 年一级跳跃点的跳跃幅度很大，输沙量减小幅度达到了 63.9%（径流量减小幅度仅为 4.5%），而 1966 年和 2003 年两个次级跳跃点输沙量的跳跃幅度分别为 57.5%和-79.2%（径流量跳跃幅度分别为 13.8%和-8.4%）。可见，1967~1983 年为武隆站输沙量高值期，其年均输沙量为 0.389 亿 t，较 1955~1966 年增大 57.5%。自 1984 年开始，虽然武隆站年输沙量最大值为 0.317 亿 t（1998 年），但其输沙量平均值仅为 0.119 亿 t，小于 1955~1983 年输沙量平均值。1980 年后乌江渡水库建成蓄水，1980~1983 年年均拦沙量为 1 674 万 t，这期间乌江渡水库坝下游由于"清水"下泄冲刷，水库至武隆站区间干流河道冲刷泥沙 1 680 万 t，抵消了乌江渡水库拦沙对武隆站的减沙作用，1984 年后河道冲刷减缓，乌江渡水库拦沙对武隆站输沙量减少有显著影响。

3）水沙关系变化

流域输沙关系直接反映流域水沙系统的变化特性。受水利工程拦沙、降雨时空分布变化、水土保持、河道采砂等因素的综合影响，支流输沙量在不同阶段存在明显差异，年径流量-年输沙量关系也发生了明显变化，基于支流控制站输沙跃变特性分析，图 2.3.22~图 2.3.26 给出了长江上游支流主要控制站不同时段的水沙相关关系和双累积曲线关系。

（1）横江横江站。不同时期水沙相关关系变化较为明显，2000 年以来，同年径流量下，年输沙量呈减少态势，与 2000 年以前相比，年径流量变化不大，但同年径流量下年输沙量减幅近 500 万 t。

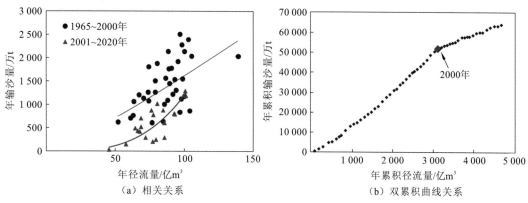

图 2.3.22　横江横江站年径流量和年输沙量相关关系变化

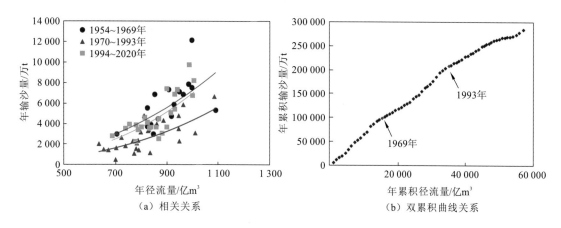

图 2.3.23　岷江高场站年径流量和年输沙量相关关系变化

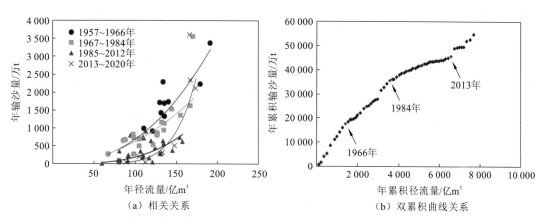

图 2.3.24　沱江富顺站年径流量和年输沙量相关关系变化

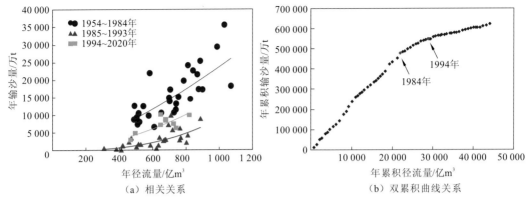

图 2.3.25　嘉陵江北碚站年径流量和年输沙量相关关系变化

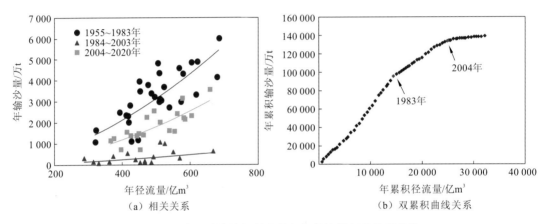

图 2.3.26　乌江武隆站年径流量和年输沙量相关关系变化

（2）岷江高场站。水沙关系在 1969 年和 1993 年出现明显转折，其主要受龚嘴水库（1970 年建成）和铜街子水库（1994 年建成）影响，输沙量减小较为明显。与 1954～1969 年相比，1970～1993 年、1994～2020 年两个时段年径流量变化不大，同年径流量下年输沙量分别减少 1 230 万 t、3 170 万 t，表明水库的蓄水拦沙效果显著。

（3）沱江富顺站。不同时期水沙相关关系变化较为明显，与嘉陵江北碚站类似，1984 年前后水沙关系变化与流域内水利工程拦沙作用增大、生态环境逐渐改善有关，同年径流量下年输沙量呈大幅减少态势，与 1967～1984 年相比，在富顺站年径流量变化不大的情况下，1985～2012 年年输沙量减少 647 万 t。而自 2013 年以来，沱江流域频发大洪水，诱发滑坡、泥石流等现象，部分年份输沙量大幅度增加。

（4）嘉陵江北碚站。水沙关系在 1984 年、1993 年出现明显转折，年输沙量呈持续减小态势。其中，1984 年前后水沙关系变化与流域内水利工程拦沙作用增大、生态环境逐渐改善有关。1993 年是农村劳动力转移快速增长的一个转折点，这一变化使得水土流失减弱，产沙量减少。1994 年以来，北碚站同年径流量下年输沙量呈进一步减少的态势。与 1954～1984 年相比，1985～1993 年、1994～2020 年两个时段同年径流量下年输沙量分别减少 8 100 万 t、1.23 亿 t。

（5）乌江武隆站。与北碚站、富顺站类似，武隆站在 1984 年前后水沙关系显著变化，同年径流量下年输沙量呈大幅减少态势，主要与流域内水利工程拦沙作用增大、生态环境逐渐改善有关，2004 年以来，受乌江中下游一系列大型水库拦沙作用的影响，武隆站年输沙量进一步减小。

长江上游横江、岷江、沱江、嘉陵江、乌江等支流均表现出年径流量越大，年输沙量越大的正向相关关系，而水利工程拦沙是影响长江上游支流水沙关系变化的重要因素，水库的蓄水拦沙效应体现在水库建成投运后，主要支流出现了年径流量变化不大，而年输沙量大幅减小的现象，表明水沙变化具有异步性。

3. 典型支流水沙年内变化

与长江上游干流类似，支流水沙年内分配不均匀，洪、枯水季节差异明显，径流、输沙主要集中在汛期 5～10 月。

1956 年以来，横江站洪季（5～10 月，下同）径流量、输沙量分别占全年的 73%、99%。从不同时段各月水沙量占全年的比例来看（图 2.3.27），汛期、枯水期径流量占比变化不大，1991～2002 年，横江站汛期径流量为 57 亿 m³，与 1990 年以前相比，洪季径流量减少 9 亿 m³，减幅达 13.6%，而输沙量变化不大，仅增大 1.5%左右；三峡水库蓄水运用以来，2003～2012 年汛期径流量占比在 70%左右，同时，洪季输沙量减少至 532 万 t，占比也减小至 97%；溪洛渡水库、向家坝水库蓄水运用后，2013～2020 年，横江站汛期径流量、输沙量分别占全年的 73%、99%，占比变化不大。总体来看，不同时段横江站多年平均径流量及汛期、枯水期占比变化不大，尽管 2003 年以来，横江站输沙量呈大幅减少态势，但输沙量汛期、枯水期年内分配未出现明显变化。

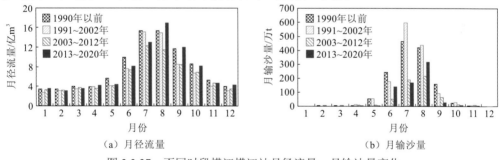

图 2.3.27　不同时段横江横江站月径流量、月输沙量变化

1954～2020 年，高场站汛期的径流量、输沙量分别占全年的 79.1%、98.9%。从不同时段各月水沙量占全年的比例来看（图 2.3.28），1991～2002 年，高场站汛期的径流量为 647 亿 m³，与 1990 年以前相比，汛期的径流量减少 59 亿 m³，受年均输沙量大幅减小的影响，多年平均汛期输沙量由 5 214 万 t 减小至 3 421 万 t，但年内占比仍稳定在 99.0%左右，可见，输沙量占比的减少主要集中在主汛期。三峡水库蓄水运用以来，2003～2012 年汛期径流量占比在 77%左右，同时，汛期输沙量进一步减少至 2 885 万 t，占比达 98.6%；溪洛渡水库、向家坝水库蓄水运用后，2013～2020 年，高场站洪季径流量、

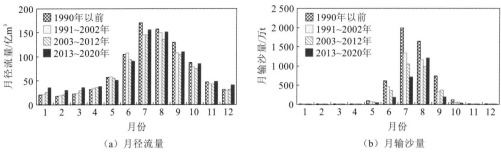

（a）月径流量   （b）月输沙量

图 2.3.28　不同时段岷江高场站月径流量、月输沙量变化

输沙量分别占全年的 74.0%、98.1%，径流量占比略有减小，而输沙量占比变化不大。总体来看，不同时段高场站汛期径流量占比呈逐时段减小态势，变化范围在 74.0%～80.6%，年内流量过程调平；洪、枯水季输沙量年内分配未出现明显变化。

1952～2020 年，富顺站汛期径流量、输沙量分别占全年的 84.6%、99.9%，泥沙集中输移。从不同时段各月水沙量占全年的比例来看（图 2.3.29），1991～2002 年，富顺站汛期径流量为 87 亿 m³，与 1990 年以前相比，汛期径流量减少 24 亿 m³，受年均输沙量大幅减小的影响，汛期输沙量由 1 160 万 t 减小至 332 万 t，年内占比仍稳定在 99.7% 左右。三峡水库蓄水后，2003～2012 年汛期径流量占比进一步减小至 79.4%，同时，汛期输沙量减少至 209 万 t，年内占比变化不大；溪洛渡水库、向家坝水库蓄水运用后，2013～2020 年，富顺站汛期径流量、输沙量分别占全年的 79.8%、99.9%，变化不大。近年来，富顺站汛期径流量占比小幅降低，变化范围在 79.4%～86.7%，汛期、枯水期输沙量年内分配未出现明显变化，99%以上的泥沙集中在汛期输移。

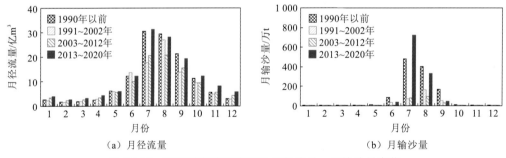

（a）月径流量   （b）月输沙量

图 2.3.29　不同时段沱江富顺站月径流量、月输沙量变化

1952～2020 年，北碚站汛期径流量、输沙量分别占全年的 82.8%、98.8%，泥沙输移基本集中在汛期。从不同时段各月水沙量占全年的比例来看（图 2.3.30），1991～2002 年，北碚站汛期径流量为 432 亿 m³，与 1990 年以前相比，汛期径流量减少 157 亿 m³，受年均输沙量大幅减小的影响，汛期输沙量由 14 234 万 t 减小至 3 654 万 t，年内占比仍稳定在 98.2%左右。三峡水库蓄水后，2003～2012 年汛期径流量占比为 82.3%，同时，汛期输沙量减少至 2 889 万 t，但年内占比增大至 99.3%；溪洛渡水库、向家坝水库蓄水后，2013～2020 年，北碚站汛期径流量、输沙量分别占全年的 79.4%、99.7%。总体来看，近年来北碚站汛期径流量、输沙量占比变化不大。

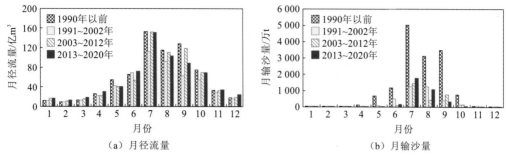

图 2.3.30　不同时段嘉陵江北碚站月径流量、月输沙量变化

1952～2020 年，武隆站汛期径流量、输沙量分别占全年的 75.2%、95.0%，泥沙输移主要集中在汛期。从不同时段各月水沙量占全年的比例来看（图 2.3.31），1991～2002 年，武隆站汛期径流量为 413 亿 m³，与 1990 年以前相比，汛期径流量增大 35 亿 m³，而输沙量减小至 1 939 万 t，年内占比仍稳定在 95.1%。三峡水库蓄水后，2003～2012 年汛期径流量占比为 71.0%，汛期输沙量大幅减少至 524 万 t，年内占比为 91.9%；溪洛渡水库、向家坝水库蓄水后，2013～2020 年，武隆站汛期径流量、输沙量分别占全年的 70.4%、95.4%。总体来看，近年来武隆站汛期径流量占比小幅降低，变化范围在 70.4%～77.7%，汛期、枯水期输沙量年内分配未出现明显变化。

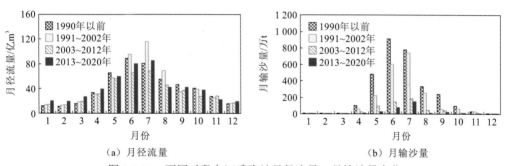

图 2.3.31　不同时段乌江武隆站月径流量、月输沙量变化

2.4　长江中游干流及两湖泥沙输移变化

2.4.1　干支流水沙输移变化

长江中游江河湖分汇流关系复杂，水沙来源点多，沿程存在较为明显的分汇流效应。近年来，受长江上游来流条件变化的影响，加之以三峡水库为核心的梯级水库群的调度运行作用，长江中游水沙条件的变化是多重的，包括总量、过程、频率及组成等多个方面。同时，长江中游河道又与我国最大的两个淡水湖泊洞庭湖和鄱阳湖连通，且最大的支流汉江在武汉市入汇，水沙的分汇流关系十分复杂，本小节充分收集研究区域内干流

及河湖分汇流控制站的水沙资料，对长江中游的水沙变化特征进行系统梳理。

1. 径流量时空变化特征

1）径流量年际变化

从径流量的年际变化来看，三峡水库蓄水后的 2003～2018 年由于长江上游遭遇水量偏枯的水文周期，降雨量偏少，加之上游梯级水库的拦蓄作用等，相比于三峡水库蓄水前的多年平均情况，长江中下游干流各控制站除监利站以外，都是偏少的，但偏少的幅度不大。监利站略偏多的原因主要是自荆江三口分流入洞庭湖的水量都有所偏少（荆江三口平均年分流总量偏少 424.4 亿 m³）。与此同时，洞庭湖、汉江、鄱阳湖入汇的径流量也均呈现偏少的状态，因而从宜昌站至大通站，多年平均径流量的绝对偏少量总体呈增加特征，宜昌站年均径流量偏少 277 亿 m³，至大通站，偏少量达到 455 亿 m³（表 2.4.1）。从干支流历年径流量的变化过程来看，长江中下游干流及主要支流、两湖出湖控制站的径流量尚未出现明显的趋势性调整，年际仍呈现出趋势性波动变化（图 2.4.1、图 2.4.2）。

表 2.4.1 三峡水库蓄水前后长江中下游主要水文站径流量和输沙量的对比

项目	时段	宜昌站	枝城站	沙市站	监利站	荆江三口	湖南四水	城陵矶站	螺山站	仙桃站	汉口站	江西五河	湖口站	大通站
径流量	1990 年前 /亿 m³	4 393	4 487	3 924	3 489	1 003	1 608	2 872	6 412	436	7 063	1 040	1 382	8 913
	1991～2002 年 /亿 m³	4 287	4 338	3 996	3 816	622.4	1 864	2 859	6 608	309	7 261	1 266	1 752	9 528
	2002 年前 /亿 m³	4 369	4 450	3 942	3 576	905.8	1 673	2 868	6 460	387	7 111	1 098	1 476	9 052
	2003～2018 年 /亿 m³	4 092	4 188	3 831	3 709	481.4	1 604	2 400	6 067	357	6 800	1 060	1 480	8 597
	变化率/%	−6.3	−5.9	−2.8	3.7	−46.8	−4.1	−16.3	−6.1	−7.8	−4.4	−3.5	0.3	−5.0
输沙量	1990 年前 /万 t	52 100	53 700	46 200	37 400	14 300	3 130	4 510	43 800	2 722	42 600	1 560	1 010	45 800
	1991～2002 年 /万 t	39 200	39 200	35 500	31 500	6 790	1 920	2 430	32 000	1 233	31 200	1 030	726	32 700
	2002 年前 /万 t	49 200	50 000	43 400	35 800	12 300	2 820	3 950	40 900	2 146	39 800	1 420	938	42 700
	2003～2018 年 /万 t	3 580	4 330	5 380	6 960	866	813	1 860	8 570	1 164	9 960	563	1 120	13 400
	变化率/%	−92.7	−91.3	−87.6	−80.6	−93.0	−71.2	−52.9	−79.0	−45.8	−75.0	−60.4	19.4	−68.6
含沙量	1990 年前 / (kg/m³)	1.19	1.2	1.18	1.07	1.43	0.195	0.157	0.683	0.624	0.603	0.150	0.073	0.514
	1991～2002 年 / (kg/m³)	0.914	0.904	0.888	0.825	1.09	0.103	0.085	0.484	0.399	0.43	0.081	0.041	0.343

续表

项目	时段	宜昌站	枝城站	沙市站	监利站	荆江三口	湖南四水	城陵矶站	螺山站	仙桃站	汉口站	江西五河	湖口站	大通站
含沙量	2002 年前 /（kg/m³）	1.13	1.12	1.10	1.00	1.36	0.169	0.138	0.633	0.555	0.56	0.129	0.064	0.472
	2003～2018 年 /（kg/m³）	0.087 5	0.103	0.140	0.188	0.18	0.051	0.078	0.141	0.326	0.146	0.053	0.076	0.156
	变化率/%	-92.2	-90.8	-87.3	-81.2	-86.8	-69.8	-43.5	-77.7	-41.3	-73.9	-58.9	18.8	-66.9

注：变化率为 2003～2018 年相较于 2002 年前的相对变化。

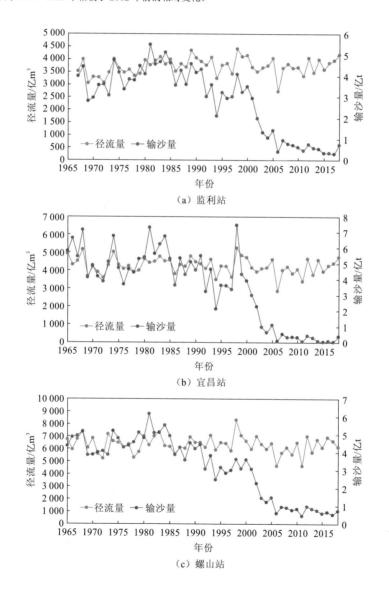

（a）监利站

（b）宜昌站

（c）螺山站

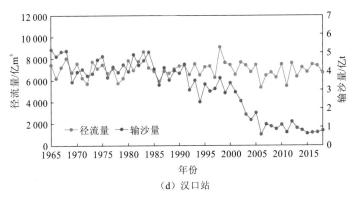

（d）汉口站

图 2.4.1　长江中下游干流河道控制站历年径流量和输沙量的变化

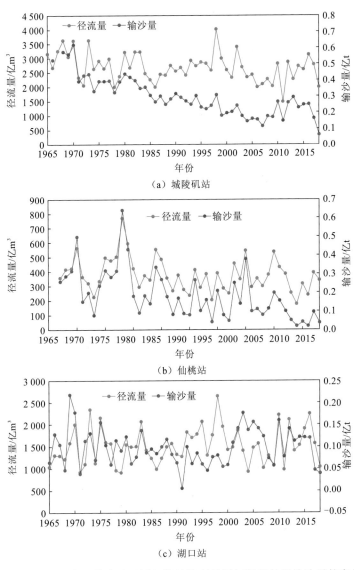

（a）城陵矶站

（b）仙桃站

（c）湖口站

图 2.4.2　长江中下游支流及通江湖泊控制站历年径流量和输沙量的变化

2）年内分配特征及其变化

长江中下游干流年内 7 月的径流量最大，1 月、2 月径流量最小，主汛期 7～9 月的径流量占总量的比例在 38%～50%。三峡水库进入 175 m 试验性蓄水阶段以来，其对坝下游径流过程的调节作用增强，水库汛期采用削峰调度的方式减小下游河道的防洪压力，汛后蓄水时间由初期运行期的 10 月提前至 9 月。汛后至汛前的枯水期，为了缓解中下游河道及两湖的枯水情势，水库加大泄量对下游河道进行补水。受调度影响，中下游干流控制站 10 月径流量减小明显，而 12 月～次年 4 月的径流量以增加为主，同时各月径流量占年径流总量的比例发生调整，7～11 月径流量占比下降，1～4 月径流量占比增加（图 2.4.3）。

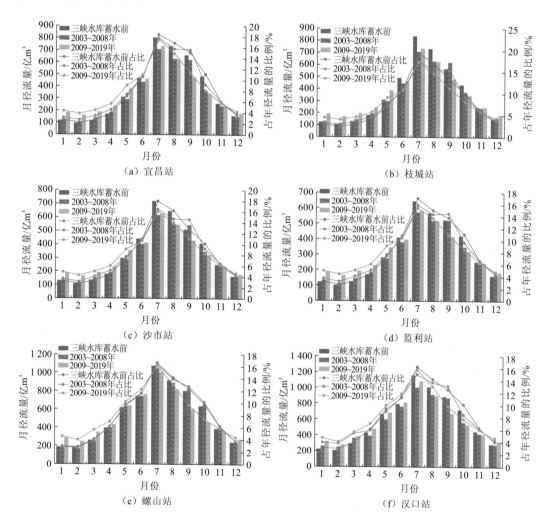

（a）宜昌站　　　　　　　　　　　　　（b）枝城站

（c）沙市站　　　　　　　　　　　　　（d）监利站

（e）螺山站　　　　　　　　　　　　　（f）汉口站

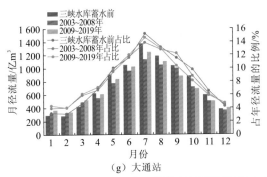

（g）大通站

图 2.4.3　三峡水库蓄水前后长江中下游控制站径流量年内分配特征

2. 流量过程及频率变化特征

受三峡水库调度及上游来流条件变化的双重影响，相对于三峡水库蓄水前，三峡水库蓄水后长江中下游的流量过程及频率都有一定的变化。根据长江中下游宜昌站、枝城站、沙市站、监利站、螺山站、汉口站、九江站、大通站 8 个控制站的实测水文资料，对三峡水库蓄水前后的日均流量过程及频率变化进行分析。考虑样本序列的长度和测站资料的完整性，统一选取 1990~2002 年的日均流量作为蓄水前的资料，选取 2003~2016 年的日均流量作为蓄水后的资料。此外，为了重点评估三峡水库蓄水对长江中游流量过程的影响，基于水量平衡的原理，对宜昌站的流量过程进行还原计算。

1）流量过程变化特征

三峡水库进入 175 m 试验性蓄水期后，先后针对坝下游的防洪、枯水期水资源利用和航运等问题，采取汛期削峰调度、汛后提前蓄水及枯水期补水等调度运行方式，改变长江中游天然的径流过程。

为定量评估三峡水库蓄水对宜昌站流量过程的影响，采用还原计算方法，将长江中游水文过程还原至三峡水库建库前的状态。还原计算主要是根据水库的坝上水位和出、入库流量，用水库的水量平衡方程计算水库的逐日（或逐候）蓄变量，具体为

$$Q_{\text{in}} = Q_{\text{out}} + \frac{\Delta W}{\Delta t} + \frac{\Delta W_{\text{loss}}}{\Delta t} + Q_{\text{div}} \tag{2.4.1}$$

式中：Q_{in} 为时段水库平均入流；Q_{out} 为时段水库平均出流；Q_{div} 为时段水库平均引入或引出的流量；Δt 为时段长；ΔW 为 Δt 时段内水库蓄水量的变化值；ΔW_{loss} 为 Δt 时段内水库的损失水量（包括蒸发量、渗漏量）。

为简化计算，不考虑水库的损失水量 ΔW_{loss}，因此有

$$\Delta W = V(Z_{t+1}) - V(Z_t) \tag{2.4.2}$$

式中：Z_t、Z_{t+1} 分别为 t 时段初和时段末的水库水位；$V(Z_t)$、$V(Z_{t+1})$ 分别为 t 时段初和时段末的水库库容。

记 $\Delta Q = \dfrac{\Delta W}{\Delta t}$ 为水库平均蓄水流量，则有

$$\Delta Q = \frac{\Delta W}{\Delta t} = Q_{\text{in}} - Q_{\text{out}} - Q_{\text{div}} \qquad (2.4.3)$$

当不考虑水库引水流量时，ΔQ 为正表示水库蓄水，ΔQ 为负表示水库在利用调节库容加大下泄流量。

对比还原前后长江干流宜昌站的径流过程（图 2.4.4）发现，2010 年和 2012 年上游来水偏大，三峡水库均进行了削峰调度，控制最大下泄流量不超过 45 000 m^3/s，宜昌站实测的最大流量相较于无水库调度均有所减小，但平滩流量 30 000 m^3/s 以上持续时间变化不大。同时，枯水期流量有所增加，宜昌站因水库补水作用自 2009 年开始年内不再出现小于 5 000 m^3/s 的流量（表 2.4.2）。

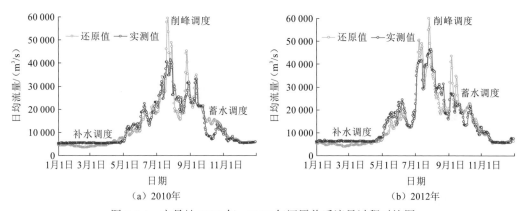

图 2.4.4　宜昌站 2010 年、2012 年还原前后流量过程对比图

表 2.4.2　宜昌站还原前后特征流量持续时间　　　　　　　（单位：天）

统计项目	年份	2003	2004	2005	2006	2007	2008	2009	2010
日均流量 >30 000 m^3/s	实测值	37	9	37	0	39	24	12	28
	还原值	37	9	38	0	36	24	14	29
统计项目	年份	2011	2012	2013	2014	2015	2016	2017	2018
日均流量 >30 000 m^3/s	实测值	0	37	18	19	3	16	0	39
	还原值	7	42	16	26	5	20	10	27
统计项目	年份	2003	2004	2005	2006	2007	2008	2009	2010
日均流量 <5 000 m^3/s	实测值	118	74	57	57	124	78	0	0
	还原值	108	76	60	61	102	62	67	94
统计项目	年份	2011	2012	2013	2014	2015	2016	2017	2018
日均流量 <5 000 m^3/s	实测值	0	0	0	0	0	0	0	0
	还原值	31	59	59	52	14	52	11	14

这种调度效应对长江中游干流沿程的流量过程都有一定的影响。从流量极值变化来看，2003～2016 年，长江中下游各控制站实测年最大流量均较蓄水前 1990～2002 年偏小，偏小的幅度在 4 900～11 900 m^3/s（表 2.4.3）。三峡水库蓄水以来，由于长江上游径流量总体偏枯，中下游年最大流量减少的总体趋势初步显现（图 2.4.5）。相反地，年

最小流量增加的趋势已经较为明显，三峡水库蓄水后的 2003～2016 年相较于蓄水前的 1990～2002 年，各控制站年最小流量的增幅在 1 000～1 630 m³/s。

表 2.4.3　三峡水库蓄水前后长江中下游实测年最大、最小流量变化

统计项	时段	宜昌站	枝城站	沙市站	监利站	螺山站	汉口站	九江站	大通站
实测年 最大流量 / (m³/s)	1990～2002 年	47 900	50 600	41 300	36 300	54 800	58 000	59 700	66 500
	2003～2016 年	42 000	41 700	34 600	31 400	45 000	49 300	50 300	54 600
	变化值	-5 900	-8 900	-6 700	-4 900	-9 800	-8 700	-9 400	-11 900
实测年 最小流量 / (m³/s)	1990～2002 年	3 400	3 660	3 840	3 930	6 250	7 420	7 860	9 400
	2003～2016 年	4 700	5 000	5 160	5 280	7 300	9 050	9 450	10 400
	变化值	1 300	1 340	1 320	1 350	1 050	1 630	1 590	1 000

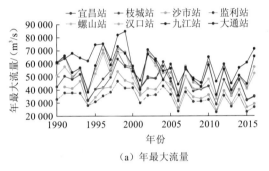

（a）年最大流量

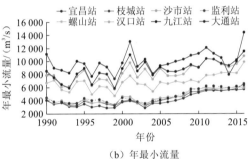

（b）年最小流量

图 2.4.5　长江中下游各控制站年最大、最小流量年际变化

2）流量频率变化特征

按照 5 000 m³/s 分级，计算长江中下游控制站各级流量出现的频率，绘出各控制站的流量频率曲线，如图 2.4.6 所示，对比分析三峡水库蓄水前后不同流量级出现频率的变化情况。总体上，三峡水库蓄水后长江中下游大流量出现的频率显著减小，中水流量出现的频率增加。虽然在宜昌站、枝城站、沙市站、监利站中水流量频率增加不明显，但越往下游，中水流量频率增加的现象越明显，从螺山站、汉口站、九江站、大通站可以看出，三峡水库蓄水调度，促使坝下游出现洪峰削减、中水历时延长的现象。

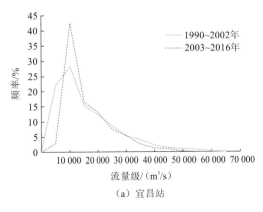

（a）宜昌站

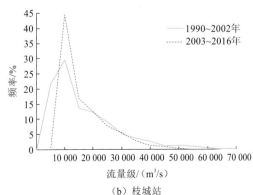

（b）枝城站

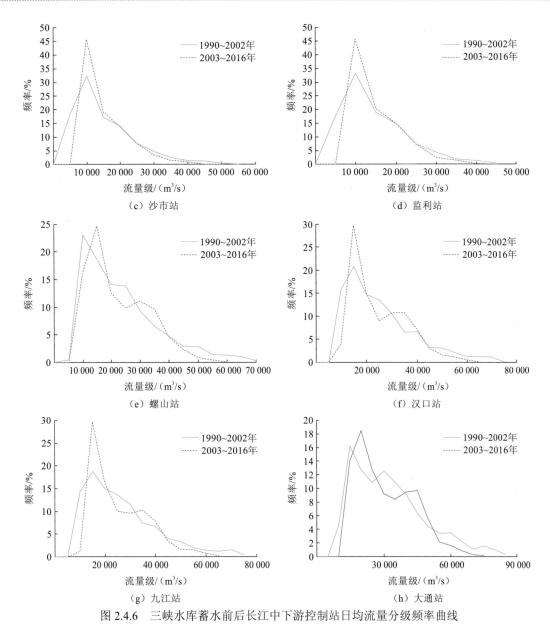

图 2.4.6　三峡水库蓄水前后长江中下游控制站日均流量分级频率曲线

3. 输沙量时空变化特征

相对于径流变化而言，水利工程建设、水土保持工程、河道（航道）整治工程等人类活动对长江中下游输沙的影响更为显著。从泥沙通量的角度来看：三峡水库蓄水前，长江干流宜昌站多年平均输沙量为 49 200 万 t，经支流及湖泊的分汇流效应，以及干流河道、湖泊的沉积效应后，输沙量沿程逐渐减少，至大通站，多年平均输沙量减少至 42 700 万 t；三峡水库蓄水后，宜昌站多年平均输沙量下降至 3 580 万 t，在输沙量大幅减少的条件下，长江干流河道河床对水流中的泥沙进行补给，同时在支流和湖泊汇流的作用下，至大通站多年平均输沙量增加至 13 400 万 t。类似的变化在两湖水系也较为明显，荆江三口和湖南四水输入洞庭湖、江西五河输入鄱阳湖的泥沙都处于不断减少的状态下。因此，纵观长江中下游的输沙变化，输沙量持续减少是最主要的特征，而人类活动是造成输沙量减少的最主要的原因。

1）输沙量年际变化

相对于三峡水库蓄水前，2003～2018 年宜昌站年输沙量均值下降至 3 580 万 t，减幅为 92.7%；至大通站，在沿程河湖汇流及河床冲刷的补给作用下，年输沙量增至 13 400 万 t，相对于蓄水前的减幅为 68.6%（表 2.4.1）。从长江中下游干支流及两湖出湖控制站历年的输沙量变化来看（图 2.4.1、图 2.4.2），除鄱阳湖出湖湖口站和汉江的仙桃站（丹江口水库蓄水后的观测数据）无明显的输沙量减少趋势以外，干流其他控制站及洞庭湖出湖控制站都出现了较为显著的输沙量减少趋势，且干流输沙量减少主要发生在三峡水库蓄水后，洞庭湖输沙量减少自 20 世纪 60 年代中期开始，三峡水库蓄水后相较于 20 世纪 90 年代则变化不大。

2）年内分配特征及其变化

相对于径流量，长江中下游干流河道输沙量的年内分布更为集中。三峡水库蓄水前，宜昌站、螺山站、汉口站及大通站年内主汛期 7～9 月的输沙量占总量的比例在 59%～74%，较径流量占比明显偏高。三峡水库蓄水后，水库拦沙效果明显，宜昌站年内 92.8% 的泥沙集中在主汛期输移，但由于主汛期径流量偏少，下游螺山站、汉口站及大通站主汛期输沙量的占比都有所下降，而枯水期的补水作用使得其 1～5 月的输沙量占比均有所提高，分别相对于蓄水前增加 7.9%、6.9% 和 8.4%（图 2.4.7）。

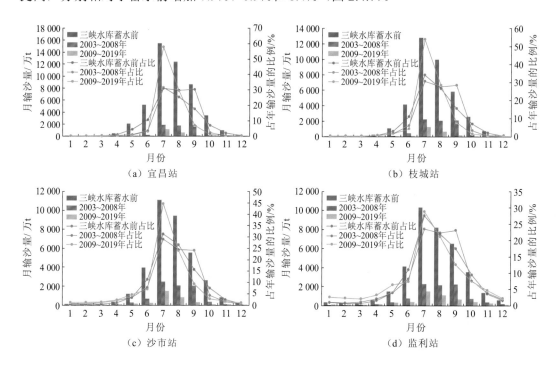

（a）宜昌站   （b）枝城站

（c）沙市站   （d）监利站

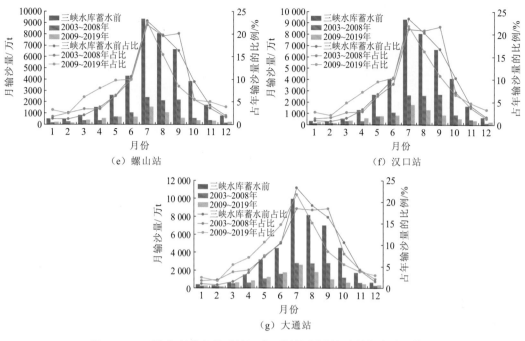

图 2.4.7　三峡水库蓄水前后长江中下游控制站输沙量年内分配特征

4. 推移质输沙量变化

1）砾卵石推移质

葛洲坝水库建成前，1974~1979 年宜昌站砾卵石推移质的输移量为 30.8 万~226.9 万 t，年平均输移量为 81 万 t。1981~1982 年，葛洲坝水库建成后，宜昌站推移质输沙量出现明显减小，1981~2002 年宜昌站砾卵石推移质输沙量减小至 17.46 万 t，减幅为 78.4%。2003 年 6 月三峡水库蓄水运用后，坝下游推移质泥沙大幅度减少。2003~2009 年宜昌站砾卵石推移质输沙量减小至 4.4 万 t，较 1974~2002 年均值减小了 60.4%。2010~2018 年，宜昌站除 2012 年、2014 年、2018 年的砾卵石推移质输沙量分别为 4.2 万 t、0.21 万 t、0.41 万 t 外，其他年份均未测到砾卵石推移质输沙量；枝城站仅 2012 年测到砾卵石推移质输沙量为 2.2 万 t，2011 年、2013~2018 年均未测到砾卵石推移质输沙量。

2）沙质推移质

葛洲坝水库建成前，1973~1979 年宜昌站沙质推移质的输沙量为 950 万~1 230 万 t，平均为 1 057 万 t。葛洲坝水库建成后，推移质输沙量出现明显减小，1981~2002 年宜昌站沙质推移质输沙量减小至 137 万 t，减幅达 87%。2003 年 6 月三峡水库蓄水运用后，坝下游推移质泥沙大幅度减少。2003~2018 年宜昌站沙质推移质输沙量减小至 10.3 万 t，较 1981~2002 年均值减小了 92%，见图 2.4.8。此外，2003~2018 年枝城站、沙市站、监利站、螺山站、汉口站和九江站沙质推移质年均输移量分别为 215 万 t、235 万 t、312 万 t

（2008～2018 年）、145 万 t（2009～2018 年）、156 万 t（2009～2018 年）和 33.8 万 t（2009～2018 年）。

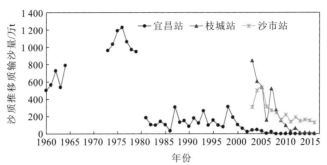

图 2.4.8 长江中游控制站沙质推移质输沙量逐年变化

5. 悬移质泥沙颗粒级配变化

三峡水库蓄水运用前后，坝下游黄陵庙站、宜昌站、枝城站、沙市站、监利站、螺山站、汉口站、大通站各站悬移质泥沙颗粒级配和中值粒径变化见图 2.4.9。可见，三峡水库蓄水前，宜昌站悬移质泥沙多年平均中值粒径为 0.009 mm，至螺山站悬移质泥沙多

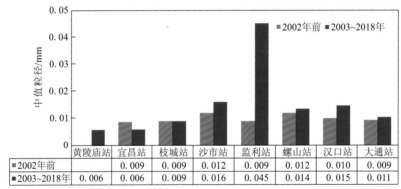

（a）中值粒径

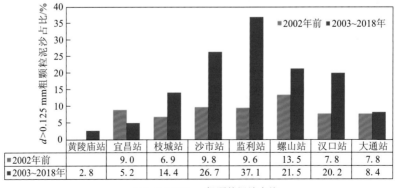

（b）d>0.125 mm 粗颗粒泥沙占比

图 2.4.9 长江中游干流控制站悬移质泥沙颗粒级配变化

年平均中值粒径变粗为 0.012 mm，粒径大于 0.125 mm 的粗颗粒泥沙占比由宜昌站的 9.0%增大至螺山站的 13.5%；大通站悬移质泥沙中值粒径变细为 0.009 mm，粒径大于 0.125 mm 的粗颗粒泥沙占比也减少至 7.8%。

三峡水库蓄水后，首先大部分粗颗粒泥沙被拦截在库内，2003～2018 年宜昌站悬移质泥沙中值粒径为 0.006 mm，与蓄水前的 0.009 mm 相比，出库泥沙粒径偏细；然后，坝下游水流的含沙量大幅度减小，河床沿程冲刷，干流各站悬移质泥沙明显变粗，粗颗粒泥沙占比明显增大（除大通站有所变细外），其中以监利站最为明显，2003～2018 年其中值粒径由蓄水前的 0.009 mm 变粗为 0.045 mm，粒径大于 0.125 mm 的粗颗粒泥沙占比也由 9.6%增大至 37.1%；最后，虽然近年来由于长江上游来沙量的大幅减小及三峡水库的拦沙作用，宜昌站以下各站输沙量大幅减小，但河床沿程冲刷，除大通站外，各站粒径大于 0.125 mm 的沙量的减小幅度明显小于全沙。

2.4.2　水沙相关关系变化

长江中下游干流控制站年径流量与年输沙量的相关关系变化如图 2.4.10 所示。同径流量条件下，长江中下游干流的输沙量呈阶段性减少的变化特征，1991～2002 年相较于 1990 年前减幅不大；三峡水库蓄水后，输沙量减幅明显增大，宜昌站年径流量变化不大，但 2003～2018 年各年的输沙量大多不足 1 亿 t（仅 2005 年为 1.1 亿 t），2013 年之后大多数年份输沙量下降至不足 1 000 万 t。在沿程河床冲刷补给及湖泊支流入汇的作用下，监利站及下游的螺山站、汉口站的输沙量减幅逐渐减小，但在同径流量条件下，仍然较 1990 年前及 1991～2002 年大幅减小。

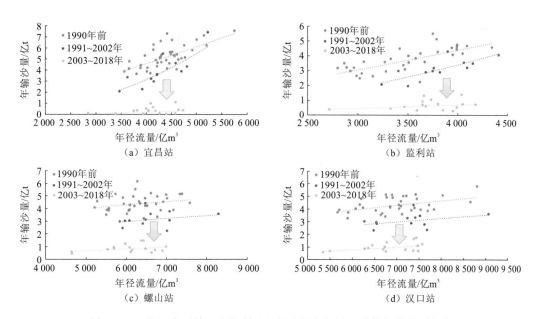

图 2.4.10　长江中下游干流控制站年径流量与年输沙量的相关关系变化

因此，长江中下游也与上游金沙江及三峡库区类似，水沙关系不协调、不同步的变化现象突出，水量相对稳定、沙量大幅减少的异步变化是近些年长江流域水沙输移总体规律的主基调。

2.4.3 干流泥沙分组输移特征

1. 泥沙分组恢复特征

三峡水库蓄水后，"清水"下泄导致长江中下游干流河道冲刷，泥沙在一定程度上沿程得到补给。但受水动力条件变化、河床组成的差异性、河道形态的复杂性、通江湖泊及支流入汇等多重因素的影响，长江中下游泥沙沿程恢复过程较为复杂。从干流主要控制站的输沙实测资料来看，各粒径组输沙量均未恢复至蓄水前水平（图 2.4.11）。对于粒径 $d \leqslant 0.125$ mm 的悬移质泥沙，其输沙量沿程递增，但由于长江中下游河床组成以 $d > 0.125$ mm 的粗颗粒泥沙为主，沿程补给有限，恢复程度较小。例如，1987～2002 年，宜昌站、汉口站、大通站 $d \leqslant 0.125$ mm 的悬移质泥沙年均输沙量分别为 3.770 2 亿 t、3.057 0 亿 t、3.153 6 亿 t，三峡水库蓄水后其年均输沙量分别为 0.339 6 亿 t、0.794 8 亿 t、1.226 8 亿 t，减幅为 91%、74%、61%。

对于 $d > 0.125$ mm 的粗颗粒泥沙而言，坝下游河床冲刷补给较为明显，与蓄水前相比，宜昌站、汉口站、大通站年均输沙量的减幅分别为 95%、22%、58%，汉口站、大通站减幅明显小于全沙。特别是 2003～2008 年，监利站年均粗颗粒泥沙输沙量为 0.34 亿 t，一度恢复至蓄水前多年平均值。

不同粒径组的泥沙恢复距离存在差异，细颗粒泥沙恢复距离较长，而粗颗粒泥沙恢复距离较短。三峡水库蓄水后的 2003～2018 年，宜昌至监利段细、粗颗粒泥沙均呈冲刷态势，年均冲刷量分别为 0.18 亿 t、0.25 亿 t，以粗颗粒泥沙冲刷为主；监利至大通段细颗粒泥沙年均冲刷 0.40 亿 t，而粗颗粒泥沙落淤 0.17 亿 t，表现出"冲细淤粗"的现象（图 2.4.11）。

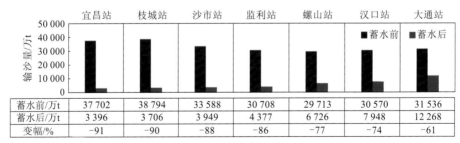

	宜昌站	枝城站	沙市站	监利站	螺山站	汉口站	大通站
蓄水前/万t	37 702	38 794	33 588	30 708	29 713	30 570	31 536
蓄水后/万t	3 396	3 706	3 949	4 377	6 726	7 948	12 268
变幅/%	−91	−90	−88	−86	−77	−74	−61

（a）$d \leqslant 0.125$ mm

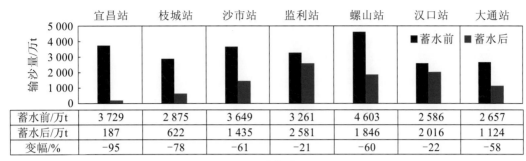

	宜昌站	枝城站	沙市站	监利站	螺山站	汉口站	大通站
蓄水前/万t	3 729	2 875	3 649	3 261	4 603	2 586	2 657
蓄水后/万t	187	622	1 435	2 581	1 846	2 016	1 124
变幅/%	-95	-78	-61	-21	-60	-22	-58

(b) $d>0.125$ mm

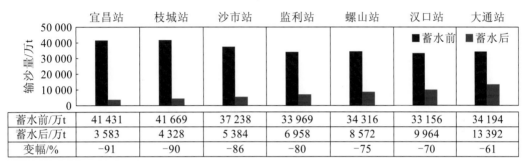

	宜昌站	枝城站	沙市站	监利站	螺山站	汉口站	大通站
蓄水前/万t	41 431	41 669	37 238	33 969	34 316	33 156	34 194
蓄水后/万t	3 583	4 328	5 384	6 958	8 572	9 964	13 392
变幅/%	-91	-90	-86	-80	-75	-70	-61

(c) 全沙

图 2.4.11　三峡水库蓄水前后长江中下游控制站不同粒径组年均泥沙输移量

2. 泥沙分组补给特征

随着三峡水库蓄水运行时间的增长，粗颗粒泥沙主要冲刷补给带有所下移。2003～2008 年，宜昌至沙市段粗颗粒泥沙年均冲刷量为 0.21 亿 t，是粗颗粒泥沙的主要补给区域。受"清水"冲刷，砂卵石河床粗化的影响，三峡水库 175 m 试验性蓄水后，宜昌至枝城段床沙明显粗化，对该组分泥沙的补给程度减弱，枝城至沙市段粗颗粒泥沙年均补给量也由 0.11 亿 t 降低至 0.07 亿 t，粗颗粒泥沙主要冲刷补给带下移至沙市至监利段，该河段粗颗粒泥沙年均补给量增加近 0.04 亿 t，冲刷逐步向下游发展。

2003～2018 年，宜昌至大通段通过输沙量法计算得到的冲刷量约为 10.76 亿 t（表2.4.4）。宜昌至大通段以悬移质中粒径 $d\leqslant0.125$ mm 的泥沙的冲刷补给为主，该粒径组泥沙累计冲刷约为 9.54 亿 t，占全沙冲刷量的 88.7%，且绝大部分来源于汉口至大通段。对于悬移质而言，宜昌至枝城段、枝城至沙市段及沙市至螺山段粗、细颗粒泥沙均呈冲刷态势。对于推移质而言，三峡水库蓄水后，距坝址较近的宜昌至枝城段推移质冲刷量最大，约为 0.33 亿 t，随着与坝址距离的增加，推移质冲刷量逐步减少，直至汉口至大通段，推移质落淤约为 0.12 亿 t，相对而言，推移质冲淤量占全沙冲淤量的比例较小。

表 2.4.4 长江中下游各河段输沙量法计算河床泥沙补给情况

（a）宜昌至枝城段

时段	悬移质				推移质/万 t	合计/万 t
	$d \leq 0.062$ mm	0.062 mm$< d \leq 0.125$ mm	$d > 0.125$ mm	小计/万 t		
2003～2006 年	-1 484	-172	-4 315	-5 971	-2 028	-7 999
2007～2011 年	-1 298	-96	-2 299	3 693	-1 065	-4 758
2012～2018 年	-1 618	-305	-345	-2 268	-178	-2 446
2003～2018 年	-4 400	-573	-6 959	-11 932	-3 271	-15 203

（b）枝城至沙市段

时段	悬移质				推移质/万 t	合计/万 t
	$d \leq 0.062$ mm	0.062 mm$< d \leq 0.125$ mm	$d > 0.125$ mm	小计/万 t		
2003～2006 年	-2 986	-1 630	-4 393	-9 009	505	-8 504
2007～2011 年	-2 030	-538	-4 593	-7 161	50	-7 111
2012～2018 年	-4 793	-647	-4 667	-10 107	-873	-10 980
2003～2018 年	-9 809	-2 815	-13 653	-26 277	-318	-26 595

（c）沙市至螺山段

时段	悬移质				推移质/万 t	合计/万 t
	$d \leq 0.062$ mm	0.062 mm$< d \leq 0.125$ mm	$d > 0.125$ mm	小计/万 t		
2003～2006 年	3 413	-1 763	-3 258	-1 608	—	-1 608
2007～2011 年	-3 134	-2 082	-2 664	-7 880	-219	-8 099
2012～2018 年	-9 308	-1 749	-2 714	-13 771	82	-13 689
2003～2018 年	-9 029	-5 594	-8 636	-23 259	-137	-23 396

（d）螺山至汉口段

时段	悬移质				推移质/万 t	合计/万 t
	$d \leq 0.062$ mm	0.062 mm$< d \leq 0.125$ mm	$d > 0.125$ mm	小计/万 t		
2003～2006 年	-1 830	1 072	2 712	1 954	—	1 954
2007～2011 年	-1 852	-1 393	782	-2 463	-16	-2 479
2012～2018 年	241	-1 867	-2 342	-3 968	-93	-4 061
2003～2018 年	-3 441	-2 188	1 152	-4 477	-109	-4 586

续表

时段	悬移质				推移质/万 t	合计/万 t
	$d \leqslant 0.062$ mm	0.062 mm$<d \leqslant 0.125$ mm	$d>0.125$ mm	小计/万 t		
（e）汉口至大通段						
2003～2006 年	−21 400	1 515	11 665	−8 220	—	−8 220
2007～2011 年	−14 237	−616	4 361	−10 492	395	−10 097
2012～2018 年	−19 932	−2 867	2 425	−20 374	826	−19 548
2003～2018 年	−55 569	−1 968	18 451	−39 086	1 221	−37 865
（f）宜昌至大通段						
2003～2018 年	−82 248	−13 138	−9 645	−105 031	−2 614	−107 645

2.4.4　洞庭湖、鄱阳湖水沙变化

1. 洞庭湖入出湖水沙变化

洞庭湖水沙主要来自荆江三口分流和湘江、资江、沅江、澧水湖南四水（简称"四水"），经湖区调蓄后由城陵矶注入长江。四水入湖水量变化不大，沙量呈明显减小趋势（图 2.4.12）。2003～2018 年，洞庭湖四水与荆江三口分流年均入湖水、沙量分别为 2 085 亿 m³、1 679 万 t，较 1981～2002 年均值分别减少 13.4%、84.4%；城陵矶年均出湖水、沙量分别为 2 400 亿 m³、1 860 万 t，则分别较 1981～2002 年均值减少了 12.3%、33.1%（表 2.4.5）。

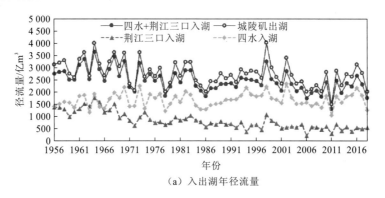

（a）入出湖年径流量

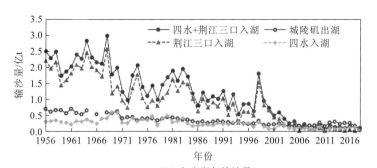

（b）入出湖年输沙量

图 2.4.12 1956～2018 年洞庭湖入出湖年水沙量变化过程

表 2.4.5 洞庭湖入出湖水沙量时段变化统计表

项目		荆江三口入湖	四水入湖				四水入湖合计	入湖合计	城陵矶出湖
			湘江	资江	沅江	澧水			
径流量	1956～1980 年/亿 m³	1 100	622	218	640	149	1 629	2 729	2 983
	1981～1990 年/亿 m³	761	618	216	578	144	1 556	2 317	2 592
	1991～2002 年/亿 m³	622	766	260	692	146	1 864	2 486	2 859
	1981～2002 年/亿 m³	685	699	240	640	145	1 724	2 409	2 738
	2003～2018 年/亿 m³	481	632	207	623	142	1 604	2 085	2 400
	变化率/%	−29.8	−9.6	−13.8	−2.6	−2.1	−7.0	−13.4	−12.3
输沙量	1956～1980 年/万 t	15 600	1 070	229	1 450	677	3 426	19 026	5 070
	1981～1990 年/万 t	10 900	959	142	708	572	2 381	13 281	3 210
	1991～2002 年/万 t	6 790	786	155	628	354	1 923	8 713	2 430
	1981～2002 年/万 t	8 660	865	149	664	453	2 131	10 791	2 780
	2003～2018 年/万 t	866	469	52	130	162	813	1 679	1 860
	变化率/%	−90.0	−45.8	−65.1	−80.4	−64.2	−61.8	−84.4	−33.1

注：变化率指 2003～2018 年相较于 1981～2002 年的相对变化。

2. 鄱阳湖入出湖水沙变化

鄱阳湖承纳赣江、抚河、信江、饶河、修水江西五河（简称"五河"）的水沙，经调蓄后由湖口注入长江。1956～2002 年五河年均入鄱阳湖水、沙量分别为 1 097 亿 m³、

1 424 万 t，湖口出湖年均水、沙量分别为 1 476 亿 m³、938 万 t。湖区年平均淤积泥沙 486 万 t，淤积主要集中在五河尾闾和入湖三角洲。三峡水库蓄水运用后的 2003～2018 年，五河年平均入鄱阳湖水、沙量分别为 1 060 亿 m³、563 万 t，较蓄水前分别减少了 3.4%、60.5%；湖口出湖年均水、沙量分别为 1 480 亿 m³、1 120 万 t，与蓄水前水量基本相当，沙量偏多 19.4%（表 2.4.6、图 2.4.13）。

表 2.4.6　鄱阳湖入出湖水沙量时段变化统计表

| 项目 | | 五河入湖 | | | | | 五河入湖合计 | 湖口出湖 |
		赣江	抚河	信江	饶河	修水		
径流量	1956～2002 年/亿 m³	685	127	179	71	35	1 097	1 476
	1991～2002 年/亿 m³	785	138	214	86	42	1 265	1 752
	2003～2018 年/亿 m³	664	115	178	68	35	1 060	1 480
	变化率/%	-3.1	-9.4	-0.6	-4.2	0	-3.4	0.3
输沙量	1956～2002 年/万 t	955	150	221	60	38	1 424	938
	1991～2002 年/万 t	558	154	196	85	39	1 032	726
	2003～2018 年/万 t	246	100	102	91	24	563	1 120
	变化率/%	-74.2	-33.3	-53.8	51.7	-36.8	-60.5	19.4

注：变化率指 2003～2018 年相较于 1956～2002 年的相对变化。

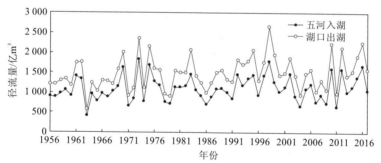

（a）入出湖年径流量

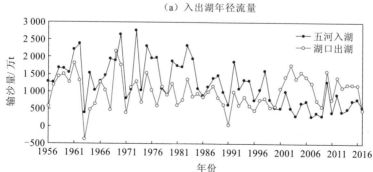

（b）入出湖年输沙量

图 2.4.13　1956～2018 年鄱阳湖入出湖年水沙量变化过程

2.4.5　河湖泥沙分布格局变化

长江中游江湖系统的泥沙主要来自长江上游干支流、洞庭湖四水、鄱阳湖五河，以及汉江、清江、倒水、举水、巴河、浠水等支流。其中，宜昌站为长江上游干支流泥沙总量的控制站，四水和五河分别采用入湖控制站；汉江以仙桃站作为入汇控制站；清江自隔河岩水库、高坝洲水库建成后沙量很少；其他小的支流暂不考虑泥沙输移量。河湖水系及主要控制站的分布如图 2.4.14 所示。以这些控制站的实测水文、泥沙数据为基础，分析研究 1956～2018 年江湖泥沙分配格局的变化。

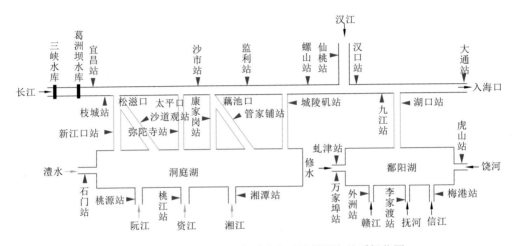

图 2.4.14　长江中游江湖水系分布及沙量平衡关系概化图

1956～2018 年，长江上游、汉江及两湖地区径流量总体变化不大，但来沙量均呈持续性减少态势。输入长江中游江湖系统的沙量由 1956～1960 年的年均 6.42 亿 t，逐步减小至 2003～2018 年的年均 0.612 亿 t。不同区域的沙量减小过程不尽一致：20 世纪 90 年代以来，宜昌站输沙量减小至 3.92 亿 t/a，较 1950～1990 年减少了 25%，三峡水库蓄水后宜昌站输沙量骤减，2003～2018 年仅为 0.358 亿 t/a，减幅超过 90%；两湖水系沙量减少基本始于 1985 年，主要是受水库拦沙和水土保持工程的影响，1991～2002 年均值与 1971～1980 年均值相比，四水和五河年均输沙量分别减小约 44% 和 34%，2003～2018 年年均输沙量较 1991～2002 年均值进一步减少了 57.7% 和 45.4%；汉江输沙量减小始于丹江口水库的蓄水运用（1968～1971 年），1972～1980 年均值与 1961～1967 年均值相比减小约 67%。因此，近期长江中游江湖泥沙来量明显减少，大中型水库拦沙、水土保持工程的陆续实施是主要原因。

江湖泥沙来源发生变化：三峡水库蓄水前，长江中游江湖 80% 以上的泥沙来自宜昌站以上干支流，两湖水系泥沙来量占比不足 10%（其中四水来沙占比不足 6%，五河来沙占比不足 3%），汉江来沙量约占 10%（1968 年丹江口水库蓄水前占比超过 10%，之后占比小于 5%）（表 2.4.7）；三峡水库蓄水后的 2003～2018 年，受水库群拦沙、水土保持工程、河道采砂和径流变化等影响，长江上游进入三峡水库的泥沙减少，来自宜昌站以上干支流的泥沙的 85% 被拦截在水库中，只有少部分粒径较细的泥沙被排至下游河道，长江中游江湖来沙量大幅减少，宜昌站以上来沙占江湖泥沙总来源的比例也下降至58.5%，汉江来沙占比增至约 19.1%，两湖水系来沙占比增至 22.4%。

表 2.4.7　长江中游江湖系统泥沙来源及分布格局变化

阶段划分	驱动因子	系统来沙量占比/%				系统泥沙分配比/%			
		长江上游	洞庭湖水系	鄱阳湖水系	汉江等支流	干流河道	洞庭湖区	鄱阳湖区	入海
江平湖淤（1956～1980 年）	湖区围垦、下荆江系统裁弯、丹江口水库运用	83.0	5.5	2.5	9.0	1.6	22.3	0.8	75.3
江湖同淤（1981～2002 年）	退田还湖、水土保持、葛洲坝水库和柘溪水库等的运用、河道整治	89.5	4.2	2.4	3.9	10.9	15.6	0.8	72.7
江冲湖平（2003～2018 年）	三峡水库等大中型水库的运用、河湖采砂、河道（航道）整治	58.5	13.2	9.2	19.1	-107	-3.0	-9	219

综上，1956～2018 年长江中游江湖泥沙变化特点主要表现为：一方面，受降雨（径流）变化、大中型水库群拦沙、水土保持工程、河道采砂等影响，江湖沙量呈持续减少态势，且以大型水利工程拦沙的影响最为明显；另一方面，江湖泥沙来源发生变化。三峡水库蓄水前，宜昌站以上干支流、两湖水系和汉江水系来沙占江湖泥沙的比例基本为 8∶1∶1；三峡水库蓄水后的 2003～2018 年，这三个区域泥沙来源的比例则变为 6∶2∶2，长江上游干支流的泥沙被大量拦截在水库内。

1956～2018 年长江中游江湖系统泥沙交换与分配格局可分为三个阶段：1956～1980 年干流河道相对平衡，湖泊淤积（简称"江平湖淤"）；1981～2002 年干流河道、湖泊均以淤积为主（简称"江湖同淤"）；2003～2018 年干流河道和湖泊均出现冲刷（简称"江冲湖平"）。

（1）江平湖淤阶段。长江中下游江河湖库系统的外部条件变化对泥沙变异影响较小，宜昌站以上干支流、两湖水系、汉江等支流年均来沙量之和约为 6.15 亿 t；干流河道输沙相对平衡，75.3% 的泥沙随水流入海，22.3%、0.8% 的泥沙分别沉积在洞庭湖区、鄱阳湖区。发生在系统内部的下荆江裁弯（1967～1972 年）和洞庭湖、鄱阳湖围垦等人类活动与泥沙交换分配格局的互馈作用明显：下荆江裁弯后，1966～1981 年宜昌至城陵矶段冲刷泥沙 5.25 亿 m³，而城陵矶站以下河床淤积 3.57 亿 m³；洞庭湖区泥沙淤积向干流螺山至汉口段转移，两者占比分别由 1956～1966 年的 85%、15% 变化为 1973～1980 年的 60%、40%，但年均淤积总量基本稳定在 1.8 亿 t。

（2）江湖同淤阶段。受系统外水库拦沙、水土保持工程等的影响，宜昌站以上干支流、两湖水系、汉江等支流年均来沙量之和约为 5.13 亿 t，较 1956～1980 年分别减少

0.60 亿 t、0.15 亿 t、0.37 亿 t。72.7%的泥沙随水流入海,10.9%、15.6%、0.8%的泥沙分别沉积在长江干流、洞庭湖区、鄱阳湖区。长江干流以汉口为界"上淤、下冲",洞庭湖、鄱阳湖泥沙年均沉积量分别下降42%、16.3%。以 1990 年为界划分为两个时期,1991~2002 年受葛洲坝水库、隔河岩水库、五强溪水库、万安水库等大中型水库拦沙和水土保持工程的影响,长江与洞庭湖、鄱阳湖水系的沙量均明显减少。

（3）江冲湖平阶段。三峡水库等蓄水后,拦截了长江上游近 90%的沙量,宜昌站 2003~2018 年年均输沙量减少至 0.358 亿 t。2003~2018 年,长江中下游江湖系统年均总来沙量减少至 0.612 亿 t,较 1981~2002 年减少88.1%,宜昌站以上干支流、两湖水系、汉江等支流来沙占比为 6:2:2。长江干流滩槽冲刷加剧,尤以荆江河段冲刷最为明显;洞庭湖、鄱阳湖进、出湖沙量相对平衡;入海沙量约为江湖总来沙量的 2.2 倍。

2.5　长江下游泥沙输移变化

2.5.1　泥沙输移量和过程变化

大通站是长江入海水沙的控制站,上距鄱阳湖湖口 219 km,下距长江入东海口 642 km。三峡水库蓄水前,坝下游大通站多年平均径流量、输沙量分别为 9 052 亿 m³、4.27 亿 t。三峡水库蓄水运用初期,2003~2008 年该站年径流量、年输沙量的均值分别为 8 172 亿 m³、1.54 亿 t,与蓄水前的均值相比,来水略偏枯 10%,来沙减少 64%;三峡水库 175 m 试验性蓄水后,2009~2018 年,大通站年径流量、年输沙量的均值分别为 8 852 亿 m³、1.22 亿 t,尤其是 2012 年金沙江下游梯级水库建成运行后,2013~2018 年大通站的年输沙量进一步下降至 1.15 亿 t,相较于 2003~2012 年均值减少 3 000 万 t,见图 2.5.1。整体来看,长江入海的径流量年际波动较大,但无明显的趋势性变化,输沙量大幅减小,且在金沙江下游梯级水库蓄水后,输沙量呈进一步减小态势。

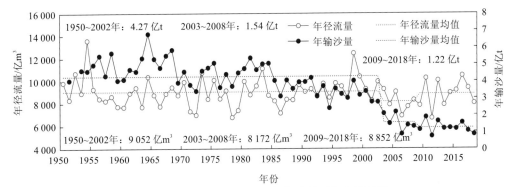

图 2.5.1　大通站年径流量、年输沙量历年变化过程

从年内月均流量和月均输沙量的变化来看,与三峡水库蓄水前年均值相比,2003~2008 年大通站来水量 4~12 月偏枯 5%~19%,其他月份偏丰 3%~11%,来沙量

6～11 月偏少 50%以上；三峡水库 175 m 试验性蓄水后，枯水期月均流量进一步增大，与蓄水前相比，12 月～次年 6 月偏丰 2%～28%，而月均流量的减小主要集中在汛后蓄水期 9～10 月，与蓄水前相比减幅约为 21%，从来沙量来看，汛期 7～10 月减幅有所增大，与蓄水前相比偏少 70%以上，见图 2.4.3、图 2.4.7。

三峡水库蓄水前，大通站悬移质泥沙中值粒径为 0.009 mm，粒径大于 0.125 mm 的粗颗粒泥沙的占比为 7.8%。三峡水库蓄水初期，2003～2008 年大通站悬移质泥沙中值粒径为 0.008 mm，粒径大于 0.125 mm 的粗颗粒泥沙的占比为 6.4%；175 m 试验性蓄水后，2009～2018 年大通站悬移质泥沙中值粒径为 0.012 mm，泥沙粒径略有变粗，粒径大于 0.125 mm 的粗颗粒泥沙的占比增加至 9.9%，坝下游大通站悬移质泥沙级配及变化见表 2.5.1 和图 2.5.2。

表 2.5.1　大通站不同粒径级沙重百分数对比表

粒径范围	三峡水库蓄水前	2003～2008 年	2009～2018 年	2003～2018 年
$d \leq 0.031$ mm/%	73	77.1	70.5	73.3
0.031 mm$< d \leq 0.125$ mm/%	19.3	16.6	19.5	18.3
$d > 0.125$ mm/%	7.8	6.4	9.9	8.4
中值粒径/mm	0.009	0.008	0.012	0.011

注：大通站三峡水库蓄水前统计年份为 1987～2002 年；2010～2018 年悬移质泥沙颗粒分析采用激光粒度仪进行。

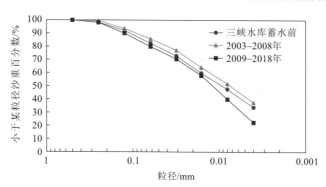

图 2.5.2　三峡水库蓄水前后大通站悬移质泥沙级配曲线对比图

2.5.2　泥沙来源地区组成变化

长江流域水土保持工程、大型水库建设、围湖造田及退田还湖等人类活动均会对入海沙量产生一定的影响，结合大通站输沙量的年际变化，在时间尺度上，将大通站水沙来源分析划分为 1956～1990 年、1991～2002 年、2003～2012 年、2013～2018 年共计四个时段。

对比不同时段大通站水沙来源占比情况（图 2.5.3、图 2.5.4）发现，大通站的径流量接近一半来自长江宜昌站上游干支流，来自四水和五河的水量占比约为 30%，汉江占比不足 5%，其他倒水、举水、巴河、浠水等支流占比约为 0.4%，其余为区间入汇，多年来各地区径流量占大通站的比例较为稳定。

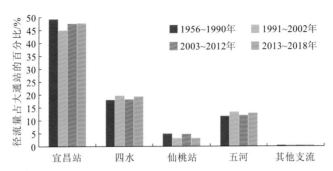

图 2.5.3　三峡水库蓄水前后不同区域径流量占大通站的百分比

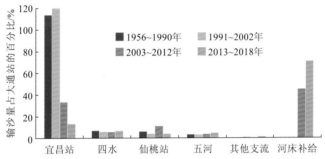

图 2.5.4　三峡水库蓄水前后不同区域输沙量占大通站的百分比

三峡水库蓄水前，宜昌站的年均输沙量始终大于大通站，其主要原因在于荆江三口从干流河道分走了大量泥沙，且这些泥沙沉积在了洞庭湖区域内。1990 年前，荆江三口每年向洞庭湖分流 14 300 万 t 的泥沙，占同期宜昌站年均输沙量的 27.4%，汇入四水的来沙后，洞庭湖平均每年沉积泥沙约 12 900 万 t；1991～2002 年，荆江三口每年的分沙量减少为 6 790 万 t，占同期宜昌站年均输沙量的 17.3%，汇入四水的来沙后，洞庭湖平均每年沉积泥沙约 6 280 万 t。

三峡水库蓄水后，在宜昌站以下干流河道输沙量大幅减少的同时，2003～2012 年荆江三口年均分沙量也下降至 1 130 万 t，占宜昌站同期输沙量的 23.4%，2013～2018 年荆江三口年均分沙量进一步降至 434 万 t，洞庭湖入出湖泥沙平衡。宜昌站输沙量占大通站的比例逐步由 33.2% 下降至 13.2%，两湖及汉江流域来沙量占大通站的比例增至 15.1%，其他支流占比仅为 1% 左右，大通站的泥沙更多地来源于长江中下游河道河床的冲刷补给。

2.5.3　潮流输沙特征分析

1. 潮量变化特征

徐六泾站设立于 1953 年 12 月，站址位于江苏省常熟市新港镇，是长江干流距河口最近的综合性水文站，隶属于水利部长江水利委员会水文局，2005 年开始，该站潮流量和潮水位资料开始整编。2005～2018 年该站年均涨潮量为 4 103 亿 m³，年均落潮量为 13 020 亿 m³，年均净泄潮量为 8 917 亿 m³，年均落潮量是涨潮量的 3.2 倍（表 2.5.2）。年际涨潮量、落潮量和净泄潮量并无明显的趋势性变化，落潮量和净泄潮量的变化规律基本一致。年最大涨潮量、落潮量和净泄潮量无明显的趋势性变化，且最大落潮量和最大净泄潮量出现的时间基本对应；年最小涨潮量变化不大，年最小落潮量、净泄潮量略呈增加的趋势。

表 2.5.2　徐六泾站 2005～2018 年年均潮量特征值统计　　　（单位：亿 m³）

潮型	项目	2 月	7 月	汛期（5～10 月）	非汛期（11 月～次年 4 月）	全年
涨潮	平均值	386.8	190.1	1 699	2 404	4 103
	最大值	437.6	267.8	2 355	2 763	5 118（2011 年）
	最小值	329.9	67.0	1 258	2 204	3 673（2005 年）
落潮	平均值	755.6	1 503	7 686	5 334	13020
	最大值	870.8	2 003.0	8 598	5 903	14 500（2016 年）
	最小值	664.2	1 260.0	6 555	4 722	11 560（2006 年）
净泄潮	平均值	368.8	1 312.9	5 987	2 930	8 917
	最大值	529.2	1 936.0	7 312	3 699	10 750（2016 年）
	最小值	270.4	996.3	4 531	2 190	7 149（2011 年）

从潮量年内的分布规律来看，历年汛期 5～10 月涨潮总量平均为 1 699 亿 m³，落潮总量平均为 7 686 亿 m³，净泄潮总量平均为 5 987 亿 m³，落潮总量是涨潮总量的 4.5 倍。历年非汛期 11 月～次年 4 月涨潮总量平均为 2 404 亿 m³，落潮总量平均为 5 334 亿 m³，净泄潮总量平均为 2 930 亿 m³，落潮总量是涨潮总量的 2.2 倍，见表 2.5.2。非汛期涨潮量占总量的 58.6%，5～10 月落潮量和净泄潮量分别占总量的 59.0% 和 67.1%。落潮量和净泄潮量年内分配的一致性较好（图 2.5.5）。

2. 潮流量变化特征

徐六泾站历年平均潮流量为 28 300 m³/s，汛期历年平均潮流量为 37 600 m³/s，非汛期历年平均潮流量为 18 700 m³/s（表 2.5.3）。历年平均、汛期平均和非汛期平均潮流量无明显趋势性变化。最大涨急流量出现在汛后 10 月，最大落急流量出现在 7 月，最小涨急流量、落急流量分别出现在 8 月和 2 月（图 2.5.6）。

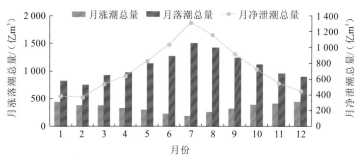

图 2.5.5　2005～2018 年徐六泾站月涨落潮总量变化

表 2.5.3　徐六泾站历年潮流量特征值统计表　　　　（单位：m³/s）

项目	1 月	7 月	汛期（5～10 月）	非汛期（11 月～次年 4 月）	全年
平均值	14 500	49 100	37 600	18 700	28 300
最大值	20 600	72 200	45 900	23 600	34 000（2016 年）
最小值	10 700	37 200	28 400	14 100	22 600（2011 年）

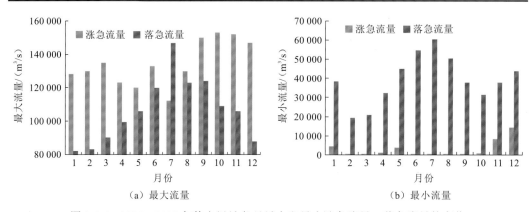

（a）最大流量　　　　　　　　　　（b）最小流量

图 2.5.6　2005～2018 年徐六泾站各月最大和最小涨急流量、落急流量的变化

3. 输沙量变化特征

2009 年起，徐六泾站采用光学后向散射浊度仪及声学多普勒海流剖面仪（acoustic Doppler current profiler，ADCP）进行输沙率测验，并开展输沙率整编试验工作。2009 年和 2010 年只观测取得了中泓的输沙率资料，2011～2018 年观测取得了比较完整的全断面输沙率资料，其中，2014 年 1～4 月的输沙率参照大通站进行了修正。

2011～2018 年平均年涨潮、年落潮、年净泄潮输沙量分别为 4 128 万 t、13 747 万 t 和 9 619 万 t，年落潮输沙量是年涨潮输沙量的 3.3 倍。年落潮输沙量和年净泄潮输沙量的大小与来水量密切相关，2012 年和 2016 年为丰水年，其对应的年落潮输沙量和年净泄潮输沙量比较大，2012 年丰水年的年净泄潮输沙量是特枯水年 2011 年的 2 倍，是偏枯水年 2013 年的 1.5 倍。汛期（5～10 月）涨潮输沙量平均为 2 010 万 t，落潮输沙量平均为 9 120 万 t，净泄潮输沙量平均为 7 110 万 t，落潮输沙量是涨潮输沙量的 4.5 倍。非汛期（11 月～次年 4 月）涨潮输沙量平均为 2 120 万 t，落潮输沙量平均为 4 630 万 t，净泄潮输沙量平均为 2 510 万 t，落潮输沙量是涨潮输沙量的 2.2 倍（图 2.5.7）。

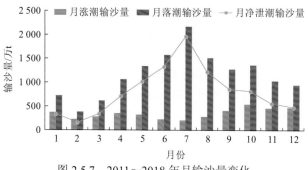

图 2.5.7　2011～2018 年月输沙量变化

综上来看，尽管三峡水库蓄水后长江中下游干流输沙量大幅度减少，但长江口的输沙仍以径流为主，且在中下游河床和两湖的泥沙补给效应下，输沙量尚未受到金沙江下游向家坝水库、溪洛渡水库蓄水运行的影响，且年内输沙仍高度集中在汛期。长江口作为流域泥沙调控的末端，既有大尺度的泥沙输移量变化问题，又有小尺度的汊道输沙分配不均匀等问题，两者都是河口治理措施和方案论证的基础。

2.6　本章小结

针对以往研究分散、不系统等问题，本章集成了长江流域 100 多个控制站 20 世纪 50 年代至 2018 年的年、月、日等不同时间尺度的水文泥沙观测资料，全面系统地研究了近年来长江流域的泥沙变异新规律，主要包括：①长江流域不同时空尺度的泥沙来源均显著变化。②长江流域泥沙分布格局明显调整。③长江流域泥沙更为集中地在汛期输移。④长江流域水沙峰值异步传播特性突出。⑤长江流域的泥沙变异还体现在粒径尺度上。具体各分区的变异特征和规律如下。

（1）长江上游水沙不平衡性、异步性和异源现象突出。长江上游多数干支流的径流量年际呈波动性变化，年内径流多集中在 5～10 月。金沙江上游及其往上至长江源地区出现输沙量增大的趋势，金沙江上游的径流量和输沙量都呈现一定的增长趋势，且输沙量增幅明显偏大，输沙量显著增加主要发生在 2000 年之后。从金沙江下游入口攀枝花站开始直至下游入海口，输沙量出现了明显的单向减少趋势，金沙江中游梯级水库建成运行后的 2011～2018 年攀枝花站年均输沙量下降至 749 万 t，相较于 1998～2010 年减少 88.7%，经下游高强度产沙区之后，金沙江下游白鹤滩站输沙量减幅下降至 40.7%；再经溪洛渡水库、向家坝水库拦沙作用后，至金沙江出口向家坝站输沙量减幅达到 87.0%。受金沙江来沙骤减，以及嘉陵江、乌江等支流来沙减少的多重影响，长江上游输入三峡水库的泥沙的来源发生变化（金沙江和嘉陵江来沙占比下降了 21 个百分点），输沙量也大幅减少，2003~2018 年相较于 1991~2002 年，朱沱站、北碚站、寸滩站和武隆站年均输沙量分别减少 58.7%、24.2%、57.6%和 77.7%，三峡水库年均入库（朱沱站+北碚站+武隆站）沙量减少至 15 385 万 t（2013~2018 年为 0.722 亿 t），相较于初步设计值减少 68.6%。水沙变化的异步性使得各站的水沙相关关系显著调整，同径流量条件下的输沙量大幅减少。

（2）长江中下游泥沙的变化既有对上游的延续效应，又呈现出冲积平原河流的特有规律，同时，长江中游具有庞大的江湖连通水网结构，泥沙的量变也导致了其在空间上分布格局的显著调整。上游大型梯级水库蓄水对长江干流河道的泥沙变化产生了明显的影响，尤其是 2013~2018 年，宜昌站连年输沙量不足 1 000 万 t，年均输沙量相较于 2003年前减少 97%，沿程在河床冲刷补给和支流入汇的作用下，输沙量有一定程度的恢复。2003~2018 年宜昌至大通段冲刷泥沙 10.764 5 亿 t，其中粒径≤0.125 mm 的泥沙冲刷约9.54 亿 t，占悬移质泥沙总冲刷量的 90.8%，与三峡水库粒径≤0.125 mm 的泥沙的淤积比例基本相当。河床沿程冲刷补给作用明显，以螺山站为界，宜昌至螺山段"粗细均冲"，螺山至大通段则"冲细淤粗"。经过宜昌至大通段长距离的河床冲刷，大通站输沙量虽大幅减少，但悬移质泥沙级配基本得到恢复。

在干流泥沙总量剧烈减少的同时，两大通江湖泊流域及从干流分入（倒灌）的泥沙也在大幅减少，荆江三口分入洞庭湖的泥沙从年均 1.56 亿 t 逐步减少至 866 万 t，四水汇入洞庭湖的泥沙从年均 3 426 万 t 减少至 813 万 t，五河输入鄱阳湖的泥沙从年均1 424 万 t 下降至 563 万 t。输入长江中游江湖系统的泥沙从年均 6.42 亿 t 减少至 0.612 亿 t，减幅超 90%，两湖由年均沉积 1.62 亿 t 泥沙逐步演化为不冲不淤的状态，湖泊入汇干流的泥沙均超过干流分入（倒灌）量，湖泊开始对长江干流反补泥沙。

（3）长江入海的水沙由大通站控制，该站径流量年际波动，无明显趋势性变化，输沙量大幅减小。大通站的径流量来源较为稳定，约一半来自长江宜昌站上游干支流，来自四水和五河的水量占比约为 30%，汉江占比不足 5%，其余来自支流和区间入汇；三峡水库蓄水前，宜昌站的年均输沙量始终大于大通站，其主要原因在于荆江三口从干流河道分走了大量泥沙，且这些泥沙沉积在了洞庭湖区域内，三峡水库蓄水后，大通站的泥沙主要来源于河床冲刷补给和两湖地区，两者共同作用使得大通站的输沙量超过中下游河湖总输入沙量的 1.2 倍。三峡水库蓄水后的 2003~2018 年，大通站来水略偏枯5%，来沙减少 68.6%，尤其是 2012 年金沙江下游梯级水库建成运行后，2013~2018年大通站的年输沙量进一步下降至 1.15 亿 t，相较于三峡水库蓄水后的 2003~2012 年减少 3 000 万 t。长江口潮流作用下的输沙尚未受干流泥沙减少的影响。

第3章 典型区域产流产沙综合机制

3.1 土壤与水评估工具模型模拟及成果分析

土壤与水评估工具（soil and water assessment tool，SWAT）模型侵蚀产沙模块是国际上广泛应用的修订通用土壤流失方程（revised universal soil loss equation，RUSLE）模型的改进形式——修正通用土壤流失方程（modified universal soil loss equation，MUSLE）模型，它能够发挥 SWAT 模型分布式特征的优势，在从水文相应单元到子流域再到大流域的不同空间尺度上进行产沙输沙分析，由此，可达到对不同空间尺度上侵蚀产沙过程进行模型模拟和机制研究的目的。SWAT 模型可以用于某流域土壤、降雨、土地利用和管理对径流量、土壤侵蚀量（泥沙流失量)、营养元素负荷等影响的长期模拟及预测。

3.1.1 模拟区域及其水文气象要素变化

通过综合分析、文献调研和实地查勘，结合气候特征、地形地貌条件、植被覆盖条件等因素，在长江上游的重点产输沙区金沙江下游和三峡库区共选择两个一级支流作为研究区，分别是位于金沙江下游右岸的龙川江和位于三峡库区长江干流左岸的大宁河，两个流域的基本情况对比见表 3.1.1。

表 3.1.1 研究区域特征统计对比表

流域	流域面积/km²	气候	土壤类型	地形地貌	土地利用／植被覆盖
龙川江	9 225	高原季风气候，少降雨	紫色土、水稻土、红壤	上中游高山、下游干热河谷	亚热带阔叶林
大宁河	4 170	亚热带暖湿季风气候，多暴雨	黄壤	以山地为主，地形起伏变化大	以林地、耕地和草地为主

在人类活动频率较低的区域，水文和气象是决定流域产输沙能力的重要因素，因此，掌握其变化规律是判断分布式模型模拟结果合理性的基本前提。关于两个流域水文和气象要素的长序列变化，主要采用水文变异诊断系统和集中度指数 CI 两种方法进行分析。水文变异诊断系统可定量分析水文、气象等相关时间序列是否存在变异，并确定变异程

度，是分析各要素时间分布规律的方法之一；集中度指数 CI 主要用于水文、气象等相关时间序列年内（月尺度)分布的定量分析，是分析各要素时间尺度分布规律的另一种方法。

1. 龙川江流域

1）流域概况

龙川江是长江上游金沙江的一级支流，起源于云南省楚雄彝族自治州南华县北部天子庙，向西流经南华县、楚雄市、牟定县，再向北流经禄丰市、元谋县，于元谋县江边乡汇入金沙江，全流域面积 9 225 km²。龙川江流域共有 4 个比较大的一级支流，分别是蜻蛉河、勐岗河、龙川河和紫甸河。流域干流下游控制站小黄瓜园站控制面积 5 560 km²，上游控制站楚雄站控制面积 1 788 km²。研究区域为小黄瓜园站控制面积以上流域，蜻蛉河小流域不在控制范围内。

流域基岩为三叠系页岩、砂岩、少量花岗岩、石灰岩和第四系沉积物。流域内地貌多为中山丘陵与河谷盆地。整个地势西南高东北低，流域大部分区域海拔在 1 700～2 200 m，最高为 3 000 m，最低为 7 00 m。

流域内建设了许多水库和池塘。据统计，1949 年龙川江流域水库和池塘的总库容是 2.78×10⁷ m³，1990 年增长至 7.634×10⁸ m³，2001 年增长至 8.763×10⁸ m³，2007 年则增长到 1.199 64×10⁹ m³。水库的建设也拦截了大量的泥沙沉积物，造成水库淤积，甚至使水库失去作用。截至 2007 年，流域内水库库容淤积比例从 9%到 80%不等。

2）气象要素变化

（1）年际变化。使用水文变异诊断系统对龙川江流域内楚雄站、元谋站两个国家气象站点的降雨量、蒸发量、平均气温、最低气温、最高气温等要素进行变异诊断分析。要素情况及变异诊断结果见表 3.1.2、表 3.1.3。

表 3.1.2 龙川江楚雄站气象要素及诊断结果

项目	气象要素				
	降雨量	蒸发量	平均气温	最高气温	最低气温
起止年份	1953～2015	1986～2015	1953～2015	1953～2015	1953～2015
变异程度	无变异	强变异	巨变异	中变异	巨变异
诊断结论	—	2008（+）↑	1986（+）↑	2013（+）↑	1986（+）↑

表 3.1.3 龙川江元谋站气象要素及诊断结果

项目	气象要素				
	降雨量	蒸发量	平均气温	最高气温	最低气温
起止年份	1956～2015	1985～2015	1956～2015	1956～2015	1956～2015
变异程度	弱变异	强变异	强变异	中变异	无变异
诊断结论	1968（+）↑	1997（+）↓	1964（+）↓	2008（+）↑	—

龙川江流域由南向北，降雨减少，温度升高，蒸发量增大，上、下游气候条件存在明显差异。其中：上游楚雄站多年平均降雨量为 840.8 mm，多年平均蒸发量为 1 289.9 mm，多年平均气温为 16.1 ℃；下游元谋站多年平均降雨量为 617.5 mm，多年平均蒸发量为 1 738.8 mm，多年平均气温为 21.7 ℃。

除楚雄站降雨量和元谋站最低气温无变异之外，其他气象要素均发生了不同程度的跳跃变异。其中，楚雄站的平均气温和最低气温均于 1986 年发生了跳跃向上的巨变异，蒸发量于 2008 年发生了跳跃向上的强变异，变异方向一致，初步判断该站蒸发量增加的主要因素之一为该站的平均气温和最低气温上升。元谋站的最高气温于 2008 年发生了跳跃向上的中变异，而平均气温则在 1964 年发生了跳跃向下的强变异，平均气温的降低导致该站蒸发量于 1997 年发生了跳跃向下的强变异（表 3.1.2、表 3.1.3）。总体上看，该流域的气温在研究期内虽发生显著变化，导致蒸发量有较大变化，但由于影响降雨量的因素众多，所以该流域的降雨量变化不显著。初步推断流域径流量的主要来源和侵蚀产沙的主要动力因素在研究期内相对稳定。

（2）年内变化。对元谋站、楚雄站的日最高气温、日最低气温、月平均降雨量的逐月序列进行变异诊断，结果发现，楚雄站日最高气温均无变异；日最低气温变异显著，其中楚雄站日最低气温的 1～5 月、9 月和 12 月序列均发生显著趋势的向上变异，其余月份为跳跃向上变异；降雨量均无变异。元谋站日最高气温在 2 月、5 月、6 月、7 月、9 月、10 月共 6 个月发生了不同程度的变异，变异形式均为跳跃向上，变异时间主要集中在 2008 年前后；日最低气温有 7 个月发生变异，变异形式均为跳跃变异，时间较为分散，变异程度为弱变异或中变异；降雨量仅在 5 月发生了跳跃向上的中变异，时间为 1989 年（表 3.1.4～表 3.1.6）。

在研究时段内，龙川江流域上游最低气温呈显著上升趋势，最高气温无明显变化；下游最高气温呈明显上升趋势，最低气温在雨季（5～10 月）近年来有上升趋势，在干季（11 月～次年 4 月）略有下降。流域降雨变化不显著。

表 3.1.4　楚雄站日最低气温诊断结果

项目	月份					
	1	2	3	4	5	6
变异程度	巨变异	强变异	巨变异	强变异	中变异	弱变异
诊断结论	趋势↑	趋势↑	趋势↑	趋势↑	趋势↑	1985（+）↑
项目	月份					
	7	8	9	10	11	12
变异程度	中变异	中变异	中变异	强变异	中变异	巨变异
诊断结论	1990（+）↑	1992（+）↑	趋势↑	1987（+）↑	1986（+）↑	趋势↑

表 3.1.5　元谋站日最高气温诊断结果

项目	月份					
	2	5	6	7	9	10
变异程度	弱变异	中变异	中变异	中变异	弱变异	弱变异
诊断结论	2008（+）↑	2009（+）↑	2009（+）↑	2008（+）↑	2007（+）↑	1993（+）↑

表 3.1.6　元谋站日最低气温诊断结果

项目	月份						
	3	4	6	7	8	9	12
变异程度	中变异	中变异	中变异	中变异	弱变异	弱变异	弱变异
诊断结论	1992（+）↓	1984（+）↓	2009（+）↑	1983（+）↓	2011（+）↑	2007（+）↑	2001（+）↑

　　龙川江流域楚雄站和元谋站降雨的年内集中程度变化如图 3.1.1 所示。楚雄站有 6 年 PCI（降雨集中度指数）超过 20，最高值为 2013 年的 23.6。元谋站有 12 年的 PCI 超过 20，最高值为 2013 年的 27.5。楚雄站 PCI 均值为 17.5，元谋站 PCI 均值为 18.8，说明该流域的降雨在年内的分配有明显的季节性，部分年份的降雨量存在异常集中的现象。两站 PCI 序列均有轻微增长趋势，说明月份集中现象有加剧，但变异诊断结果表明，它们均为无变异，PCI 增长趋势不显著，说明降雨量的集中趋势不显著。

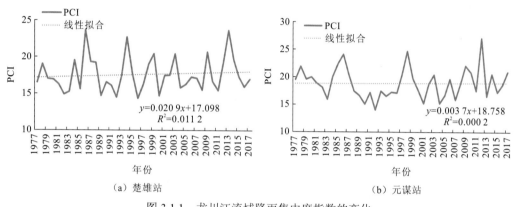

图 3.1.1　龙川江流域降雨集中度指数的变化

3）水文要素变化

　　（1）年际变化。使用水文变异诊断系统对龙川江楚雄站 1977～2015 年平均流量、平均输沙率，小黄瓜园站 1977～2017 年平均流量、平均输沙率进行了变异诊断。在第一信度水平 $\alpha=0.05$、第二信度水平 $\beta=0.01$ 下（下同），各水文序列均发生强变异，变异形式为跳跃向下。楚雄站平均流量序列的变异时间为 2008 年，其余序列均在 2002 年发生跳跃向下的强变异。这说明 2003 年之后该区域径流量和输沙量序列受到明显影响，显著减小。

　　（2）年内变化。使用集中度指数，分析了龙川江流域径流量和输沙量的年内集中程度。上游楚雄站径流量有 20 年的 CI 超过 15，9 年的 CI 超过 20，最高值为 1998 年的 27.1，多年平均值为 17.4。下游小黄瓜园站的径流量有 3 年的 CI 低于 15，其余均较高，其中 27 年的 CI 超过 20，最高值达 28.6，多年平均值为 20.9。流域下游径流量年内分布更加集中（图 3.1.2）。使用水文变异诊断系统对其变异程度进行分析，楚雄站径流量集中度指数在 2008 年发生跳跃向下的中变异，小黄瓜园站在 2011 年发生跳跃向上的中变异，说明流域上游径流量的年内分配近 10 年（2008～2017 年）来有更加均匀的趋势，而下游径流量近年来的年内分配更加集中。

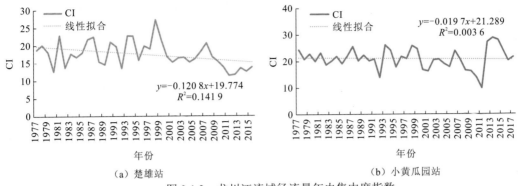

（a）楚雄站　　　　　　　　　（b）小黄瓜园站

图 3.1.2　龙川江流域径流量年内集中度指数

　　输沙量年内分布较径流量明显不均匀，两站的输沙量集中度指数均超过 20。其中，上游楚雄站输沙量集中度指数的多年平均值为 33.2，最大值为 2011 年的 78.1。下游小黄瓜园站输沙量集中度指数的多年平均值为 32.7，最大值为 2016 年的 55.3。整个流域输沙量年内分配都十分不均匀，较集中（图 3.1.3）。使用水文变异诊断系统对其变异程度进行分析，楚雄站输沙量集中度指数在 2008 年发生跳跃向上的中变异，小黄瓜园站在 2009 年发生跳跃向上的中变异，说明流域输沙量近 10 年的年内分配更加集中。

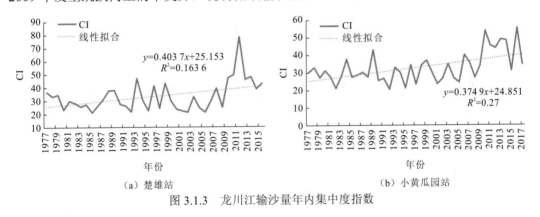

（a）楚雄站　　　　　　　　　（b）小黄瓜园站

图 3.1.3　龙川江输沙量年内集中度指数

2. 大宁河流域

1）流域概况

　　大宁河流域位于三峡库区的腹心地带，是三峡库区常年回水区内的第一大支流，发源于大巴山南麓巫溪县的大圣庙，从北向南流至巫山县县城并汇入长江。流域地处大巴山东段南麓的重庆市、陕西省、湖北省结合部位，东接湖北省神农架林区，西与重庆市开州区、云阳县接壤，北连重庆市城口县和陕西省镇坪县，全长 162 km，流域面积 4 170 km²。

　　大宁河流域海拔高于 800 m 的比例非常大。其中，海拔 800～1 200 m 的面积为 1 087 km²，占大宁河流域总面积的 26.1%，海拔 1 500～2 000 m 的面积为 867 km²，占大宁河流域总面积的 20.8%。流域地处大巴山构造褶皱带和川鄂湘黔隆起褶皱带的结合部位。流域境内地表出露地层从第四系到寒武系均有分布，大部分为各系石灰岩，其次为中三叠统巴东组紫色砂泥岩，奥陶系、志留系、泥盆系砂页岩，上三叠统须家河组厚砂岩夹薄页岩及煤系，第四系更新统和全新统冲积、洪积、坡积、残积物及洞穴堆积物，其他地层出露甚少。

研究区地貌形态以中山（相对高度>200 m，绝对高度在1 000～3 500 m）、低山为主，山高、谷深、坡陡，低产田土多，是重庆市主要的林业资源区。发育典型、分布广泛的喀斯特地貌在研究区域大面积地集中分布，地下和地表喀斯特形态发育均佳。喀斯特山区分布着典型的石林、峰林、洼地、残丘、落水洞、溶洞、暗河、峡谷等喀斯特自然景观。研究区频繁发生滑坡、泥石流、崩塌、水土流失等灾害。

2）气象要素变化

（1）年际变化。使用水文变异诊断系统对大宁河流域附近的国家气象站点奉节站的降雨量、蒸发量、平均气温、最高气温、最低气温等要素进行变异诊断分析。各要素情况及变异诊断结果见表3.1.7。

表3.1.7　大宁河流域气象要素及诊断结果

项目	气象要素				
	降雨量	蒸发量	平均气温	最高气温	最低气温
起止年份	1954～2015	1988～2015	1954～2015	1954～2015	1954～2015
变异程度	中变异	无变异	巨变异	强变异	中变异
诊断结论	2004（+）↓	—	2002（+）↑	2002（+）↑	2002（+）↑

从统计分析结果得出：奉节站多年平均降雨量为1 073 mm，多年平均蒸发量为878 mm，多年平均气温为17.0 ℃。可以看出：大宁河流域地处三峡库区腹地，降雨充沛，多年平均降雨量比龙川江元谋站多73.8%，且蒸发量较少，仅占元谋站的50%，多年平均气温较元谋站偏低21.7%。因地理位置差异，两个流域的气候特征差异较大。

奉节站的蒸发量未发生变异，气温和降雨均发生了不同程度的变异。其中，平均气温、最高气温、最低气温均在2002年发生了显著的跳跃变异，均为跳跃增大。气温的显著升高并未使蒸发量发生变异，而降雨量在2004年以后反而减少，变异程度为中变异。与龙川江流域不同，气温的变化趋势与降雨量相反，而蒸发量未发生显著变异。由此可见，不同的气候环境下，蒸发量、气温和降雨量的影响作用并不一致。

（2）年内变化。对奉节站的日最高气温、日最低气温、月平均降雨量的逐月序列进行变异诊断，结果发现，奉节站日最高气温和日最低气温均发生显著变异，其中日最低气温在2002年前后除1月外，其他各月发生跳跃向上的变异，变异程度为强变异或巨变异（表3.1.8）；日最高气温在1996～2005年的不同年份发生了以强变异为主的跳跃变异，主要集中在2002年前后（表3.1.9）；降雨量在1月、10月、12月发生跳跃弱变异，其中10月的降雨量在2016年跳跃向上，1月和12月在1993年、2003年发生跳跃向下的变异。可见，该流域研究时段内降雨量变异较弱，气温变异较显著，尤其是日最低气

温年内各月均显著上升，时间集中在 2002 年，最低气温的上升导致了平均气温的显著
上升。

表 3.1.8　奉节站日最低气温诊断结果

项目	月份					
	1	2	3	4	5	6
变异程度	强变异	强变异	强变异	强变异	强变异	巨变异
诊断结果	趋势↑	2001（+）↑	2000（+）↑	2002（+）↑	2002（+）↑	2001（+）↑

项目	月份					
	7	8	9	10	11	12
变异程度	强变异	强变异	强变异	强变异	强变异	巨变异
诊断结果	2004（+）↑	2002（+）↑	2000（+）↑	2004（+）↑	2002（+）↑	2002（+）↑

表 3.1.9　奉节站日最高气温诊断结果

项目	月份					
	1	2	3	4	5	6
变异程度	强变异	强变异	巨变异	强变异	强变异	强变异
诊断结果	2001（+）↑	1997（+）↑	2000（+）↑	2003（+）↑	2002（+）↑	2001（+）↑

项目	月份					
	7	8	9	10	11	12
变异程度	强变异	中变异	强变异	强变异	强变异	强变异
诊断结果	2000（+）↑	2005（+）↑	1996（+）↑	2005（+）↑	2002（+）↑	2003（+）↑

大宁河奉节站降雨的年内集中程度变化如图 3.1.4 所示。奉节站降雨年内分配较均
匀，呈季节性分布，研究时段内仅 1979 年的 PCI 超过 20，其余均在 11~20，其中有 9 年
集中度指数超过 15，多年平均值为 14.1，说明该流域的降雨年内分配相对均匀，呈一定
的季节性。PCI 序列无明显变化趋势，无变异，说明该流域降雨的年内分布特征较稳定。

3）水文要素变化

（1）年际变化。使用水文变异诊断系统对大宁河巫溪站平均流量（1989~2017 年）、
平均输沙率（1997~2017 年）进行了变异诊断。在第一信度水平 $\alpha=0.05$、第二信度水平
$\beta=0.01$ 下，它们均未发生变异。虽然从整体趋势来看，资料时段内该站的输沙量有减少
趋势，但在给定的信度水平下并未达到变异程度，说明在资料时段内，该流域径流量和
输沙量年际变化不显著。

（2）年内变化。使用集中度指数，分析大宁河流域（巫溪站）径流量和输沙量的年
内集中程度（图 3.1.5）。巫溪站径流量有 3 年的 CI 超过 20，4 年的 CI 超过 15，最高值
为 1998 年的 22.5，多年平均值为 14.4，说明该站径流量的年内分配较均匀，除个别年
份外无明显的年内集中现象。使用水文变异诊断系统对其变异程度进行分析，巫溪站径
流量集中度指数无变异，说明其趋势稳定。

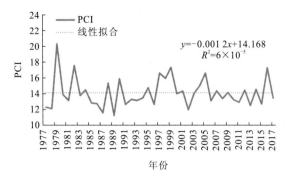

图 3.1.4 奉节站降雨集中度指数

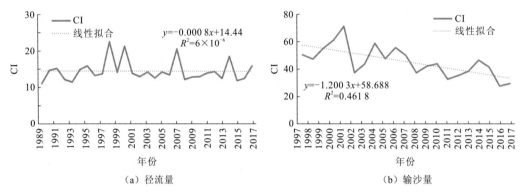

（a）径流量　　　　　　　　　　　（b）输沙量

图 3.1.5 大宁河巫溪站径流量和输沙量年内集中度指数

流域输沙量的年内分配不均匀，存在明显的集中现象，其 CI 最小为 27.8，最大为 2001 年的 71.4，多年平均值为 45.5。使用水文变异诊断系统对其变异程度进行分析，巫溪站输沙量集中度指数在 2007 年发生跳跃向下的强变异，说明流域输沙量在近 10 年（2008～2017 年）的年内分配均匀性增强。

3.1.2 建立分布式模型输入数据库

分布式模型研究主要使用 ArcGIS10.3 平台下的 ArcSWAT2012 版本，输入数据分为地理空间数据和表格数据两大类，主要有数字高程模型（digital elevation model，DEM）、土地利用、土壤类型、气象等数据。

（1）DEM 数据来自地理空间数据云（http://www.gscloud.cn/），对原始 DEM 数据进行拼接。将原栅格数据从 GCS_WGS_1984 地理坐标下投影转换到通用横轴墨卡托投影（Universal Transverse Mercartor，UTM）相应的坐标系中，并导出为 grid 格式。

（2）土地利用数据来自中国科学院地理科学与资源研究所资源环境科学与数据中心（http://www.resdc.cn）1 km 栅格数据，该数据由 Landsat TM/ETM 遥感影像数据解译而成，采用中国土地利用遥感监测分类系统分类。为使数据达到模型输入要求，对不同时期的土地利用数据按照 SWAT 模型的土地利用分类标准进行了重分类（表 3.1.10），并制定了土地利用类型索引文件。将原栅格数据从 Krasovsky_1940_Albers 地理坐标下投影转换到与

DEM 数据一致的投影坐标系中。

表 3.1.10　土地利用重分类代码对照表

编码	土地利用类型	SWAT 模型代码	编码	土地利用类型	SWAT 模型代码
21	有林地	FRST	52	农村居民点	URLD
22	灌木林		53	其他建设用地	UIDU
23	疏林地		64	沼泽地	WETL
24	其他林地		65	裸土地	BALD
31	高覆盖度草地	PAST	66	裸岩石质地	
32	中覆盖度草地		111	山地水田	AGRL
33	低覆盖度草地		112	丘陵水田	
41	河渠	WATR	113	平原水田	
42	湖泊		121	山地旱地	
43	水库、坑塘		122	丘陵旱地	
44	永久性冰川雪地		123	平原旱地	
46	滩地		124	大于 25° 坡度旱地	
51	城镇用地	URHD			

（3）SWAT 模型使用美国农业部（United States Department of Agriculture，USDA）简化的美制标准中的土壤粒径级配标准，将土壤颗粒级配分为 4 个等级，而国际制标准则分为 5 级。因此，本章选择采用 USDA 的世界土壤数据库（harmonized world soil database，HWSD）。对数据按照 SWAT 模型输入要求进行土壤类型重分类，并制定索引表。将原栅格数据从 GCS_WGS_1984 地理坐标下投影转换到 UTM 投影相应的坐标系中。使用 SPAW 软件（图 3.1.6）计算每个土层的土壤湿容重（g/cm^3）、土层的有效含水量（mm/mm）、土壤饱和渗透系数（mm/h）等参数，其中土壤饱和渗透系数分为四组，取值范围分别为 7.6～11.4、3.8～7.6、1.3～3.8、0～1.3。结合 EXCEL 及 HWSD 属性表，计算得到了满足 SWAT 模型要求的土壤物理属性数据库参数，其中包括各土层的土壤侵蚀力因子、土壤饱和渗透系数、水文分组等。

（4）从国家气象科学数据中心（http://data.cma.cn/）得到中国地面气候资料日值数据集（V3.0），对默认值、特殊值进行预处理，使用 MATLAB 软件提取、整合流域内及流域周围各个气象站点的逐日气象数据，包括降雨、（最高、最低）气温、辐射等，并制定相应的站点索引文件。计算补充模型中天气发生器的参数，并制定气象数据库。

（5）坡度数据现场测量和修正。2019 年开展了河道参数和地形参数的修正工作，尤其是针对地形参数，对流域内 118 条坡道进行了实地测量和统计，发现龙川江流域多陡坡，其中 15° 以下坡道仅有 12 条，占 10%，15°～30° 坡道 74 条，占 63%，30° 以上坡道 32 条，占 27%，修正后的坡度数据为模型的最终输入项。

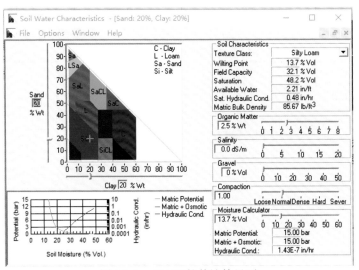

图 3.1.6　SPAW 软件计算界面

3.1.3　典型流域产流产沙模拟

1. 构建分布式模型

通过构建 SWAT 模型输入数据库，以及对空间特征的初步分析，分别构建了龙川江流域、大宁河流域的径流泥沙模型。在 SWAT 模型中加载 DEM、土地利用和土壤类型等数据，初步确定水文响应单元（hydrological response unit，HRU）划分阈值，并确定土地利用类型、土壤类型、坡度的阈值，完成对流域 HRU 的划分和子流域的划分，加载气象数据和管理数据，完成模型的初步运行。得到流域 DEM 数据、土壤类型、土地利用类型、子流域划分的平面分布。

1）子流域划分

以龙川江为例，子流域划分模块分为 DEM 设置，河网定义，出水口、入水口定义，流域总出口选择和子流域参数的计算。结合流域河道实际情况，将流域计算单元——HRU 的阈值确定为 13 000 公顷[①]，得到流域水系的结果；给定流域出水口和水文站位置，最终将小黄瓜园站以上流域划分为 28 个子流域。

2）HRU 划分

依靠流域土地利用类型、土壤类型和坡度情况，将流域同一组合的不同区域划分为同一类的 HRU，分别加载土地利用类型、土壤类型数据库并进行重分类，对坡度阈值进行划分。确定 HRU 中土地利用类型、土壤类型、坡度的划分方式及面积阈值，进行 HRU 划分。结合研究需求和该流域的下垫面特征，初步确定土地利用类型面积为 8%，土壤类型面积为 10%，坡度面积为 10%。

---

① 1 公顷=10 000 m²。

3）气象数据读取

输入并读取气象因子数据库（包括天气发生器、降雨、温度及相应站点信息），确定模型其他运行和管理参数，进行模型模拟。完成模型输入后，得到初步的运行结果。

2. 模型参数率定

使用 SWAT 模型配套的 SWAT-CUP 软件，选用序列不确定度拟合-2（sequential uncertainty fitting version 2，SUFI-2）方法，进行参数敏感性分析。SUFI-2 方法考虑一个相对离散的参数空间，进行拉丁超立方抽样，适用于结构较复杂、运算要求较高的模型。筛选出敏感值较高的参数并进行率定。将率定的参数代回原模型中进行模型运算，得到拟合值（表 3.1.11）。

表 3.1.11　SWAT 模型径流和泥沙敏感参数

径流敏感参数		泥沙敏感参数	
物理意义	初始取值范围	物理意义	初始取值范围
径流曲线参数	(−0.2,0.2)	泥沙被重新挟带的幂指数	(1,1.5)
基流消退参数	(0.0,1.0)	泥沙被重新挟带的线性指数	(0.0001,0.01)
饱和水力传导参数	(−0.8,0.8)	土壤流失方程（universal soil loss equation，USLE）中 C 因子	(0.001,0.5)
地下水滞后参数	(30.0,450.0)	主河道有效水力传导系数	(−0.01,500)
土壤饱和容量	(−0.5,0.6)	主河道河床曼宁系数	(−0.01,0.3)
土壤蒸发补偿参数	(0.8,1.0)	USLE 中 P 因子	(0,1)
主河道河床曼宁系数	(0.0,0.3)	平均坡长	(10,150)
土壤可利用水量参数	(−0.2,0.4)	平均坡度系数	(0,0.6)
浅层含水层产生基流的阈值深度	(0.0,2.0)		
沟道有效水传导率	(5.0,130.0)		

注：C 表示覆盖和管理因子；P 表示支持措施因子。

3. 模型模拟结果评定

研究选取确定性系数 R^2 和纳什效率系数作为模型结果的评价标准。一般 R^2 大于 0.6，纳什效率系数大于 0.5，即认为模型合格。纳什效率系数的计算公式如下：

$$\mathrm{Ens} = 1 - \frac{\sum_{i=1}^{n}\left(Q_{oi} - Q_{pi}\right)^2}{\sum_{i=1}^{n}\left(Q_{oi} - Q_{avg}\right)^2} \tag{3.1.1}$$

式中：Q_{oi} 为实际观测值；Q_{pi} 为模型模拟值；Q_{avg} 为实际观测值的平均值；n 为时间序列。Ens 越接近 1，表明模型模拟值与实际观测值越接近。

按照模型需要，龙川江流域将整个水文序列（1977～2017 年）分为三个时段：1977～

1978 年为预热期，1979～2002 年为率定期，2003～2017 年为检验期。从模型模拟结果中发现（表 3.1.12），检验期的确定性系数 R^2 和纳什效率系数均明显低于率定期，结合 3.1.1 小节分析结果，流域水文序列在 2002 年之后发生明显变异，但降雨未发生明显变异，说明在 2002 年之后，该区域内下垫面或人类活动发生较大改变，导致该区域的径流和泥沙序列发生变异。当整个序列使用同一个参数进行拟合时，就会降低拟合效率。

表 3.1.12 龙川江流域径流和泥沙模拟结果

时　期	径流量				输沙量			
	实测值/亿 m³	模拟值/亿 m³	R^2	Ens	实测值/万 t	模拟值/万 t	R^2	Ens
率定期（1979～2002 年）	8.449	8.280	0.85	0.80	606.239	625.164	0.79	0.81
检验期（2003～2017 年）	3.893	3.727	0.74	0.71	132.424	127.238	0.72	0.75

在大宁河流域，将整个水文序列（1989～2017 年）分为三个时段：1989～1990 年为预热期，1991～2004 年为率定期，2005～2017 年为检验期，模拟结果如表 3.1.13 所示。从结果可以看出，模型模拟的各项指标均在合格线以上，因此，SWAT 模型可以在龙川江和大宁河进行产流产沙模拟，有较好的适用性。

表 3.1.13 大宁河流域径流和泥沙模拟结果

时　期	径流量				输沙量			
	实测值/亿 m³	模拟值/亿 m³	R^2	Ens	实测值/万 t	模拟值/万 t	R^2	Ens
率定期（1991～2004 年）	20.01	21.42	0.87	0.88	113.13	109.74	0.83	0.86
检验期（2005～2017 年）	18.64	17.90	0.82	0.85	78.71	83.44	0.80	0.82

3.2　土壤侵蚀概念性模型及成果分析

从上述 SWAT 模型的模拟计算过程来看，尽管该模型在模拟精度和物理意义上均较为完善，但其巨大的参数量制约了其在长江大尺度流域的适用性。研究基于的区域土壤侵蚀概念性模型，以日为时间尺度，构建了长江上游重点产输沙区域多个一级支流流域的土壤侵蚀概念性模型。

3.2.1　土壤侵蚀概念性模型建立

1. 降雨径流关系分析

降雨径流关系是工程水文学与水资源学领域中一个重要的应用问题，径流是受气象、地质、地貌等众多因素影响的复杂非线性系统。气候和下垫面条件的复杂性造成了不同自然地理条件下降雨径流情况的复杂性，湿润地区的降雨产流方式主要是蓄满产流，干旱地区的降雨产流方式主要是超渗产流。降雨径流经验相关方法是研究降雨径流问题的常规经验方法，它是在成因分析与统计相结合的基础上，用每次降雨的流域平均雨量和产生的相应径流量，以及影响它们的主要因素建立起来的一种定量相关图。建立 $P+P_a$-R 相关图，然后进行分析与验证。

1）降雨径流各要素计算原理

$P+P_a$-R 相关图是主要根据研究区产流特点，用流域平均降雨量（P）和相应径流深（R）及前期影响雨量（P_a）所建立的一种经验相关图，该方法已经在水文预报中得到了较为广泛的应用。

P 为一场降雨中产生的全流域面积上的平均累计雨量。考虑到流域内水文站的分布与地形地势不均的情况，优化率定得到各雨量站的权重分配，从而计算得到流域平均降雨量。

前期影响雨量（P_a）是一次降雨前地区土壤湿润程度的定量指标，P_a 越小表示流域的干旱程度越大。流域前期影响雨量采用递推公式计算，并用流域土壤最大损失量（I_m）进行控制。单站前期影响雨量的计算公式为

$$P_{a,t+1}=K(P_{a,t}+P_t) \tag{3.2.1}$$

式中：$P_{a,t+1}$ 为第 $t+1$ 日的前期影响雨量，mm；$P_{a,t}$ 为第 t 日的前期影响雨量，mm；P_t 为第 t 日的降雨量；K 为土壤含水量的日消退系数或折减系数。P_a 按雨量站分块计算，全流域的 P_a 由各块 P_a 加权计算得到。

采用日平均流量数据计算径流深，径流深 R 的计算公式为

$$R = 3.6\frac{Q \cdot \Delta T}{A} \tag{3.2.2}$$

式中：ΔT 为计算时段，h；A 为流域面积，km^2；Q 为日平均流量，m^3/s。

2）降雨径流关系计算

用流域 24 h 预报的面雨量直接估计其未来 1 天的可能产流量。$P+P_a$-R 相关图因其图形直观、操作简单等优点，在降雨产流量预报中占有重要地位。

根据对 $P+P_a$-R 相关图的分析，可以将其表示为确定的函数式，即

$$R=f(P+P_a) \tag{3.2.3}$$

采用梅特罗波利斯-复合形混合演化（shuffled complex evolution Metropolis，SCEM）算法率定模型参数，其方程为

$$R = \begin{cases} ke^{\delta(P+P_a)}, & P+P_a < X_m \\ a(P+P_a)+b, & P+P_a \geqslant X_m \end{cases} \tag{3.2.4}$$

式中：k、δ、a 为回归系数；b 为回归常数；X_m 为降雨径流关系临界值。

2. 流域产沙模型结构

流域产沙一般分为坡面产沙和沟道产沙。模型参数及意义见表 3.2.1。

表 3.2.1　产沙模型参数及意义

参数	物理意义
C_M^1	降雨量小于侵蚀性降雨量的坡面水流的最大可能含沙量
C_M^2	降雨量大于侵蚀性降雨量的坡面水流的最大可能含沙量
P_m	侵蚀性降雨量
R_{EMM}	流域最大抗侵蚀能力
α_0	土壤抗侵蚀能力为 0 的面积比
B_S	土壤抗侵蚀能力分布曲线的指数，反映抗侵蚀能力空间分布的不均匀性
C_{GM}	沟道水流达到平均流速时的沟道产沙浓度
B_V	关系式的系数

坡面产沙计算公式为

$$S_S = \begin{cases} S_C - R_{EM}\left[1 - \left(1 - \dfrac{S_C}{R_{EMM}}\right)^{B_S+1}\right], & S_C < R_{EMM} \\ S_C - R_{EM}, & S_C \geqslant R_{EMM} \end{cases} \tag{3.2.5}$$

式中：S_C 为坡面挟沙能力，即不考虑土壤抗侵蚀能力时，在流域坡面处有足够供水流挟带的疏松土壤的情况下，径流冲刷的泥沙量。坡面挟沙能力受降雨影响。当降雨量小于某一定值，坡面几乎不发生侵蚀时，坡面挟沙能力较小，甚至趋近于 0。其数学表达式为

$$S_C = \begin{cases} C_M^1 \cdot R \cdot A, & P < P_m \\ C_M^2 \cdot R \cdot A, & P \geqslant P_m \end{cases} \tag{3.2.6}$$

式中：P_m 为侵蚀性降雨量；C_M^1、C_M^2 分别为降雨量小于和大于侵蚀性降雨量的坡面水流的最大可能含沙量；R_P 为流域的坡面平均水流深度；A 为流域面积。

R_{EM} 为流域的抗侵蚀能力，其计算公式为

$$R_{EM} = \int_{\alpha_0}^{1} R_{EC}\,d\alpha = (1 - \alpha_0)\frac{R_{EMM}}{(B_S + 1)} \tag{3.2.7}$$

式中：R_{EC} 为土壤的抗侵蚀能力；R_{EMM} 为流域最大抗侵蚀能力；B_S 为土壤抗侵蚀能力分布曲线的指数；α 为土壤抗侵蚀能力小于 R_{EC} 的面积比；α_0 为土壤抗侵蚀能力为 0 的面积比。

沟道产沙的计算公式为

$$S_G = C_G \cdot Q_G \tag{3.2.8}$$

式中：S_G 为沟道侵蚀产沙速率；Q_G 为沟道径流量；C_G 为沟道水流含沙量。根据拜格诺河道水流悬移质泥沙公式来推求 C_G，从而得到 S_G 的表达式，为

$$S_G = C_{GM}\left[\frac{\ln(Q_G + 1)}{L_Q}\right]^{B_V} Q_G \tag{3.2.9}$$

式中：C_{GM} 为沟道水流达到平均流速时的沟道产沙浓度；L_Q 为侵蚀的时间平均值；B_V 为关系式的系数。

流域产沙量 S 为坡面产沙量和沟道产沙量之和：

$$S=S_{S} + S_{G} \cdot \Delta T \tag{3.2.10}$$

式中：ΔT 为时段长。

3. 精度评价指标

为了检验模型的合理性，模型模拟包括径流量和含沙量两部分。以径流量、含沙量模拟确定性系数 Q_{DC}、S_{DC}，模拟总量相对误差 R_s 和皮尔逊相关系数 CC 为精度指标对模型进行全面评价，各指标计算式如下：

$$Q_{DC} =1.0- \frac{\sum\limits_{t=1}^{N}(Q_{obs,t} - Q_{sim,t})^2}{\sum\limits_{t=1}^{N}(Q_{obs,t} - \overline{Q}_{obs})^2}, \qquad S_{DC} =1.0- \frac{\sum\limits_{t=1}^{N}(S_{obs,t} - S_{sim,t})^2}{\sum\limits_{t=1}^{N}(S_{obs,t} - \overline{S}_{obs})^2}$$

$$R_s = \frac{\sum\limits_{t=1}^{N}(Q_{sim,t}S_{sim,t} - Q_{obs,t}S_{obs,t})}{\sum\limits_{t=1}^{N}Q_{obs,t}S_{obs,t}}, \qquad CC = \frac{\sum\limits_{t=1}^{N}(S_{sim,t} - \overline{S}_{sim})(S_{obs,t} - \overline{S}_{obs})}{\sqrt{\sum\limits_{t=1}^{N}(S_{sim,t} - \overline{S}_{sim})^2 \sum\limits_{t=1}^{N}(S_{obs,t} - \overline{S}_{obs})^2}}$$

式中：$\overline{Q}_{obs}$ 为实测流量的平均值；$Q_{obs,t}$ 为实测流量；$Q_{sim,t}$ 为模拟流量；$S_{obs,t}$ 为实测含沙量；$S_{sim,t}$ 为模拟含沙量；N 为样本长度；$\overline{S}_{obs}$ 为实测含沙量的平均值；$\overline{S}_{sim}$ 为模拟含沙量的平均值。显然，Q_{DC}、S_{DC} 和 CC 越接近于 1.0，R_s 越接近于 0，说明径流量和含沙量模拟效果越好。

4. 模型率定和检验

亚利桑那大学复合形混合演化（shuffled complex evolution-University of Arizona，SCE-UA）算法是 Duan 等（1994）提出的一种全局优化算法，该算法的提出基于以下四种概念：①确定性和概率论方法相结合；②在全局优化及改进方向上，覆盖参数空间的复合形点的系统演化；③竞争演化；④复合形掺混。由于 SCE-UA 算法简单，容易实现，一般能够很快达到全局最优，从提出至今在水文模型参数率定中得到了广泛的应用和验证。

3.2.2　金沙江下游支流产沙过程模拟

溪洛渡库区、向家坝库区支流众多，区间流域面积约为 28 500 km²。位于向家坝库区的有井底小河、佛滩顺河、团结河、桧溪河（细沙河）、马湖溪、邓溪沟、西宁河、中都河、大汶溪、聚福河、富荣河、黄坪溪、新庄沟等；位于溪洛渡库区的较大支流有西苏角河、美姑河、西溪河、牛栏江等。基于土壤侵蚀概念性模型，并结合区间支流水文站，建立了两库区间 5 条支流的流域产沙模型，分别为西溪河、美姑河、牛栏江、中都河、西宁河，见表 3.2.2。5 个流域的总面积为 21 200 km²，占两库区间面积的 74.4%。

表 3.2.2 溪洛渡水库、向家坝水库区间产沙模型控制流域情况

序号	支流河名	流域面积/km²	水文站	控制面积/km²	控制面积比/%
1	西溪河	2 902	昭觉站	650	22
2	美姑河	3 236	美姑站	1 607	50
3	牛栏江	13320	七星桥站	2 549	19
4	中都河	700	龙山村站	600	86
5	西宁河	1 042	欧家村站	954	92

为全面检验土壤侵蚀概念性模型径流和输沙的模拟效果，在溪洛渡水库、向家坝水库区间选取了昭觉站、美姑站、小河站、欧家村站、龙山村站 5 个水文站的水文气象资料进行验证。一般选取资料序列的前 2/3 为模型参数的率定期，后 1/3 被用来检验模型。为了消除模型初始条件对模型模拟结果的影响，将率定期的第一年作为预热期。以下简单介绍流域面积较大的西溪河、美姑河和牛栏江流域的模型计算情况。

1. 西溪河流域

图 3.2.1 为昭觉站日输沙量过程模拟。表 3.2.3 为昭觉站日输沙量模拟结果。根据图 3.2.1、表 3.2.3 可知，建立的土壤侵蚀概念性模型适用于昭觉站。除 2011 年、2014 年含沙量模拟确定性系数 S_{DC} 较低外，其他年份含沙量模拟确定性系数 S_{DC} 大多在 0.59 以上，模拟总量相对误差 R_s 大多控制在 30% 以内，皮尔逊相关系数 CC 大多达 0.7 以上。

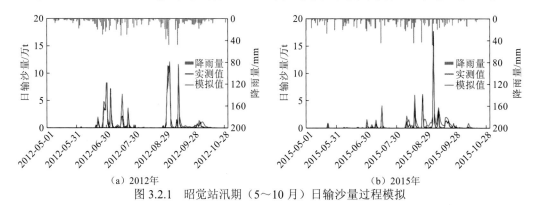

(a) 2012年　　　　　　　　　　　　(b) 2015年

图 3.2.1 昭觉站汛期（5～10 月）日输沙量过程模拟

表 3.2.3 昭觉站汛期（5～10 月）输沙量模拟结果

项目	年份	实测输沙量/万 t	模拟输沙量/万 t	S_{DC}	R_s	CC
	2007	62.13	60.06	0.59	-0.03	0.79
	2008	103.85	105.74	0.62	0.02	0.81
率定期	2009	67.74	52.68	0.84	-0.22	0.98
	2010	45.64	59.29	0.63	0.30	0.80
	2011	44.05	13.95	0.27	-0.68	0.77

项目	年份	实测输沙量/万 t	模拟输沙量/万 t	S_{DC}	R_s	CC
率定期	2012	98.85	133.96	0.91	0.36	0.97
检验期	2013	77.00	74.16	0.88	−0.04	0.96
	2014	53.03	77.33	0.27	0.46	0.53
	2015	58.32	94.54	0.87	0.62	0.94

2. 美姑河流域

图 3.2.2 为美姑站日输沙量过程模拟，表 3.2.4 为美姑站输沙量模拟结果。根据图 3.2.2、表 3.2.4 可知，建立的土壤侵蚀概念性模型适用于美姑站。除 2008 年、2010 年、2014 年含沙量模拟确定性系数较低外，其他年份含沙量模拟确定性系数 S_{DC} 均在 0.6 以上，皮尔逊相关系数 CC 均在 0.7 以上。

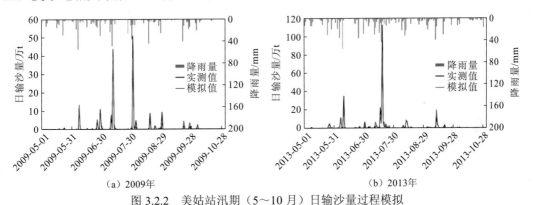

(a) 2009年　　　　　　　　　　　(b) 2013年

图 3.2.2 美姑站汛期（5～10 月）日输沙量过程模拟

表 3.2.4 美姑站汛期（5～10 月）输沙量模拟结果

项目	年份	实测输沙量/万 t	模拟输沙量/万 t	S_{DC}	R_s	CC
率定期	2007	167.79	269.82	0.68	0.61	0.85
	2008	167.71	289.06	−0.03	0.72	0.75
	2009	172.33	164.83	0.94	−0.04	0.98
	2010	99.50	147.81	0.43	0.48	0.72
	2011	148.92	75.34	0.62	−0.49	0.98
	2012	188.88	238.80	0.93	0.26	0.97
检验期	2013	278.69	250.11	0.89	−0.10	0.97
	2014	119.92	181.81	0.39	0.52	0.71
	2015	103.04	155.11	0.65	0.50	0.84

在率定期与检验期，模型模拟的美姑河流域径流量和含沙量模拟确定性系数整体都在 0.6 以上，相对误差偏大。分析其原因，主要是降雨量较少，径流量少于其他枯水年，在人类活动对流域破坏干扰较小的前提下，人类对流域每年的需水量相对稳定，而径流和泥沙受降雨等气候变化的影响，所以实际径流量和产沙量也较少，小于其他年份，因此模拟效果较差。大部分年份均能满足预报精度要求。

3. 牛栏江流域

图 3.2.3 为七星桥站日输沙量过程模拟，表 3.2.5 为七星桥站输沙量模拟结果。可见，建立的土壤侵蚀概念性模型适用于七星桥站。除 2008 年、2010 年、2014 年含沙量模拟确定性系数较低外，其他年份含沙量模拟确定性系数 S_{DC} 均在 0.5 以上，皮尔逊相关系数 CC 均在 0.6 以上。从沙峰输沙量模拟结果来看，沙峰出现时间基本对应，沙峰含沙量模拟值较实测值有一定的偏差，相对误差基本控制在 50% 以内。

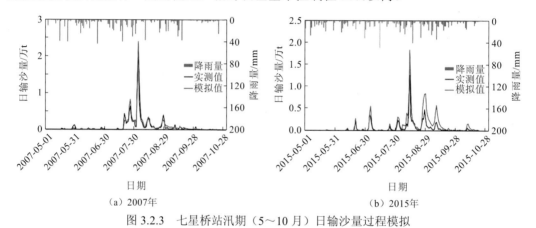

（a）2007年   （b）2015年

图 3.2.3　七星桥站汛期（5～10 月）日输沙量过程模拟

表 3.2.5　七星桥站汛期（5～10 月）输沙量模拟结果

项目	年份	实测输沙量/万 t	模拟输沙量/万 t	S_{DC}	R_s	CC
率定期	2007	13.80	13.61	0.94	-0.01	0.97
	2008	7.19	9.91	0.49	0.38	0.85
	2009	5.91	3.61	0.63	-0.39	0.86
	2010	8.94	4.02	0.44	-0.55	0.89
	2011	0.59	0.32	0.56	-0.46	0.92
	2012	3.52	3.76	0.80	0.07	0.91
检验期	2013	1.30	1.74	0.53	0.34	0.78
	2014	3.77	4.29	0.39	0.14	0.63
	2015	9.09	14.28	0.56	0.57	0.88

总体上，溪洛渡库区、向家坝库区 5 个小流域产流产沙模拟效果均较好，含沙量模拟确定性系数整体满足精度要求（0.5 以上）。这表明该土壤侵蚀概念性模型日尺度泥沙过程模拟效果较好，可用于该地区产沙过程的模拟。

3.2.3　三峡库区小流域产沙过程模拟

三峡库区区间一般指从寸滩站到三峡大坝的干流及支流（除乌江武隆站以上区域）。长江干流寸滩站至宜昌站的三峡库区区间全长约 660 km，区间面积约为 5.6 万 km^2，约占宜昌站以上面积的 5.6%。三峡库区区间水系发育，两岸支流分布不均，主要集中在左岸。根据河湖普查成果，三峡库区区间流域面积在 1 000 km^2 以上的一级支流有 44 条。其中，寸滩至奉节段流域面积大于 1 000 km^2 的支流主要有木洞河、大洪河（御临河）、龙溪河、渠溪河、龙河、小江、汤溪河、磨刀溪、长滩河；奉节至三峡大坝段流域面积大于 1 000 km^2 的支流主要有梅溪河、大溪河、大宁河、沿渡河、香溪河等。

三峡库区水文站主要集中在几条大的支流上，如嘉陵江、乌江，有国家重点测站北碚站、武隆站，水沙资料较为齐全。其余三峡库区的小支流监测资料不全，很多支流都是在 20 世纪 90 年代后期才设站，监测断断续续，有连续的流量和泥沙观测资料的水文站很少，大多水文站以流量观测为主，仅龙河、大宁河、香溪河等有较为连续的泥沙观测资料，磨刀溪、小江有近几年的泥沙观测资料，木洞河、大洪河、龙溪河仅有零星的泥沙观测资料。

本次三峡库区区间产沙模型计算采用有较长系列水文泥沙资料的水文站，主要有龙河的石柱站、小江的温泉站、磨刀溪的长滩站、大宁河的巫溪站和香溪河的兴山站 5 个水文站，利用它们的实测降雨、径流和含沙量等历史资料，率定模型参数，模拟各水文站的产沙过程。模型的参数率定和检验模式与上游溪洛渡库区、向家坝库区的支流相同。下面简单介绍流域面积较大的小江、大宁河和香溪河的模拟成果。

1. 小江流域

温泉站位于长江一级支流小江上。小江流域面积为 5 205 km^2，温泉站控制面积为 1 158 km^2，控制面积比为 22.2%。如表 3.2.6 所示，为温泉站汛期（5～10 月）产沙模拟结果。

表 3.2.6　小江温泉站汛期（5～10 月）输沙量模拟结果

项目	年份	实测输沙量/万 t	模拟输沙量/万 t	R_s	S_{DC}
率定期	2010	35.93	26.73	−25.61	0.76
	2012	51.43	42.85	−16.68	0.67
	2013	41.31	45.68	10.58	0.88
	2014	65.13	48.60	−25.38	0.59

续表

项目	年份	实测输沙量/万 t	模拟输沙量/万 t	R_s	S_{DC}
	2015	58.07	43.99	−24.25	0.54
检验期	2016	26.22	26.69	1.79	0.67
	2017	70.56	60.68	−14.00	0.73

从模型计算结果来看，除 2014 年、2015 年含沙量模拟确定性系数较低外，其他年份含沙量模拟确定性系数均在 0.6 以上。从含沙量过程模拟结果来看，沙峰出现时间基本对应，仅沙峰峰值有所出入（图 3.2.4）。部分年份年输沙总量相对误差超过 20%，但整体上模拟效果较好。

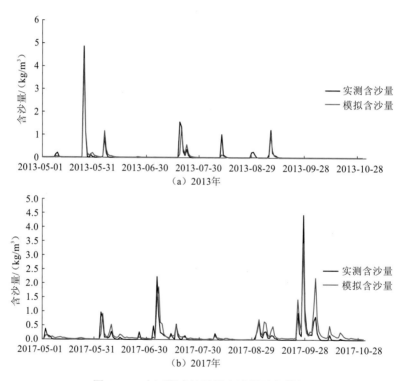

（a）2013年

（b）2017年

图 3.2.4　小江温泉站汛期含沙量过程模拟

2. 大宁河流域

巫溪站位于长江一级支流大宁河上。大宁河流域面积为 4 170 km²，巫溪站控制面积为 2 001 km²，控制面积比为 47.98%。如表 3.2.7 和图 3.2.5 所示，为巫溪站汛期（5～10 月）产沙模拟结果。除 2014 年以外，其他年份含沙量确定性系数均在 0.6 以上。从含沙量过程模拟结果来看，沙峰出现时间基本对应，沙峰峰值有所偏小。部分年份年输沙总量相对误差超过 20%，但整体上模拟效果较好。

表 3.2.7　巫溪站汛期（5～10 月）输沙量模拟结果

项目	年份	实测输沙量/万 t	模拟输沙量/万 t	R_s	S_{DC}
率定期	2008	28.74	23.26	−19.07	0.85
	2009	30.80	26.28	−14.68	0.89
	2010	8.88	9.64	8.56	0.81
	2011	17.25	21.77	26.20	0.66
	2012	25.85	22.82	−11.72	0.78
	2013	6.46	7.23	11.92	0.84
	2014	39.24	43.84	11.72	0.49
检验期	2015	2.82	2.57	−8.86	0.75
	2016	22.45	18.01	−19.78	0.72
	2017	67.50	51.30	−24.00	0.63

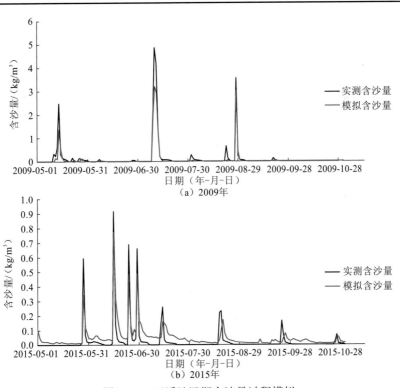

图 3.2.5　巫溪站汛期含沙量过程模拟

3. 香溪河流域

兴山站位于长江一级支流香溪河上。香溪河流域面积为 3 214 km^2，兴山站控制面积为 1 902 km^2，控制面积比为 59.2%。如表 3.2.8 和图 3.2.6 所示，为兴山站汛期（5～10 月）

产沙模拟结果。

表 3.2.8　兴山站汛期（5～10 月）输沙量模拟结果

项目	年份	实测输沙量/万 t	模拟输沙量/万 t	R_s	S_{DC}
率定期	2011	140.37	124.21	−11.51	0.87
	2012	18.53	15.15	−18.24	0.61
	2013	27.78	23.50	−15.41	0.71
检验期	2015	6.30	7.96	26.35	0.46
	2016	19.47	19.15	−1.64	0.62
	2017	35.96	28.82	−19.86	0.71

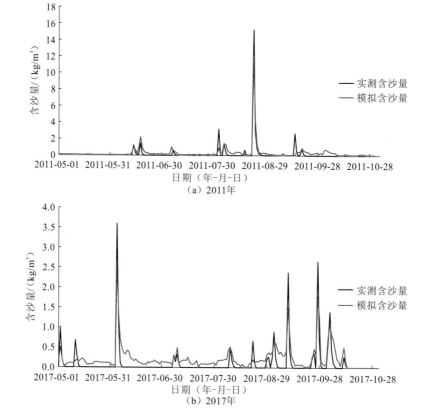

图 3.2.6　兴山站汛期含沙量过程模拟

　　从模型计算结果来看，除 2015 年含沙量模拟确定性系数较低外，其他年份含沙量模拟确定性系数均在 0.6 以上。从含沙量过程模拟结果来看，沙峰出现时间基本对应，沙峰峰值有所偏小。部分年份年输沙总量相对误差超过 20%，但整体上模拟效果较好。

3.3　不同尺度区域产流产沙机制研究

降雨和下垫面条件是流域产流产沙的两个核心因素。因此，本次关于产流产沙机制的研究，主要采用上述两类模型，通过假定不同的情景，来定量地模拟长江重点产沙区典型流域产流产沙对降雨变化、土地利用/覆被变化的响应。

3.3.1　产流产沙对降雨变化的响应

1. 不同降雨条件对产输沙的影响分析

降雨在时间和空间上对流域产输沙产生影响，本节将对不同频率（10%、50%、90%）降雨下的泥沙时空分布特征及响应机制进行分析。使用龙川江和大宁河流域共 3 个水文站的实测泥沙资料，揭示不同典型年降雨变化下的不同空间尺度的产沙特征及响应机制。

使用水文频率分析方法，利用皮尔逊 III 型曲线，通过配线得到不同尺度流域 10%、50%、90%频率下的降雨量，其重现期分别为 10 年、2 年、1 年。在本小节中，用此代表 10 年、2 年、1 年的降雨条件，来阐释不同时间尺度下不同降雨条件的泥沙空间分布特征。

龙川江不同区域［楚雄站以上流域（以下简称上游）、楚雄站至小黄瓜园站（以下简称中下游）和全流域］、大宁河的输沙模数随着降雨重现期的变化如表 3.3.1 所示。从龙川江不同空间尺度不同典型年的输沙模数来看，从 10%到 90%，即重现期从 10 年到 1 年，不同空间尺度的输沙模数均有明显减少趋势，且流域面积越大，输沙模数的减少程度越大。但 50%频率下的输沙模数变化在不同空间尺度上无明显规律，上游、中下游、全流域的面积依次增大，而 50%频率下的输沙模数最大为中下游，全流域次之，上游最小。大宁河巫溪站以上面积为 2 001 km^2，通过对大宁河流域降雨量的频率分析可知，随着重现期的缩短，年降雨量减少，大宁河输沙模数总体减小。

表 3.3.1　龙川江不同区域和大宁河不同重现期下的输沙模数

频率/%	区域	龙川江			大宁河
		楚雄以上	楚雄至小黄瓜园	小黄瓜园以上	巫溪以上
	流域面积/km^2	1 788	3 772	5 560	2 001
10	典型年	1999 年	2002 年	1995 年	2003 年
50		2004 年	1999 年	2007 年	2016 年
90		2012 年	2003 年	1988 年	2006 年
10	输沙模数/（t/km^2）	554	1 835	1 871	726
50		49.9	2 252	225	127
90		2.05	798	617	148

通过对龙川江流域不同典型年降雨变化下的不同空间尺度的输沙模数进行对比分析发现，降雨频率从 10% 到 50% 再到 90%（重现期依次为 10 年、2 年、1 年）的情况下，不同空间尺度的流域呈现出不同的变化过程。

流域上游与降雨变化一致，重现期越短，输沙模数越小。这说明降雨在该尺度（2 000 km² 左右）流域的产输沙过程起主导作用，流域的产沙量随降雨量的改变而明显改变。当流域面积增大到 3 700 km² 以上时，龙川江中下游输沙模数随降雨量的减少发生先增大后减小的变化，说明随着流域面积的增大，影响流域产输沙的其他因子的作用更明显。进一步分析该区 50% 频率典型年（1999 年）的降雨过程发现，1999 年降雨总量和天数均处在多年平均水平，但中雨（10～24.9 mm）、大雨（25～49.9 mm）天数明显多于其他年份。该年 1 月即出现 13 mm/d 的大雨，5 月、7 月、8 月、9 月、11 月共出现中雨 12 场次，全年出现大雨 6 场次。高强度降雨过程使得中下游流域坡面产沙量增大，而强降雨带来的洪水过程也提高了河道输沙能力，最终导致流域输沙模数偏大。

对于 5 000 km² 以上的整个龙川江流域，其输沙模数随着降雨量的减少先急剧减小后又增大。分析整个流域 90% 频率典型年（1988 年）的降雨特征发现，流域上下游的中雨、大雨、暴雨天数均超多年平均水平。其中，上游在 5 月、8 月、9 月共出现 50.4～60.0 mm 的暴雨 3 场次，下游出现 56.1～59.3 mm 的暴雨 2 场次。集中的强降雨过程使得整个流域的输沙模数增大。

对比龙川江和大宁河两个流域不同典型年的输沙模数来看，与龙川江上游面积相近的大宁河（巫溪站以上）流域，其不同典型年的输沙模数的变化趋势与龙川江上游流域相似。这在一定程度上反映出，相同尺度的流域在不同典型年降雨作用下的输沙模数的变化规律一致。从不同空间尺度的输沙模数来看，在 3 000 km² 面积及以下流域，降雨量是流域产沙量的主导因素，流域输沙模数随降雨量的变化而改变；而当流域面积进一步增大时，受产汇流机制的影响，降雨对流域输沙模数的主导作用减弱，下垫面条件变化及其他因素的影响逐渐增强。

2. 典型流域产流产沙对降雨变化的响应

采用土壤侵蚀概念性模型，分别计算两组工况（C1、C2 为汛期 5～10 月的降雨量分别增加 20% 和 50%，S1、S2 为典型场次洪水过程降雨量分别增加 20% 和 50%）的产流产沙情况，基准工况（C0、S0）均为实测降雨过程。选取溪洛渡库区的美姑河、西溪河，三峡库区的大宁河、香溪河和小江作为模拟对象，其流域面积从 2 920 km² 至 5 205 km² 不等，计算时段为 2010～2019 年共 10 年，从计算结果来看（表 3.3.2、表 3.3.3）：

（1）当汛期 5～10 月的降雨量增加 20% 时，各流域流量和输沙量的增幅大致相当，基本在 30% 左右，当降雨量增加 50% 时，各流域输沙量的增幅均大于流量，增幅均在 70% 以上，尤以大宁河的增幅最为明显，可以看出，对于小流域（基本上流域面积不超过 5 000 km²），流域的产流产沙对降雨变化的敏感度较高。

（2）当典型场次洪水过程的降雨量增加 20% 或 50% 时，部分流域流量的增幅大于输沙量,部分则相反,以美姑河、西溪河和香溪河为例进行分析,长江上游支流的植被覆盖条件大多有河源区较好、越往下游越差、侵蚀产沙强度中下游明显大于上游的特点,因此,在一场洪水过程中,当降雨主要降落在河源区时,输沙量的增幅不及流量,如香溪河,当降雨主要降落在中下游地区时,输沙量的增幅超过流量,如美姑河(表 3.3.4)。

综上来看,对于面积不超过 5 000 km² 的小流域,基于土壤侵蚀概念性模型的模拟结果与 3.2 节的分析基本一致,流域产流产沙对于降雨强度改变和落区分布较为敏感。

表 3.3.2　汛期降雨量不同增幅对产流产沙的影响统计

流域	流域面积 /km²	基准工况 C0		工况 C1		工况 C2	
		平均流量 /(m³/s)	平均输沙量 /万 t	流量增幅 /%	输沙量增幅 /%	流量增幅 /%	输沙量增幅 /%
美姑河	3 240	24	173.4	31.8	29.7	80.5	82.4
西溪河	2 902	8	75.6	30.7	30.3	78.7	83.7
大宁河	4 170	46	9.11	30.4	42.7	77.1	125
香溪河	3 214	25	36.1	33.6	34.5	86.4	99.6
小江	5 205	32	30.3	28.6	30.0	72.2	76.0

表 3.3.3　场次洪水降雨量不同增幅对产流产沙的影响统计

流域	洪号	基准工况 S0		工况 S1		工况 S2	
		洪量 /亿 m³	输沙量 /万 t	洪量增幅 /%	输沙量增幅 /%	洪量增幅 /%	输沙量增幅 /%
美姑河	20150704	1.046	12.0	24.4	44.3	61.5	102
西溪河	20170701	0.318	3.07	35.9	10.8	90.1	29.4
大宁河	20150705	1.217	1.72	35.8	33.7	91.5	86.6
香溪河	20150705	0.556	3.77	46.0	33.0	119	86.6
小江	20150705	1.081	0.321	27.1	24.0	66.3	61.0

表 3.3.4　场次洪水过程降雨量分布统计表

流域	洪号	雨量站	降雨量/mm
美姑河	20150704	洪溪站	58.5
		后布列托站	102.5
		天喜站	85.5
		美姑站	98.5
西溪河	20170701	比尔站	30.5
		昭觉站	39.5
香溪河	20150705	张官店站	75.2
		郑家坪站	50.4
		南阳河站	113.2
		兴山站	69.5

3.3.2 产流产沙对土地利用/覆被变化的响应

土地利用/覆被变化在时间和空间上对流域产沙输沙产生影响,本节基于 SWAT 模型的分析和模拟结果,分析了不同流域的土地利用时空变化特征,通过设定不同的情景模式,对不同流域的产流产沙进行模拟,分析不同空间尺度、不同土地利用/覆被变化下的产流产沙时空分布特征及响应机制。

1. 土地利用/植被覆盖度变化特征

1)土地利用变化特征

统计龙川江流域 1980~2015 年的土地利用面积,可以看出,该流域林地面积占比接近 50%,常年在 47%左右。其次是耕地,约占总流域面积的 28%,草地约占流域面积的23%。水域及其他土地利用类型占比较少。各类土地利用面积及占比变化见图 3.3.1。

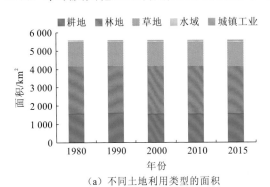
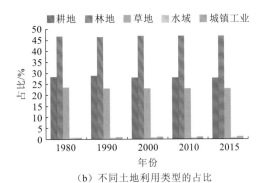

（a）不同土地利用类型的面积　　　　　　　（b）不同土地利用类型的占比

图 3.3.1　龙川江各类土地利用面积及占比变化

从流域耕地面积的变化来看,1990 年左右流域的耕地面积达到顶峰,2000 年之后基本保持不变,总体趋势为面积下降。从林地面积的变化来看,流域林地面积整体呈上升趋势。2000 年左右的林地面积最大,随后有小幅波动,近年来林地面积占比为 47.1%。从草地面积的变化来看,1980 年后,草地面积有明显减少,之后一直保持基本不变。草地面积占比为 23%。水域在流域内主要为水库、塘库等,面积占比较小。该流域大部分中大型水库均修建于 20 世纪 70 年代以前,因此,水域面积变化较小。城镇工业用地主要为城镇建筑、道路、工业用地等,可以看出,随着经济发展,该流域此类土地利用面积逐年增大,但面积总量较小。

统计大宁河流域 1980~2015 年的土地利用面积及其占比变化(图 3.3.2),可以看出,该流域林地面积占比接近 60%,常年在 59%左右。其次是耕地,约占总流域面积的 26%,草地约占流域面积的 15%。水域及其他土地利用类型占比较少。

1980~2015 年,流域耕地面积逐年略有减少;自 2000 年林地面积减少后一直保持较稳定的状态;流域草地面积先增大后减小,2010 年后保持在稳定水平;水域面积近年

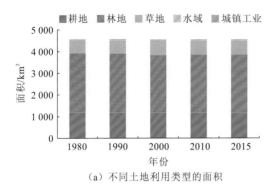
（a）不同土地利用类型的面积

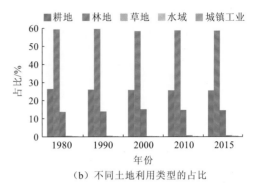
（b）不同土地利用类型的占比

图 3.3.2　大宁河土地利用面积及占比变化

来有所增加，但总量较小。城镇工业用地面积变化最显著，从 1980 年的不到 2 km² 到 2015 年的近 20 km²，增长了近 9 倍，但总量和占比依然较小。总体来看，流域各类土地利用类型的总量基本保持稳定。

2）植被覆盖度变化特征

通过植被覆盖时空变化能够解析植被与气候、土地利用变化之间的响应关系，揭示区域环境状况的演化与变迁等。本节将流域植被覆盖度划分为低植被覆盖度（≤30%）、中低植被覆盖度（30%～45%）、中植被覆盖度（45%～60%）、中高植被覆盖度（60%～75%）、高植被覆盖度（≥75%）五个等级。

根据植被覆盖度的定义，使用如下公式进行估算：

$$\text{VFC} = \frac{\text{NDVI} - \text{NDVI}_{\text{soil}}}{\text{NDVI}_{\text{veg}} - \text{NDVI}_{\text{soil}}} \tag{3.3.1}$$

式中：VFC 为植被覆盖度；NDVI 为像元归一化差异植被指数；$\text{NDVI}_{\text{soil}}$ 为完全是裸土或无植被覆盖区域时的 NDVI；NDVI_{veg} 为完全被植被所覆盖时的 NDVI。

从空间分布来看，龙川江 2000～2015 年在流域上、下游的植被覆盖度较低，中部植被覆盖度高，下游入河口区域近年来植被覆盖度明显增高，而上游楚雄彝族自治州人民政府所在区域植被覆盖度向两极发展，即高、低植被覆盖度面积增大，中植被覆盖度面积减小。从时间分布来看，低植被覆盖度区域的面积略有增加，高植被覆盖度区域的面积呈增加趋势，在 2000～2015 年，高植被覆盖度面积的占比由 60.9%增加到 80.4%（图 3.3.3）。低植被覆盖度主要是由城镇化引起的，虽有增加，但仅占流域面积的 0.3%（2015 年）。高植被覆盖度的增加，反映了流域林地尤其是阔叶林面积的增大，提高了流域下垫面的截水、填洼能力，使得流域在近年来发生径流量、输沙量的减少。

对比龙川江流域小黄瓜园站、楚雄站径流量和输沙量变异时间点 2002 年前后的植被覆盖度，如图 3.3.4 所示。变异后高植被覆盖度面积占比增加 9.5%，这很可能是该流域径流量、输沙量减少的主要因素之一。

同样地，对大宁河流域的 NDVI 数据进行分析，大宁河 2000～2015 年植被覆盖度的空间分布如图 3.3.5 所示，从空间分布来看，该流域植被覆盖度整体较高，以高植被覆盖

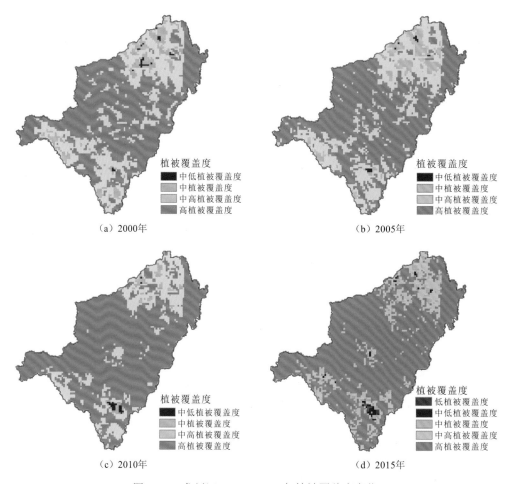

图 3.3.3　龙川江 2000～2015 年植被覆盖度变化

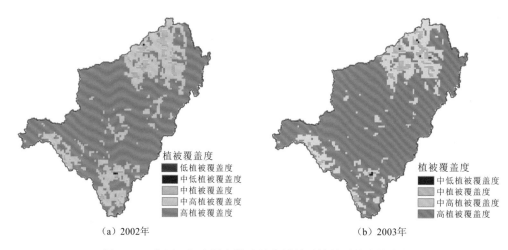

图 3.3.4　龙川江径流量和输沙量变异前后植被覆盖度的变化

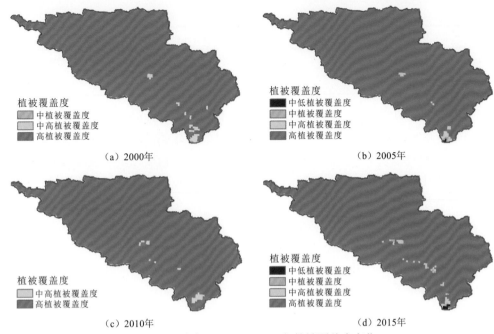

图 3.3.5　大宁河 2000~2015 年植被覆盖度变化

度为主，仅河道干流有少量中高、中植被覆盖度区域，流域植被覆盖度最低区域在入河口。植被覆盖度面积占比变化较小，河口区域有少量低植被覆盖度区域增加。

从时间分布来看，2000~2015 年流域高植被覆盖度面积占流域面积的 98%以上，变化波动小。稳定的植被覆被度使得流域有较强的调蓄水能力，在降雨发生中变异的情况下，径流量和输沙量仍未受到显著影响。

2. 土地利用变化对产流产沙影响的模拟

1）龙川江

在 2010 年土地利用的基础上，设定情景 A（将流域内所有耕地退耕还林为林地，其余土地类型不变）和情景 B（将流域内全部林地变为草地，其余土地类型不变），使用 2000~2010 年气象资料，模拟两种极端情况下流域的产流产沙量。模拟结果与实测数据的对比结果如表 3.3.5 所示。

表 3.3.5　龙川江不同情景下土地利用面积占比的变化

土地利用类型	变化前面积占比/%	情景 A 面积占比/%	情景 B 面积占比/%
耕地	28.00	0	28.00
林地	46.84	74.84	0
草地	23.27	23.27	70.11
水域	0.85	0.85	0.85
城镇工业	1.04	1.04	1.04

续表

土地利用类型	变化前面积占比/%	情景 A 面积占比/%	情景 B 面积占比/%
径流量变化/%		−26.5	38.9
输沙量变化/%		−44.6	12.4

从模拟结果可以看出，当流域内所有耕地退耕还林为林地时，流域的径流量减少近30%，而输沙量减少近50%，说明从耕地变为林地，流域的截水、蓄水能力提高，产汇流量减少，而随着植被覆盖度的提高，流域的侵蚀产沙大幅度减少，输沙量变化比例大于径流量变化比例。当植被覆盖度较高的林地转变为植被覆盖度较低的草地时，流域的输沙量变化较小，但径流量仍有近40%的增加，可见，全流域占比较高的林地，对流域的产汇流过程有较大的影响，对输沙量影响较小，而耕地改变对流域输沙量变化影响较大、对径流量变化影响较小。

在龙川江流域的上、中、下游，选择不同面积大小的三个子流域（图 3.3.6），对比其在上述两种情景下的产流产沙变化，其土地利用类型的面积如表 3.3.6 所示。9 号子流域位于流域下游，总面积为 395.84 km²，土地利用类型丰富，以草地和林地为主；17 号子流域位于流域中游，总面积为 146.85 km²，仅林地、草地、耕地三种类型，以林地为主；28 号子流域位于流域上游，总面积为 247.58 km²，几乎含有流域所有的土地利用类型，以耕地为主。

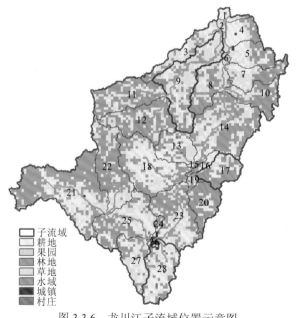

图 3.3.6 龙川江子流域位置示意图

表 3.3.6 龙川江子流域土地利用类型面积

子流域	土地利用类型	面积/km²	占比/%
9	林地	134.58	34.00
	草地	163.51	41.31

续表

子流域	土地利用类型	面积/km²	占比/%
9	水域	0.94	0.24
	村庄	1.01	0.26
	耕地	95.80	24.20
17	林地	84.62	57.62
	草地	21.90	14.91
	耕地	40.33	27.46
28	林地	54.46	22.00
	草地	58.39	23.58
	水域	4.07	1.64
	城镇	1.98	0.80
	村庄	7.90	3.19
	耕地	120.78	48.78

在情景模拟中，三个子流域的产流产沙量均发生明显改变。整体上看，子流域面积越大，土地利用改变对其影响越大（图 3.3.7）。情景 A 中，17 号子流域总面积较小，林地占比超过一半，当耕地转为林地时，径流和泥沙的变化均低于全流域均值；28 号子流域土地利用类型复杂，且耕地面积占比较大，因此，当耕地转为林地时，其径流量变化和输沙量变化偏高，尤其是输沙量的变化，达到 56.7%，说明耕地对流域泥沙产量有较大贡献；9 号子流域为三者中面积最大的子流域，其草地面积最大，林地次之，当耕地转为林地时，输沙量变化较大。情景 B 中，当林地全部变为草地时，三个子流域的输沙量变化均较小，进一步证明，草地与林地相比，对流域输沙量的贡献较小，但对径流深影响较大。

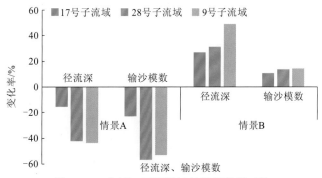

图 3.3.7　龙川江子流域情景模拟结果对比

2）大宁河

与龙川江一样，在 2010 年土地利用的基础上，设定情景 A（流域内所有耕地退耕还林为林地，其余土地类型不变）和情景 B（流域内全部林地变为草地，其余土地类型不

变），使用 2000~2010 年气象资料，模拟两种极端情况下流域的产流产沙量。模拟结果
与实测数据的对比结果如表 3.3.7 所示。

表 3.3.7　大宁河不同情景下土地利用面积占比的变化及其影响

土地利用类型	变化前面积占比/%	情景 A 面积占比/%	情景 B 面积占比/%
耕地	25.93	0	25.93
林地	58.35	84.28	0
草地	15.24	15.24	73.59
水域	0.35	0.35	0.35
建筑工业	0.13	0.13	0.13
径流量变化/%		-45.7	62.4
输沙量变化/%		-32.9	11.6

　　从模拟结果来看，当流域内所有耕地退耕还林为林地时，流域的径流量减少近
50%，而输沙量减少超 30%，说明从耕地变为林地，流域的截水、蓄水能力提高，产汇
流量减少，而随着植被覆盖度的提高，流域的侵蚀产沙大幅度减少，输沙量变化比例小
于径流量变化比例。当植被覆盖度较高的林地转变为植被覆盖度较低的草地时，流域的
径流量变化较大，输沙量变化较小，可见，耕地面积改变对该流域径流量的改变作用更
大；全流域占比较高的林地，对流域的产汇流过程有较大的影响，对输沙量影响较小。
　　在大宁河巫溪站以上，选择不同尺度的三个子流域（图 3.3.8），对比其在不同情景
下的产流产沙变化，其土地利用类型的面积如表 3.3.8 所示。7 号子流域位于流域上游河
源区，总面积为 63.5 km²，土地类型相对单一，以林地为主，占 70%以上；15 号子流域

图 3.3.8　大宁河子流域位置示意图

表 3.3.8　大宁河子流域土地利用类型面积

子流域	土地利用类型	面积/ km²	占比/%
7	林地	46.46	73.17
	草地	14.63	23.04
	耕地	2.41	3.80
15	林地	85.97	71.98
	草地	2.50	2.09
	水域	1.01	0.85
	耕地	29.95	25.08
25	林地	126.70	42.37
	草地	52.88	17.68
	城镇	0.61	0.20
	村庄	0.69	0.23
	耕地	118.15	39.51

位于流域中游，总面积约 119 km²，以林地为主，有一定比例的耕地；25 号子流域位于水文站出口附近，总面积约 299 km²，土地利用类型丰富，耕地和林地占比相当，还有少量居民点。

在情景模拟中，三个子流域的产流产沙量均发生改变。整体上，子流域面积越大，土地利用改变对其影响越大（图 3.3.9）。情景 A 中，7 号子流域总面积较小，林地超过 73%，当耕地变为林地时，子流域的径流量和输沙量变化较小，输沙量相对于径流量变化较大；15 号子流域也是以林地为主，占比接近 72%，当耕地转为林地时，其径流量和输沙量明显变化，且径流量变化较大；25 号子流域为三者中面积最大的子流域，耕地面积占比较大，与林地面积相当，当耕地转为林地时，泥沙量显著减少，超过全流域平均值。情景 B 中，当林地全部变为草地时，三个子流域的径流量均发生明显变化，输沙量变化较小。这说明林地对径流量的影响比草地更显著。另外，不同面积的子

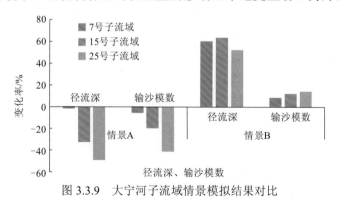

图 3.3.9　大宁河子流域情景模拟结果对比

流域径流量变化与流域面积变化的关系不明显，25 号子流域相较于其他两个子流域的林地面积占比较小，当林地变为草地时，土地利用类型变化较小，因此，表现出径流量变化较小。

对比分析龙川江和大宁河两个流域土地利用/覆被变化下不同尺度的产流产沙结果发现：龙川江流域的土地利用类型分布较集中，一部分子流域以林地为主，一部分以耕地或草地为主，各子流域间的土地利用类型存在较大差异。大宁河流域林地面积占比整体较高，土地利用类型分布较均匀，大部分子流域以林地为主，巫溪站以上，几乎所有子流域的主要土地利用类型为林地。对于不同土地利用类型的分布形式，两个流域呈现出了不同的产沙特性。

对于不同流域尺度而言，子流域的面积越大，土地利用类型的改变对流域径流量、输沙量的变化作用越强。同时，流域下垫面条件不同，使土地利用类型改变对输沙量的影响也有一定的差异，龙川江各子流域输沙模数差异较大，大宁河各子流域的输沙模数差异较小。当流域内耕地全部变为林地时，林地占比较高的大宁河流域表现出径流量变化较大而输沙量变化较小特点，龙川江流域表现出输沙量变化较大而径流量变化较小特点。这说明土地利用类型的空间分布越均匀，不同类型的土地利用越分散，耕地变为林地对流域径流量、输沙量的影响越小。流域截水拦沙效果显著，流域径流量、输沙量相对减小。当流域内的林地变为草地时，两个流域均表现出径流量变化大而输沙量变化较小特点。并且，大宁河林地占比较高，当林地转为草地时，径流量变化更明显，说明林地较草地对径流量影响显著，而对输沙量影响较弱。

3.4 本章小结

（1）对 SWAT 模型和土壤侵蚀概念性模型进行了实际使用对比。结果表明：SWAT 模型物理意义较为明确，模拟过程中精度较高，但所需参数较多，工作量较大，模拟结果存在不确定性。土壤侵蚀概念性模型基于一定的产输沙机理，符合长江上游产输沙基本特征，结构简单合理，参数意义明确，计算结果具有一定的精度，满足研究长历时水沙变化趋势的需求。

（2）对于面积不超过 5 000 km^2 的小流域，降雨为流域输沙模数改变的主导因素，流域产流产沙对于降雨强度改变和落区分布较为敏感，不同空间尺度的流域的输沙模数随重现期缩短、降雨量减少而减小。当流域面积大于 5 000 km^2 时，流域受降雨强度等因素影响，其输沙模数不再随降雨量的变化而发生一致性改变。

（3）基于 NDVI 数据分析了龙川江和大宁河 2000～2015 年的植被覆盖度时空变化，结合水文、气象要素分析结果，对两个流域的长时间径流、输沙水文序列的变异进行归因分析。龙川江流域近年来高植被覆盖度面积增加，提高了流域下垫面的截水能力，导致流域的径流量、输沙量减少；而大宁河流域稳定的下垫面和高植被覆盖度水平，导致流域在降雨发生中变异的情况下，径流量和输沙量未发生明显变异。

（4）揭示了不同土地利用类型对流域不同空间尺度径流量、输沙量变化的响应机制。子流域面积越大，土地利用类型改变后对径流量、输沙量变化的影响越大；土地利用类型分布越均匀，土地利用类型的改变对径流量的作用越显著；耕地相较于林地，对径流量的改变作用较小，对输沙量的改变作用较大；林地相较于草地，对径流量的改变作用较大，对输沙量的改变作用较小。

第4章 新环境下输沙变化驱动因子及机制研究

4.1 滑坡、泥石流的侵蚀产沙

4.1.1 流域侵蚀产沙环境

长江流域地势西高东低，形成三级阶梯。青南川西高原、横断山区和陇南川滇山地为第一级阶梯，高程一般为 3 500～5 000 m。云贵高原、秦巴山地、四川盆地和鄂黔山地为第二级阶梯，高程一般为 500～2 000 m。淮阳低山丘陵、长江中下游平原和江南低山丘陵组成第三级阶梯，除部分山峰高程接近或超过 1 000 m 外，高程一般在 500 m以下。

流域新构造运动以在板块运动推挤作用下的面状隆起和掀斜活动、断块与断裂的差异活动及地震活动等为主要特征。流域内地震活动主要受新构造运动的强烈程度及区域性活动断裂带的控制，中强震以上地震的方向性、成带性明显。区域地壳稳定性不均一，其总体特点是：西部大幅度强烈上升，活动断裂及地震活动强烈；中部中等幅度隆起，活动断裂和地震活动微弱；东部差异升降，活动断裂和地震活动稍强。有地震记录以来，长江流域发生 6 级以上地震 120 余次，90%以上分布在西部的甘孜—康定、滇西、安宁河、小江、武都、松潘、马边—昭通等地震带，地震基本烈度在 VII 度以上，其中安宁河、小江、甘孜—康定地震带及丽江市附近等地区地震基本烈度大于 IX 度；中、东部除个别地区地震基本烈度为 VII～IX 度外，大部分地区小于 VII 度。

长江流域侵蚀产沙强度的地区分布与流域地质地貌条件密切相关，高侵蚀产沙区与断裂活动带的分布基本一致。高强度产沙区往往伴随强烈的滑坡、泥石流活动。泥石流、滑坡的分布也与地质地貌环境密切相关，降雨则是激发因素。西部流域处于第一级阶梯与第二级阶梯的过渡地带，新构造运动活跃、断裂发育、岩层破碎、山高坡陡，崩塌、滑坡、泥石流发育，河源地带尚有土体冻融灾害；中部处于第二级阶梯与第一级阶梯的过渡地带，滑坡、崩塌、地面塌陷发育也较强；而东部地区主要处于第三级阶梯，主要为城市地面沉降、河湖崩岸、地面塌陷等。

4.1.2　滑坡产沙调查

1. 金沙江流域

金沙江位于第二级阶梯与第三级阶梯的过渡地带，滑坡发育。自然资源部国土卫星遥感应用中心采用 1991 年、1992 年航摄的 1∶6 万彩红外航片，并使用 1991 年、1992 年的 TM 资料及 1992 年、1993 年的 JERS-1 资料对金沙江下段干流河谷攀枝花至宜宾段（河长约 786 km，两岸各 15 km，面积约为 22 000 km²，位于 101°30′～104°38′E，25°40′～28°46′N）进行了调查。结果表明，调查范围内共有大于 100 万 m³（遥感调查所指的滑坡均大于此规模）的大型滑坡 400 处，估算的堆积物的体积约为 300 亿 m³，即平均每 1.97 km 河段有一处大型滑坡，平均滑坡变形模数为 $1.4×10^6$ m³/km²。调查区共有大于 100 万 m³ 的崩塌 119 处，崩塌堆积物体积共约 3.4 亿 m³，仅占金沙江下段滑坡、崩塌松散堆积物总量的 1.1%。"规模巨大"是金沙江下段滑坡的主要特征，滑坡平均体积达 7 500 万 m³。经估算，2003 年攀枝花市以下流域所统计的滑坡的产沙量约为 3 000 万 m³，约合 3 900 万 t（容重取 1.3 t/m³）。滑坡是金沙江下段最主要的产沙方式之一。

2014 年、2015 年、2017 年、2018 年和 2020 年先后开展了多次金沙江下游乌东德库区、白鹤滩库区、溪洛渡库区和向家坝库区的产输沙现场调查工作。调查表明，4 座水库的库区干支流均存在滑坡现象，近年来滑坡治理力度加大，典型滑坡区域的植被条件有所改善。

1）乌东德库区

乌东德库区滑坡的数量比白鹤滩库区偏少。据不完全统计（胡启芳，2014），库区干支流共发育较大的滑坡 55 处，总体积约 8.63 亿 m³，其中干流 35 处，支流 20 处，库区大于 1 亿 m³ 的滑坡有 3 处，总体积约 3.8 亿 m³，分别是位于干流的白泥洞滑坡、龙潭滑坡及位于支流鲹鱼河上的大村滑坡。库区干流滑坡体主要分布于龙川江河口以上的干流库段，其中乌东德水库至龙川江口发育 32 处滑坡，总体积约 6.09 亿 m³，大型和特大型滑坡占 78.1%。典型滑坡区域现场勘测情况如图 4.1.1 所示。

|（a）库区干流|（b）驾车河流域|（c）鲹鱼河流域|

图 4.1.1　乌东德库区典型流域滑坡体现场勘测

2）白鹤滩库区

受小江—黑水河断裂影响，白鹤滩库区干流河段是金沙江下游滑坡、泥石流分布最集中的区域。根据当地人民政府 2004 年的滑坡、泥石流普查：四川省宁南县、四川省会东县、云南省巧家县内有滑坡 135 处，滑坡体体积为 23.474 亿 m³，滑坡样品平均中值粒径为 8.2 mm；2 mm 以下粒径平均占比 40.1%。其中，四川省宁南县有滑坡 31 处，滑坡体体积为 0.979 亿 m³，四川省会东县有滑坡 27 处，滑坡体体积为 20.52 亿 m³，云南省巧家县有滑坡 77 处，滑坡体体积为 19 750 万 m³。典型滑坡区域现场勘测情况见图 4.1.2。

| （a）普渡河流域 | （b）小江流域 | （c）黑水河流域 |

图 4.1.2　白鹤滩库区典型流域滑坡体现场勘测

2011 年中国水电顾问集团中国电建集团调查成果显示，库区存在水库坍岸可能的土质岸坡库段共 31 处，其中主库有 29 处，黑水河支库有 1 处，以礼河支库有 1 处，预测坍岸总面积约为 5.92 km²，主要分布于库区中、上游河段，主要发生在深切冲沟两岸和部分较陡临江岸坡，距干流 2～10 km 范围内，平均约 5 km。

3）溪洛渡库区

据相关部门 2005 年统计，库区岸坡变形破坏以崩滑为主，两岸滑坡、崩塌体积大于 1 000 万 m³ 的有 19 处。四川省凉山彝族自治州及云南省昭通市详查的滑坡有金阳县田上滑坡、阿菠萝滑坡、巫沙滑坡及跨堵湾滑坡，滑坡体体积分别为 1 950 万 m³、77 万 m³、2 000 万 m³、122 万 m³，滑坡母岩主要为灰岩和砂岩，均为暴雨诱发。昭通市普查的滑坡有 137 处，滑坡体总体积为 3.828 1 亿 m³。这些滑坡体中，体积最小的为 1 万 m³，最大的为 12 650 万 m³。2015 年考察所见的滑坡体不多，体积多不大，多为几立方米到几百立方米的规模，考察所见的滑坡堆积体总量约为 230 万 m³。2017 年和 2018 年，沿公路分布的滑坡的数量和规模均较 2015 年时减小。发生于库岸的滑坡体在清理时，大多直接进入河道（干支流典型滑坡现场如图 4.1.3、图 4.1.4 所示）。

| （a）明波渡附近滑坡 | （b）大寨镇至茂租镇滑坡 | （c）上田坝镇右岸基岩滑坡 |

图 4.1.3　溪洛渡库区干流典型滑坡（2018 年 10 月）

（a）受鲁甸地震及公路修建影响的滑坡（2015年1月、2018年10月）

（b）红石岩滑坡（2015年1月、2018年10月）

图 4.1.4　溪洛渡库区支流牛栏江典型滑坡

4）向家坝库区

相关部门 2005 年滑坡普查结果显示，向家坝水库至新市段共有滑坡 95 处，滑坡体总体积为 6 759 万 m³，大于 100 万 m³ 的大型滑坡有 12 处，最大的滑坡体为屏山县新安镇龙桥村滑坡，滑坡体体积为 1 500 万 m³。新市至桧溪段共有滑坡 10 处，统计到的滑坡体总体积为 406 万 m³，大于 100 万 m³ 的大型滑坡有 1 处，为永善县青胜乡玉盘村小波罗滑坡，滑坡体体积为 360 万 m³。桧溪至永善段共有滑坡 52 处，统计到的滑坡体总体积为 15 687 万 m³，大于 100 万 m³ 的大型滑坡有 13 处，最大的为永善县溪洛渡镇双凤村裸儿沟滑坡，滑坡体体积为 2 640 万 m³。向家坝库区典型滑坡分布如图 4.1.5 所示。

（a）流域典型滑坡（2014年、2018年）

(b) 河口附近滑坡（2014年、2018年）

图 4.1.5 向家坝库区支流西宁河典型滑坡（2014 年、2018 年）

2. 三峡库区

受山高坡陡、地质构造复杂、岩层裂隙发育、岩石破碎、暴雨较多，以及乱砍滥伐、乱开矿、采石和修路等人为因素的影响，三峡库区滑坡、崩塌发生较为频繁。长江三峡地区历史上就是地质灾害多发区，有史料记载以来，三峡地区发生滑坡、岩崩、泥石流等地质灾害的地点共 2 万多处。根据调查，三峡库区共有崩塌、滑坡 6 746 处，总体积为 87.75 亿 m^3，其中干、支流两岸体积大于 1 万 m^3 的崩塌、滑坡和正在发育的危岩变形体有 428 个。滑坡分布受地形、地表物质组成及降雨强度变化的影响较大，东部地区滑坡比西部地区发育。三峡库区产沙主要集中在大暴雨洪水期间，与洪水期间伴随大量的崩塌、滑坡、泥石流等重力侵蚀密切相关。滑坡在三峡库区分布较广泛，危害严重。据调查，库区内有可能造成严重危害，大于 10 万 m^3 的滑坡、危岩体 1 120 处，其中大于 100 万 m^3 的崩滑体有 32 处，大于 5 000 万 m^3 的有 7 处，大多数处于不稳定状态；有泥石流沟 271 条，89% 的泥石流沟分布于云阳至秭归段的长江两岸，与滑坡、崩塌密集区吻合。滑坡、泥石流产沙是三峡库区泥沙的重要来源。

2013 年 4 月和 2014 年 8～9 月，水利部长江水利委员会水文局再次对三峡库区的滑坡进行了实地考察，所考察的大、中型滑坡均在前人的调查范围内。2014 年 8～9 月，适逢三峡库区发生大暴雨，暴雨冲垮公路上方的土体，发生大量的崩塌和滑坡，在沿渡河、香溪河、九畹溪等支流崩塌、滑坡密集的地方，沿公路平均 100 m 就有一处崩塌、滑坡，这些崩塌、滑坡的体积均较小，其体积多在几立方米至数百立方米，上万立方米的较少。这些崩塌、滑坡大多沿公路靠坡一侧发育，由于公路修建，原始状态的坡体失去支撑，在暴雨作用下发生崩塌、滑坡。每逢暴雨，这样的滑坡总会源源不断地产生，规模小但数量多。位于不同地貌部位的崩塌、滑坡对流域产沙量有不同的影响，一般有三种情况：一是位于库区两岸的滑坡，其滑坡体直接进入库区；二是位于支流两岸的滑坡，滑坡体直接进入支流或通过人工清理直接进入支流，然后随水流进入库区；三是位于流域坡面的滑坡，在坡面水流的作用下，随坡面流或沟道水流进入主河道或库区。三峡库区典型滑坡现场调查情况如图 4.1.6 所示。

（a）九畹溪连续分布的滑坡

（b）沿渡河流域公路挡土墙上方崩滑体

（c）秭归县沙镇、溪镇千将坪滑坡

（d）巫峡口长江北岸山体崩滑面

（e）高阳镇昭君村田坎堡滑坡

（f）公路滑坡体倾倒进河道（五马河）

图 4.1.6　三峡库区典型滑坡现场调查

4.1.3　泥石流产沙调查

长江上游泥石流仍以金沙江流域最为典型。金沙江下段泥石流数量多、分布广、规模大、灾害严重。根据遥感调查结果，调查区共有流域面积大于 0.2 km²、堆积扇面积大于 0.01 km² 的一级支流沟谷型泥石流沟 438 条，干流平均每 1.8 km 有一条泥石流沟。泥石流沟流域面积差别很大，但占总数 80% 的泥石流沟流域面积在 1～50 km²，其中以 1～5 km² 最多，占 37.4%。根据遥感解译结果，金沙江下段一级支流的黏性、稀性、过渡性泥石流沟分别为 299 条、50 条、89 条。黏性泥石流沟占总数的 68%，稀性仅占 11%。调查区内，初步估算共有泥石流可能冲出物总量大于 50 万 m³ 的特大规模泥石流沟 16 条；可能冲出物在 10 万～50 万 m³ 的大规模泥石流沟有 136 条；可能冲出物在 1 万～10 万 m³ 的中等规模泥石流沟有 183 条；可能冲出物少于 1 万 m³ 的小规模泥石流沟有 103 条。

金沙江河谷详查的 27 条泥石流沟分布在雷波县、金阳县、宁南县、会东县、会理市、巧家县等地。泥石流沟面积为 1.5～64 km²，平均为 17 km²，平均主沟长为 9 km，沟床平均宽度为 32 m，堆积扇平均面积为 3 万 m²，堆积扇平均体积为 56 万 m³，总体积为 1 391 万 m³，还有大量泥沙被带入干流河道。其中，13 条泥石流沟无治理措施，即使有排导、拦挡等治理措施，泥石流仍会每年暴发一次至数次。

金沙江流域泥石流主要沿干流河谷分布（上游奔子栏至石鼓段，下游攀枝花至雷波段）；支流主要分布在安宁河谷、雅砻江下游河谷、龙川江下游、小江及黑水河河谷。在攀枝花以下地区，首段攀枝花及尾段宜宾基本无大的泥石流分布（不含小规模矿山泥石流），攀枝花以下突然增多，密集分布。总体上看，大致以金阳为界，分为上、下两段，上段泥石流较多，500 km 江段分布 438 处（包括支沟及坡面泥石流），平均每 1.1 km 一处；下段 286 km 江段有 113 处，平均每 2.5 km 一处。小江口至巧家段及雅砻江口至城河口段是泥石流分布最密集的江段，分别达到每 0.42 km 和 0.8 km 一处。小江—黑水河断裂带是泥石流分布最密集的地区。

金沙江泥石流堆积扇分布在泥石流沟沟口，现用流域的后缘高程来表示泥石流流域的分布高程，本区泥石流流域分布在海拔 500～4 000 m 处，与本区山岭高程分布一致。约有 24% 的泥石流分布在海拔 2 500 m 以上，处于降雨丰富、物理风化强烈的环境。普渡河口以东至黑水河口的金沙江地区，主要包括云南省小江流域、巧家县地区，为泥石流极强活动区。

按照蒋家沟的情况估算，泥石流产沙量的 60%～70% 来源于滑坡产生的泥沙。综合已有遥感调查结果，可以估算得出：金沙江流域攀枝花至宜宾段滑坡体总体积为 21.5 亿 m^3，平均体积为 3 780 万 m^3。三峡库区前缘在高程 175 m 以下的崩塌、滑坡有 1 302 处，总体积为 33.34 亿 m^3。初步估算泥石流产沙量的 60%～70% 来源于滑坡产生的泥沙，则 2003 年金沙江攀枝花至屏山段（含雅砻江）滑坡、泥石流的产沙量为 6 000 万～7 000 万 t，占流域来沙量的 60%～70%。沿程不同库区的泥石流产沙情况如下。

1）乌东德库区

乌东德库区主要出露变质碎屑岩（千枚岩、片岩）、碎屑岩（砂岩、泥岩、页岩）等软弱岩层和白云岩等坚硬岩层。库区地质构造较为发育，对泥石流形成、发育具有直接影响的是断裂作用。断裂在地表往往呈带状分布，在断裂带内软弱结构面和裂隙发育，岩石破碎生成断层角砾岩、糜棱岩、压碎岩等。这有利于加速风化过程，形成带状风化，导致滑坡、崩塌等灾害发生，使松散碎屑物质更加丰富，为泥石流暴发提供了丰富的物质来源。此外，特殊的河谷地形地貌也为泥石流的形成提供了条件。库区河谷以深切的高中山峡谷为特征，山岭高程大多在海拔 2 000～3 000 m，切割深度一般为 1 000～2 500 m，河谷形态多为 V 形和 U 形，岸坡地形陡峻，平均坡度多在 30° 以上，这为泥石流的发育提供了地形地貌条件。

根据遥感影像的初步解译，乌东德库区内具有泥石流特征的沟谷可达 542 条，根据野外现场调查经验，进一步对遥感影像进行解译，结果表明，目前仍然在发育的大小泥石流沟可达 239 条，其中左岸 135 条，右岸 104 条（陈龙，2010）。库区干流泥石流沟平均密度为 0.77 条/km，自力新至龙川江口段分布较多；泥石流沟分布最密集的是尘河口至甲里段，发育频率为 0.9 条/km；库首至自力新段共分布泥石流沟 17 条，密度约为 0.42 条/km。

2）白鹤滩库区

白鹤滩库区新构造运动强烈，断裂带发育，地形高差大，地表破碎，植被覆盖率较低。葫芦口至小江口左岸、小江口至普渡河口、小江流域是崩塌、滑坡、泥石流集中分布的区域。滑坡、泥石流产沙约占总产沙量的 2/3，是泥沙来源的主要方式。白鹤滩库区的泥沙主要来自金沙江干流约 5 km 范围内的区域，面积约为 2 600 km^2，约占区间面积的 11%。

据 2004 年调查结果，白鹤滩库区内具有泥石流特征的泥石流沟有 78 条，流域面积为 1 597 km²，泥石流样品平均中值粒径为 14.2 mm；2 mm 以下粒径平均占比 20.6%。其中，宁南县有泥石流沟 21 条，流域面积为 348 km²，会东县有泥石流沟 31 条，流域面积为 799 km²，巧家县有泥石流沟 26 条，流域面积为 450 km²。小江流域是我国乃至全世界典型的暴雨泥石流区，已查明的泥石流沟有 140 条，泥石流沟流域面积为 1 878.58 km²，占小江流域总面积的 61.73%。滑坡约占泥石流土源面积的 62%，贡献 64% 的输沙量。小江年均输沙量为 800 万～4 000 万 t，平均输沙模数约为 3 289 t/（km²·a）。2011 年调查成果显示，库区发育的泥石流沟增至 88 条，以中、小型泥石流为主。

3）溪洛渡库区

根据 2018 年溪洛渡库区现场调查结果，溪洛渡库区几乎每一条沟道都是泥石流沟，都有暴发泥石流的条件，只是暴发频率和规模不同（图 4.1.7）。总体上，库区经过近 30 年的水土保持治理和封禁治理，流域植被覆盖率有所提高，滑坡有所减少，泥石流暴发的规模和频率降低，通过泥石流方式进入库区的泥沙减少。

（a）邓家坪村附近泥石流沟（2018年10月）　　　　（b）船厂沟泥石流沟（2018年10月）

（c）对坪河泥石流沟（2015年、2018年对比）

图 4.1.7　溪洛渡库区泥石流沟

4）向家坝库区

向家坝库区干流及一些小支流的滑坡、泥石流较为发育，库区所有支流都属于泥石流沟，但泥石流主要发生在一些流域面积小于 20 km² 的沟道（图 4.1.8）。自实施长江上游水土保持重点防治工程（简称"长治"工程）和"天然林资源保护"工程（简称"天保"工程）后，有的老泥石流沟所需要的松散堆积体减少，泥石流沟植被状况得到很大改善，沟道侵蚀也得到控制，泥石流规模和暴发频率均有所减小。有的泥石流沟稳定后，沟道周边已开垦为农田。这种现象在向家坝库区并不少见，很多泥石流沟都得到了有效治理，最近未再暴发泥石流。

图 4.1.8　向家坝库区花坪子泥石流沟（2014 年 10 月）

4.1.4　白格堰塞湖的影响

2018 年金沙江上游的白格滑坡造成了近百年来最为严重的干流堵江事件，堰塞湖的形成和溃决给下游干流河道的水沙条件及梯级水库的运行造成了影响。依据堰塞湖附近和金沙江干流河道控制站的观测资料，研究了堰塞体泄流对下游河道水沙输移的影响，同时结合梯级水库调度情况，计算了梯级水库的拦沙量。结果表明，堰塞湖溃决在金沙江中游形成了超历史的水沙过程，金沙江中游梯级水库开展应急调度后，堰塞湖溃决造成的特大洪水被削减为一般洪水。金沙江中游梯级梨园水库、阿海水库和金安桥水库累计拦截泥沙约 1 400 万 t，龙开口水库、鲁地拉水库和观音岩水库共计拦截泥沙约 43 万 t，滑坡体产生的泥沙仍有约 74%滞留在堰塞体附近。

据许强等（2018）研究，2018 年 10 月第一次滑坡的滑坡体体积约有 2 200 万 m³，岩土体失稳堵塞金沙江后形成堰塞坝；11 月第二次滑坡总体积达 930 万 m³。综合邓建辉等（2019）的研究成果，估算出两次滑坡堆积在金沙江河道内的土体体积约为 3 200 万 m³，若按土体干容重为 1.65 t/m³ 计算，进入河道内的土体总计约 5 280 万 t。泥沙进入河道后，部分随水流向下游输移并沿程沉积下来，直至进入金沙江中游被梯级水库拦截，至金沙江出口泥沙输移强度恢复至正常水平。因此，白格堰塞湖事件产生的大量泥沙可能分布在三个区域：一是仍留在堰塞湖区域；二是短暂沉积在堰塞湖下游至石鼓段的河道内；三是进入金沙江中游梯级水库。下面给出了滑坡体产生的泥沙在这三个区域的分配情况。

1）泥沙输移总量变化及其分配区域

从滑坡体进入河道开始，泥沙便由水体挟带在河道内输移并持续相当长的一段时间，统计 2018 年 10 月 11 日～11 月 30 日（2018 年 12 月～2019 年 3 月枯水期，金沙江上游和中游控制站不开展泥沙观测）金沙江干流的径流量、输沙量，如表 4.1.1 所示。上游岗拖站不开展泥沙观测，据此前的泥沙观测资料估算出这一时段内该站输沙量总和不超过 20 万 t。同期，巴塘站的泥沙输移量多达 1 420 万 t，若不考虑区间产沙，可以认为较岗拖站多出的 1 400 万 t 为滑坡事件产生的泥沙。巴塘至石鼓段河道内泥沙仅在泄流期间短暂沉积，随后被水流逐渐挟带至下游，因而巴塘站与石鼓站的输沙量基本相当，且巴塘站断面在堰塞湖期间主河槽部分呈冲刷下切状态[图 4.1.9（a）]，即河道内并没有泥沙沉积的现象，反而冲刷补充约 30 万 t 的泥沙。可见，堰塞湖区域和河道冲刷补给的

表 4.1.1　金沙江上中游干流控制站径流量、输沙量统计

项目	时段	岗拖站	巴塘站	石鼓站	金安桥站	攀枝花站	巴塘至石鼓段（河道）	石鼓至金安桥段（梨园水库、阿海水库、金安桥水库）	金安桥至攀枝花段（龙开口水库、鲁地拉水库、观音岩水库）
径流量/亿 m³	2018 年 10 月 11 日～11 月 30 日	30.8	44.6	64.7	78.7	91.1	—		
	2011～2017 年同期平均	22.7	36.7	48.7	63.0	68.0			
输沙量/万 t	2018 年 10 月 11 日～11 月 30 日	20.0*	1420	1450	48.0	5.06	−30	1 402	42.94
	2011～2017 年同期平均	—	37.2	72.5	11.1	26.5	−35.3	61.4	−15.4

*表示数据为估算值。

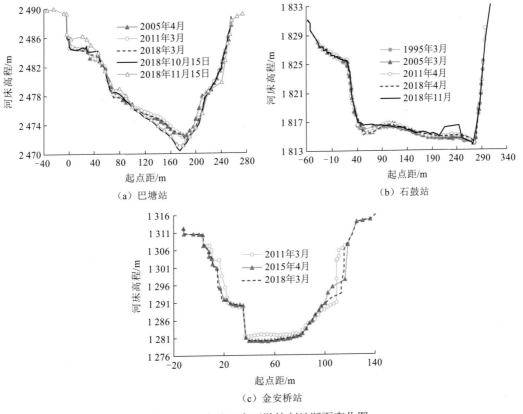

（a）巴塘站　　（b）石鼓站　　（c）金安桥站

图 4.1.9　金沙江中下游控制站断面变化图

泥沙全部进入金沙江中游梯级水库内，其中梨园水库、阿海水库和金安桥水库累计拦截泥沙约 1 400 万 t，龙开口水库、鲁地拉水库和观音岩水库共计拦截泥沙约 43 万 t。

再次对比各控制站 2018 年、2011～2017 年同期的平均径流量和输沙量（表 4.1.1）可以看出，沿程径流量增加的规律没有发生变化，堰塞湖区域上游的岗拖站和下游的巴塘站，2018 年 10 月 11 日～11 月 30 日的径流量较 2011～2017 年同期平均值均偏大约 8 亿 m³，进一步说明堰塞湖期间径流量偏大主要与上游来流偏丰有关。从输沙情况来看，不考虑区间来沙的情况下，2011～2017 年同期，金沙江中游的输沙量均较小，巴塘至石鼓段在天然情况下呈现微冲的状态，与控制断面的变化一致（图 4.1.9），且冲刷量略大于堰塞湖期间。进入并淤积在梨园水库、阿海水库和金安桥水库的沙量年均只有 61.4 万 t，远远小于堰塞湖溃决造成的泥沙堆积量。在上游梯级水库拦沙作用下，龙开口水库、鲁地拉水库及观音岩水库几乎无泥沙堆积，位于库区范围内的金安桥站断面自水库运行以来基本无变化[图 4.1.9（c）]，这也显著区别于堰塞湖期间的泥沙淤积现象。

综上可见，截至 2018 年 11 月 30 日，白格滑坡事件产生并输入河道的泥沙目前并未在河道内沉积，泥沙主要分布在两个区域内：一是输移至金沙江中游梯级水库内，约有 1 400 万 t，约占滑坡体总量的 26%；二是仍留存在堰塞湖至巴塘段内，堆积在两岸和河床上，滞留总量约为 3 900 万 t，约占滑坡体总量的 74%。进一步分析金沙江中下游干流控制站的断面变化发现，自然情况下，金沙江中游河道河床微冲（图 4.1.9），巴塘站断面和石鼓站断面长久以来都没有出现泥沙堆积的现象。可以认为，在一定的来流条件下，金沙江上中游河道具备将堆积在河道内的滑坡体向下游输移的能力。因而，水流以河床掀起和河岸侵蚀等形式，持续将滑坡体泥沙向下游输移，今后几年的汛期堰塞湖下游河道仍将会出现大含沙量水流，大部分泥沙最终会沉积在金沙江中游的梯级水库内。

进一步从石鼓站在堰塞湖泄流期间的悬移质泥沙颗粒的组成情况来看（图 4.1.10），堰塞湖泄流期间，石鼓站多出的悬移质泥沙中粒径≤0.125 mm 的沙重百分数超过 93%，悬移质泥沙中值粒径未超出 2010 年以来的平均值，表明滑坡体产生的较细泥沙颗粒随水流迅速输移至下游，而粗颗粒的泥沙或块石则以推移质形式运动，输移速度较慢。

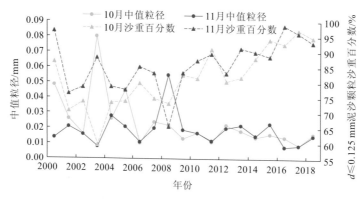

图 4.1.10　金沙江石鼓站 10 月、11 月中值粒径及 $d \leqslant 0.125$ mm 泥沙颗粒沙重百分数变化

据统计，1981～2017 年巴塘站和石鼓站多年平均输沙量分别为 2 030 万 t、2 850 万 t，表明巴塘至石鼓段水流仍有年均约 800 万 t 的泥沙挟带能力富余。并且，巴塘站和石鼓站断面资料显示，该河段内长期没有出现泥沙沉积的现象，因此该河段泥沙输移富余能力远远超过 800 万 t。参照金沙江下游的产输沙特点来看，该河段崩塌、滑坡、泥石流等重力侵蚀量大，仅干流河谷区间年侵蚀量即达 0.76 亿 t，这部分重力侵蚀物质大多直接进入河道形成河道泥沙。金沙江上游落差大、水流流速大，且含沙量一直较小，水流对河床和两岸都有较强的侵蚀作用。因此，在过流的情况下，此次白格滑坡事件产生并堆积在河道内的土体都能随水流输移至河道下游，再结合河道的实际输沙能力简单估算，堰塞湖区滞留的悬移质泥沙将集中在今后约 5 年的汛期输移，推移质泥沙输移过程则相对漫长。

2）泥沙输移过程的变化特征

2018 年金沙江上游汛期径流较往年明显偏丰，根据观测资料分析，金沙江干流具有较为明显的"大水带大沙"特征，历史上巴塘站和石鼓站月均含沙量的极大值都几乎出现在主汛期内，两站的水沙输移相关关系没有出现趋势性的变化（图 4.1.11），2018 年 7～11 月输沙量较往年偏多明显。尤其是 2018 年 11 月，受堰塞湖泄流的影响，巴塘站和石鼓站输沙量与含沙量均异常偏大，其月均流量-月均输沙率相关关系较自然状态下明显偏离，输沙主要集中在沙峰期，峰值均显著超过历史水平（图 4.1.11、表 4.1.1）。巴塘站两次泄流带来的沙峰过程的输沙总量分别为 488 万 t、817 万 t，分别占 10 月、11 月输沙总量的 70.9%、90.0%。尽管泥沙被金沙江梨园水库、阿海水库和金安桥水库大幅拦截，但这期间金安桥站的输沙量仍较往年明显偏多，再经龙开口水库、鲁地拉水库和观音岩水库到达攀枝花站，泥沙则基本被拦截。因此，堰塞湖泄流使下游河道出现了集中输水输沙的现象，且影响范围主要在金沙江中游，金沙江中游的梯级水库截断了这种影响，使得金沙江下游水沙基本不受影响。

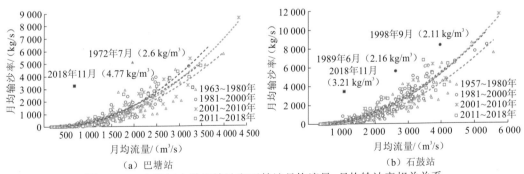

图 4.1.11　金沙江中游巴塘站和石鼓站月均流量-月均输沙率相关关系
图中括号中的内容表示含沙量

可见，白格堰塞湖泄流向下游集中输送了大量泥沙，下游巴塘站、石鼓站 10 月、11 月输沙量显著偏多。截至目前，堰塞湖下游河道的河床未出现泥沙堆积现象，白格滑坡堆积至河道内的泥沙约有 26% 输送至金沙江中游，经梨园水库、阿海水库、金安桥水库、龙开口水库、鲁地拉水库、观音岩水库等水库后，约 74% 的泥沙仍滞留在堰塞湖区域和巴塘站上游河道内。受金沙江中游梯级调蓄和拦沙作用，金沙江中游出口攀枝花站径流过程变化较小，输沙量仍延续 2011 年以来较正常偏少的规律。因此，堰塞湖形成及泄流对金沙江水沙的影响基本在上中游段。

4.2 降雨变化及其影响

4.2.1 流域降雨分布及变化特征

近年来，观测资料显示长江流域的降雨量也在发生变化，具体表现如下。

（1）长江上游。1951~2018 年长江上游降雨量序列基本在 855.3~1 295.2 mm 变化，最大为 1954 年的 1 295.2 mm，最小为 1997 年的 855.3 mm，极值比为 1.51，年际变化呈现出不显著的减小趋势。与三峡水库工程初设阶段同步系列 1951~1990 年均值相比，1991~2000 年、2001~2010 年和 2011~2018 年均值分别偏少 34.9 mm、17.6 mm 和 41.5 mm。可见，三峡水库以上流域 20 多年来降雨量呈减少趋势，且从 10 年滑动平均值的变化特征来看，这种趋势似乎还在持续（图 4.2.1）。降雨量变化必然引起上游径流量的变化，水沙输移息息相关，而长江上游是流域最主要的产输沙区域，降雨及径流的变化必然带来流域产输沙水平的改变。自 20 世纪末，长江上游干支流大型水库群开始建设运行，长江上游径流量的减少趋势较降雨可能更为显著。

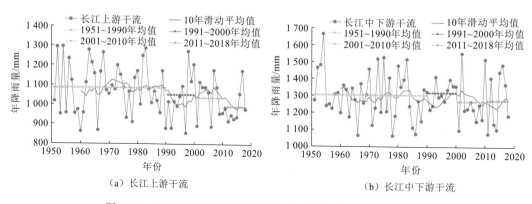

（a）长江上游干流 　　　　　　　　　　　　（b）长江中下游干流

图 4.2.1 1951~2018 年长江干流年降雨量及时段平均值的变化

（2）长江中下游。与长江上游相比，长江中下游的降雨量以周期性的波动变化为主，从不同时段来看，2001~2010 年的降雨量均值最小，与三峡水库设计阶段的均值相比偏小 37.4 mm，相较于三峡水库蓄水前的 1991~2000 年偏小 54.6 mm，这一时期又与三峡水库的蓄水运用相重叠，在两者的综合作用下，长江中下游及两湖地区一度出现了较为紧张的枯水情势。2011~2018 年，尽管中下游降雨量有所回升，但此时金沙江中游、下游大规模的梯级水库群陆续建成运行，加之三峡水库进入 175 m 试验性蓄水期，长江中下游的径流量并未伴随降雨的回升而增大。

（3）洞庭湖。洞庭湖流域的降雨量年际也是以周期性的波动变化为主，21 世纪初期开始出现降雨量减少的现象，其中 2011～2018 年均值相较于 1991～2000 年均值减少约 121.3 mm，减幅较大。从总体趋势来看，近 20 年，洞庭湖的降雨量年际变幅加大，年降雨量最大值与最小值的差达到 813 mm，而 2000 年前的 50 年时间内年降雨量最大值与最小值的差仅为 511 mm。受此影响，近期洞庭湖极端水文事件的发生频率增大，极枯水文年及城陵矶站超历史洪水都在这一时期出现（图 4.2.2）。

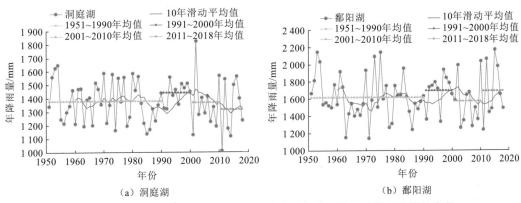

（a）洞庭湖　　　　　　　　　　　　（b）鄱阳湖

图 4.2.2　1951～2018 年洞庭湖、鄱阳湖流域年降雨量及时段平均值的变化

（4）鄱阳湖。相较于洞庭湖，鄱阳湖流域的降雨量主要呈周期性的变化规律，并且与长江中下游干流类似，也是在 2001～2010 年这一时期的降雨量偏小，在干流和鄱阳湖同时遭遇降雨偏少，且三峡水库在这一时期蓄水运行的综合作用下，鄱阳湖区枯水形势也较为紧张。2011 年之后至今，鄱阳湖流域的降雨量有较大幅度的回升，基本恢复至 1991～2000 年平均水平。

流域降雨量大小、落区及暴雨范围和强度大小对来沙的影响是主要的、直接的。近 70 年，长江干流及两湖地区的降雨量变化各有特点，但总体上，2001～2010 年各分区基本都处于降雨量偏少或减少的时期，加之这一时期长江上游以三峡水库为代表的大型水库大量建设和运行，长江干流及两湖地区都遭遇了比较严峻的枯水形势。长江上游作为流域最主要的产输沙区域，在降雨量减少及梯级水库拦沙等多重影响因素作用下，整个长江流域的输沙量都进入异常偏小的时期。

不仅如此，年内主汛期降雨量也出现偏少的情况，相较于 1951～1990 年平均降雨量的年内分配，2003～2018 年长江上游及其各分区 8 月、9 月降水量占年降雨量的百分比均有所减小。降雨量和年内分配的变化都会给产输沙带来一定的影响。此外，近几年，嘉陵江支流、沱江及其支流局部暴雨输沙的现象极为明显，4.2.3 小节将详细介绍典型支流的暴雨产沙情况。

4.2.2　降雨与输沙的特征关系

长江上游降雨在地区上分布得很不均匀。一般来说，山地降雨多于平原，山地迎风坡多于背风坡。四川盆地西部峨眉山年降雨量在 2 000 mm 以上，而流域西部和北部边缘降雨较少，其他地区年降雨量多在 1 000 mm 以上。长江上游降雨高值中心有多处，其中年降雨量超过 1 000 mm 的多雨区有 2 个，川西多雨区（四川盆地西部边缘，大巴山南麓一带）和川东多雨区（嘉陵江支流渠江和长江三峡地区）是长江流域著名的暴雨区，流域最小降雨量出现在河源地区的楚玛尔河站，其多年平均年降雨量为 251.4 mm（45 年系列）。金沙江流域降雨受地形影响较明显，奔子栏镇、洼里乡以下地区，出现了五个降雨量高值区和四个降雨量低值区，金沙江干流降雨由东向西减小的趋势很明显。

1951 年以来，金沙江、嘉陵江、长江上游等地区的年降雨量均值总体呈略减小的趋势，减幅较小，最主要的变化表现为超过一定范围的降雨量的出现频率发生改变，如岷沱江、乌江、长江上游年降雨量超过 1 100 mm、1 100 mm 和 900 mm 的出现频率显著下降（表 4.2.1）。

表 4.2.1　长江上游各水系年降雨量超过一定范围的出现频率的变化

时段	金沙江 （>700 mm）	岷沱江 （>1 100 mm）	嘉陵江 （>1 000 mm）	乌江 （>1 100 mm）	长江上游 （>900 mm）
1951~1990 年	55.0%	55.0%	35.0%	67.5%	47.5%
1991~2002 年	75.0%	25.0%	8.3%	75.0%	33.3%
2003~2015 年	46.2%	23.1%	23.1%	30.8%	15.4%

理论上，输沙量的大小主要取决于降雨（径流）量的大小，降雨的落区及降雨强度对输沙量有明显影响，人类活动对侵蚀产沙的影响也很明显。降雨影响侵蚀产沙的过程非常复杂，影响因素众多。不同时段人类活动的影响方式不同，水库拦沙、水土保持减沙在不同时段也不一样，长江上游降雨量-输沙量相关关系在不同时段分层较为明显，在一个较短的时段内，下垫面条件变化较小，水库拦沙、水土保持减沙功能较为一致，在这样的条件下，降雨量-输沙量的相关关系较好，复相关系数较大，相关性显著（图 4.2.3）。

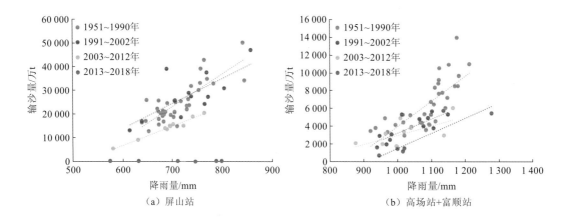

（a）屏山站　　　　　　　　　　　（b）高场站+富顺站

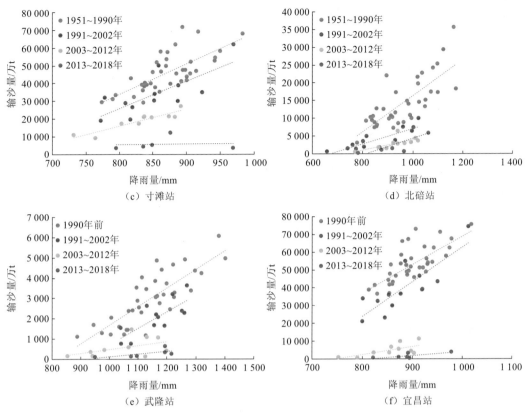

图 4.2.3　不同时期长江上游干流及主要支流降雨量与输沙量的相关关系

不同时段年降雨量-径流量相关关系受人类活动的影响差异较大,同降雨量条件下,长江上游各区域输沙量均减小。金沙江 1990 年前和 1991~2002 年点据混杂,无分层现象,2003 年后,输沙量减小分层明显,2013 年后输沙量大幅度减小,且输沙量的大小与降雨量关系不大,主要受水库拦沙影响。岷沱江不同时段分层不明显,不同时段点据较为混杂。嘉陵江可分为 2002 年前和 2003~2018 年两部分,1990 年前和 1991~2002 年变化不明显,2003~2012 年和 2013~2018 年变化也不明显,拟合曲线斜率减小。乌江不同时段点据差异较大,2002 年前和 2003~2018 年分层较为明显,1991~2002 年和 1990 年前拟合曲线的斜率基本一致,截距减小,2003~2012 年和 2013~2018 年拟合曲线的斜率基本一致,截距相差也较小。寸滩站不同时段降雨量-输沙量相关关系相差较大,2003 年后,同降雨量条件下输沙量大幅度减小,2013 年后输沙量又大幅度减小,输沙量大小几乎与降雨量无关。长江上游不同时段降雨量-输沙量相关关系与寸滩站相似。

同时,降雨也是山体滑坡、泥石流产生的重要动力条件。三峡库区降雨,特别是久雨、暴雨诱发斜坡岩土体崩塌、滑坡,不仅被历史记载的大量崩塌、滑坡所证明,也被新近发生的多处崩塌、滑坡所证明。例如:1982 年 7 月连续 3 天发生暴雨,云阳县宝塔古滑坡西部重新活跃,称为鸡扒子滑坡,土石体积近 2 000 万 m³;1986 年 7 月秭归县马家坝滑坡（土石体积 2 800 万 m³）、1998 年 8 月云阳县帆水乡大面村滑坡（土石体积 3 000 万 m³）等，也都由暴雨诱发。研究表明：连续降雨大于或等于 3 天，雨量在 270～300 mm，可诱发小型基岩滑坡；连续降雨大于或等于 2 天，雨量在 280～300 mm，可使大型以下老滑坡残体重新活跃；连续降雨大于或等于 6 天，雨量在 450～510 mm，可诱发大、中型基岩滑坡；西部地区诱发砂岩、泥岩滑坡的临界暴雨强度为 200 mm/d。

4.2.3 典型暴雨对产输沙的影响分析

从第 3 章关于长江上游地区干支流控制站输沙量的年际变化分析发现，部分支流存在个别年份输沙量异常偏大的现象，主要与局部暴雨有关，尤其是支流，暴雨集中输沙的现象突出，本小节选取近年来出现过高强度降雨的中都河、横江及嘉陵江（含支流），分析其大洪水期间的输沙特征。建立典型流域暴雨与输沙的关系，初步研究提出暴雨洪水高含沙水流的成因。

1. 典型流域暴雨产输沙特征

1）横江

2016 年汛期，宜宾市地区发生强降雨，横江输沙量较往年明显增大，且来沙量主要集中在 6 月下旬和 7 月上旬的两场洪水期间 [图 4.2.4（a）]，6 月 23～25 日和 7 月 5～7 日两场次洪水的输沙量分别为 271 万 t 和 525 万 t，其中 7 月 6 日最大断面含沙量达到 33.6 kg/m³，两场次共 6 天的输沙量占全年输沙总量的 61%。

2017 年汛期，横江流域遭遇洪水，8 月 25 日洪峰流量为 6 800 m³/s，最大含沙量达到 17.6 kg/m³，8 月 24～27 日输沙量达到了 614 万 t，4 天的输沙量占全年输沙量的 70%，占 2017 年三峡水库入库沙量的 18%，见图 4.2.4（b）。

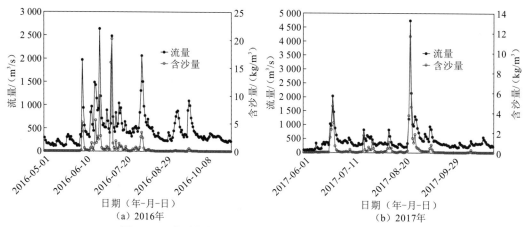

图 4.2.4　典型年横江汛期日均流量与含沙量的变化过程

2）嘉陵江主要支流

近年来，嘉陵江支流渠江、涪江出现大洪水，对三峡水库入库泥沙产生了较大影响。特别是 2003 年、2004 年、2011 年、2014 年 9 月渠江出现较大洪水，导致输沙量高度集中，7 天左右的输沙量最大可达 1 220 万 t，占罗渡溪站全年的比例最高达 91.8%（表 4.2.2和图 4.2.5）。2013 年 7 月中旬涪江发生洪水，小河坝站、北碚站实测最大含沙量分别达到 24.8 kg/m³、14.6 kg/m³，7 月 8～17 日洪水期间，小河坝站输沙量为 2 950 万 t，占该站年输沙量的 78%。2014 年 9 月中旬渠江发生洪水，罗渡溪站、北碚站实测最大含沙量分别达到 3.13 kg/m³、1.94 kg/m³，9 月 10～23 日洪水期间，罗渡溪站输沙量为 1 001 万 t，占罗渡溪站年输沙量的 91.8%。

表 4.2.2　近年来嘉陵江典型洪水期间来水来沙量统计表

	渠江罗渡溪站				嘉陵江北碚站				
时段	水量/亿 m³	水量占全年的比例/%	沙量/万 t	沙量占全年的比例/%	时段	水量/亿 m³	水量占全年的比例/%	沙量/万 t	沙量占全年的比例/%
2003-08-31～2003-09-08	43.8	14.7	940	42.6	2003-08-31～2003-09-10	123.0	18.1	1 430	46.7
2004-09-04～2004-09-08	62.3	27.1	1 210	85.8	2004-09-04～2004-09-10	94.3	18.3	1 390	79.4
2007-07-04～2007-07-11	76.0	30.1	1 120	60.9	2007-07-05～2007-07-12	109.9	16.5	1 090	39.9
2010-07-18～2010-07-21	63.9	27.6	1 670	74.6	2010-07-17～2010-07-30	202.9	26.6	4 440	71.4
2011-09-14～2011-09-22	78.3	26.7	1 220	49.0	2011-09-14～2011-09-23	136.9	17.8	1 390	39.2
2014-09-10～2014-09-23	90.0	38.3	1 001	91.8	2014-09-10～2014-09-24	151.9	23.9	1 280	88.3

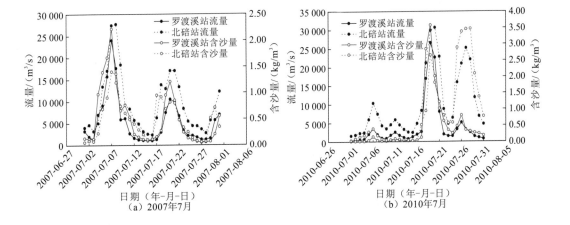

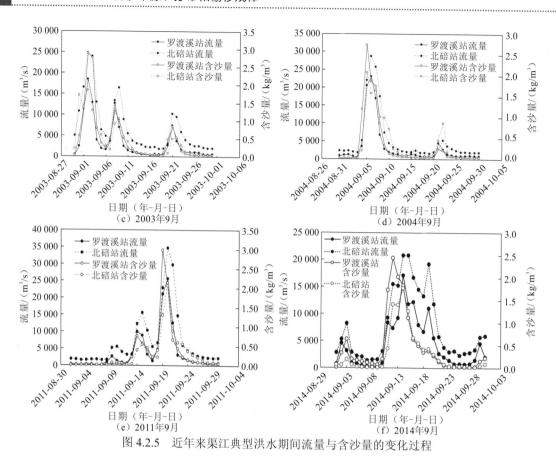

图 4.2.5　近年来渠江典型洪水期间流量与含沙量的变化过程

从降雨分布来看，2013 年 4～10 月长江上游累计降雨量超过 2 000 mm 的降雨中心位于沱江、涪江。其中，涪江茶坪站单站累计降雨量为 2 749 mm，沱江汉王场站为 2 129 mm。尤其是进入主汛期后，6 月嘉陵江降雨量超过 300 mm，7 月岷沱江、嘉陵江大部分地区降雨量超过 300 mm，岷沱江部分地区降雨量超过 800 mm，都江堰气象站实测降雨量达 1 073 mm。7 月嘉陵江和岷沱江地区的强降雨引发特大泥石流，导致输沙量大幅增加（图 4.2.6）。

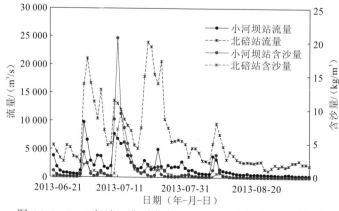

图 4.2.6　2013 年涪江典型洪水期间流量与含沙量的变化过程

（1）沱江富顺站。出现多次涨水过程，其中 3 次涨水过程为超警洪水，实测最大断面平均含沙量为 29.2 kg/m³（7 月 11 日）。7 月径流量和输沙量分别占全年总量的 38%与 91%。富顺站 2013 年径流量和输沙量分别为 165.7 亿 m³、3 600 万 t，较 2003～2012 年均值分别增加了 62%和 1 615%。

（2）嘉陵江支流涪江小河坝站。出现了 4 次较大的涨水过程，其中 1 次超警、1 次超保，第一次涨水过程 1 日 13 时出现洪峰水位 241.70 m，超保证水位 1.70 m，第二次涨水过程 10 日 14 时 45 分出现洪峰水位 239.63 m，超警戒水位 1.63 m，实测最大断面平均含沙量为 24.8 kg/m³；渠江罗渡溪站出现了 2 次较大的涨水过程，实测最大断面平均含沙量为 2.01 kg/m³；嘉陵江干流北碚站出现了 5 次涨水过程，实测最大断面平均含沙量为 14.67 kg/m³。受此影响，2013 年嘉陵江北碚站年输沙量为 5 760 万 t，与 2003～2012 年均值相比，输沙量偏多 97%。其中，小河坝站、武胜站、罗渡溪站年输沙量分别为 3 800 万 t、1 170 万 t、649 万 t，较 2003～2012 年均值分别变化了 790%、11%和-56%，而小河坝站全年输沙量为三站总和 5 620 万 t 的 68%。这充分表明，近年来，长江上游暴雨输沙的现象极为突出。

2. 暴雨洪水与输沙的关系

1）场次洪峰与沙峰的关系

长江上游各控制站场次洪水含沙量峰值与洪峰流量呈现出一定的正相关关系，即一场洪水的洪峰流量越大，相应的含沙量峰值也越大。但这两者之间的关系较为复杂，年内不同月份洪峰与沙峰的关系有一定的差异，不能通过简单曲线进行拟合。本节仅以观测资料系统全面的寸滩站为例进行说明，其他控制站的情况类似。

寸滩站绝大多数场次洪水的含沙量峰值在 0～2.6 kg/m³，洪峰流量在 20 200～39 000 m³/s（表 4.2.3）。对场次洪水洪峰与沙峰数据逐月进行线性拟合（图 4.2.7），可以看出，7 月和 10 月洪峰与沙峰关系的斜率相同，7 月暴雨洪水洪峰流量范围明显大于 10 月，场次洪水含沙量在相同流量时也大于 10 月；8 月和 9 月洪峰与沙峰关系的斜率相同，但 8 月场次洪水含沙量在相同流量时大于 9 月；洪峰与沙峰关系的斜率从大到小依次为 5 月、6 月、8 月和 9 月、7 月和 10 月，斜率大表明小流量含沙量偏小、大流量含沙量偏大。

表 4.2.3　寸滩站分月场次洪水洪峰及沙峰统计表

月份	场次洪水洪峰流量/（m³/s）			场次洪水含沙量峰值/（kg/m³）		
	最小值	最大值	平均值	最小值	最大值	平均值
5	20 700	34 100	27 233	0.509	6.37	2.94
6	20 100	49 300	25 963	0.596	7.3	2.87
7	20 200	84 300	34 295	0.138	9.37	2.00
8	20 100	61 700	32 538	0.15	9.46	2.50

续表

月份	场次洪水洪峰流量/（m³/s）			场次洪水含沙量峰值/（kg/m³）		
	最小值	最大值	平均值	最小值	最大值	平均值
9	20 100	60 500	30 933	0.058	7.25	2.06
10	20 100	46 800	24 823	0.06	2.02	1.40

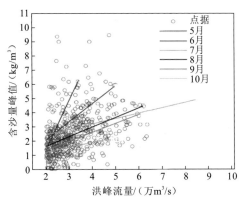

图 4.2.7　寸滩站场次洪水洪峰与沙峰的关系

　　场次洪水输沙量与场次洪水洪量呈现正相关关系，一场洪水的洪量越大，相应的输沙量越大。但两者并不能很好地满足线性关系，点据较为分散。为反映暴雨洪水与输沙在年内各月的分布趋势，将历年场次洪水洪量和输沙量按月统计，单独对每个月的数据进行线性关系拟合。仅以寸滩站为例进行说明，其他控制站类似。

　　寸滩站绝大多数场次洪水的输沙量在 0～6 500 万 t（表 4.2.4），洪量在 67 亿～300亿 m³。对场次洪水洪量与输沙量数据逐月进行线性拟合（图 4.2.8），7 月、9 月、10 月场次洪水洪量与输沙量关系的斜率接近，相同洪量条件下输沙量由大到小依次为 7 月、9月、10 月；6 月、8 月场次洪水洪量与输沙量关系的斜率接近，略大于 7 月、9 月、10 月斜率，相同洪量条件下 6 月输沙量较大；5 月场次洪水洪量与输沙量关系的斜率最大，表现为小洪量输沙量较小、较大洪量输沙量较大。

表 4.2.4　寸滩站分月场次洪水洪量及输沙量统计表

月份	场次洪水洪量/亿 m³			场次洪水输沙量/万 t		
	最小值	最大值	平均值	最小值	最大值	平均值
5	96.00	160.18	134.63	221.88	4 326.56	2 191.80
6	74.82	239.24	132.95	402.81	8 831.58	2 490.28
7	67.82	425.26	188.95	122.11	14 481.31	3 918.63
8	81.91	389.15	186.48	186.63	10 530.74	3 318.71
9	75.43	365.90	186.11	77.21	9 046.44	2 608.87
10	111.02	311.64	172.41	64.27	4 249.76	1 414.16

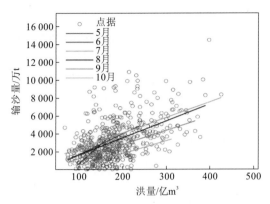

图 4.2.8　寸滩站场次洪水洪量与输沙量的关系

2）不同来源区洪水水沙关系

虽然上游不同来源区在场次洪水平均的径流量、输沙量和含沙量等方面均存在一定的差异，但在场次洪水水沙关系方面，各来源区洪水的点据混杂，无明显的分层，如图 4.2.9 所示。这可能与数据分析较粗泛有关，因为不同来源区的洪水根据产沙区域的不同还可以进一步细分，如金沙江的洪水，来自攀枝花站上游、雅砻江的洪水与来自金沙江下游的洪水水沙组合存在较大差异；又如嘉陵江的洪水，来自渠江的洪水和来自涪江的洪水水沙组合也存在较大的差异。

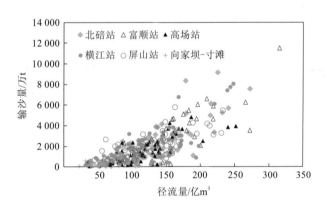

图 4.2.9　长江上游不同来源区场次洪水水沙关系图

3. 暴雨洪水高含沙水流成因分析

长江上游支流出现的突发暴雨洪水引起的集中大量输沙过程不同于黄河流域高含沙水流的形成过程。对于黄河中游黄土地区，汛期暴雨经常造成高含沙洪水，发源于该地区的河流可以出现 1 500 kg/m³ 的高含沙洪峰（钱宁 等，1979）。王兴奎等（1982）就高含沙洪水在黄土高原丘陵沟壑中的形成过程进行了研究，揭示了黄土高原丘陵沟壑的暴雨引发坡面产沙的机理：一是雨滴击溅产沙，形成洼地积水，含沙量为 100~200 kg/m³；二是坡面水流侵蚀产沙，洼地积水漫溢，形成坡面流，使含沙量进一步增大。坡面流进入沟道后，引发重力侵蚀，水流含沙量又得到补给，高达 1 000 kg/m³ 左右。许炯心（1999）研究发现，形成高含沙水流（>400 kg/m³）以后，水流能耗减小、挟沙能力增大，水流与重力侵蚀之间存在着很强的耦合关系。廖建华等（2010）研究了黄土高原侵蚀产沙、高含沙水流的空间分布特征。王之君等（2019）研究了黄河上游由暴雨诱发，沿程叠加风力、水力、重力等侵蚀作用的产沙。前人的研究成果表明，黄土高原地区的高含沙水流是侵蚀产沙的结果，同时高含沙水流形成以后又转为侵蚀产沙的动力，进而促进侵蚀产沙的发展。

长江上游暴雨洪水引发的集中大量输沙的机制明显区别于黄河高含沙水流的形成过程，主要表现为沙峰明显早于洪峰和实测含沙量远小于水流挟沙能力。例如，2018 年 7 月第 2 号洪水期间沙峰明显早于洪峰，小河坝站沙峰提前约 3 h，北碚站提前约 13 h，武胜站提前约 11 h，富顺站提前约 8.5 h。小河坝站和富顺站处于沙峰时，水流挟沙能力分别为 31.3 kg/m³、30.0 kg/m³，对应的沙峰分别为 20.1 kg/m³、18.3 kg/m³，沙峰与挟沙能力的比值分别为 0.64、0.61，这表明小河坝站和富顺站仍具有较大的输沙能力。因此，从水沙关系上看，含沙量小于当地水流挟沙能力，仍可按常规的泥沙运动力学理论进行分析计算，但水库在小水年拦沙，遭遇大水年时，排沙明显增大（也称"零存整取"现象）等造成瞬时最大含沙量增大，水沙不同源、洪峰沙峰异步情况突出。

4.2.4　降雨对输沙量变化的影响评估

受降雨强度及落区、地质地貌、植被及人类活动等因素的影响，长江上游径流量-输沙量关系复杂，一般呈非线性函数关系。目前评估降雨量（径流量）变化对流域输沙量的影响时主要采用水沙经验关系模型法。图4.2.10中拟合关系线1代表未受人类活动（包括水土保持、兴建水利工程等）影响的时期（基准期），流域出口控制站的年水沙关系，拟合关系线2代表受人类活动影响的时期（治理期），流域出口控制站的年水沙关系。拟合关系线1和2之间的差值代表在不同的径流（降雨）条件下，人类活动对水沙关系的影响。

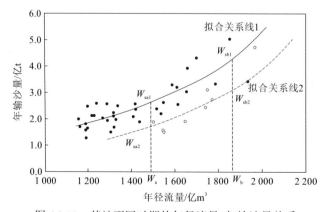

图 4.2.10　某站不同时期的年径流量-年输沙量关系

W_a、W_b 分别为基准期和治理期的平均径流量，$W_{sa\text{实}}$、$W_{sb\text{实}}$ 分别为基准期和治理期的平均输沙量，则 $W_{sb\text{实}}$ 是径流量变化和人类活动两方面共同作用的结果。W_{sa1}、W_{sa2} 分别为对应于 W_a 的分别根据拟合关系线 1、2 得到的计算值；W_{sb1}、W_{sb2} 分别为对应于 W_b 的分别根据拟合关系线 1、2 得到的计算值。因此，W_{sb1} 为治理期只受降雨影响的产沙量，W_{sb2} 为治理期只受人类活动影响的产沙量。

因此，在治理期的平均径流量 W_b 条件下，人类活动对流域输沙量的影响为

$$\Delta W_{sb\text{人}} = W_{sb1} - W_{sb2} \tag{4.2.1}$$

如拟合关系线 2 采用最小二乘法，则 $W_{sb2} \approx W_{sb\text{实}}$。考虑在同等人类活动影响水平下，径流量不同对输沙量变化的影响，治理期由径流量变化（$W_b - W_a$）带来的输沙量变化为

$$\Delta W_{sb\text{径}} = W_{sb1} - W_{sa1} \tag{4.2.2}$$

由于水沙经验关系模型均根据实测水沙资料，利用最小二乘法原理并考虑模型的连续性，得出相应的经验关系模型表达式（综合关系曲线），故需对经验关系模型进行合理性检验。借用《水文资料整编规范》（SL/T 247—2012）（现已废止）中"水位-流量关系曲线检验"的方法，对所建立的经验关系模型进行合理性检验，检验方法包括符号检验、偏离检验两种，基本满足初步估算径流变化造成产输沙改变的要求。

采用上述方法，以 1954~1990 年降雨量-输沙量关系为基准，对 1991~2005 年、2006~2012 年和 2013~2018 年输沙量进行估算，其结果为 1991~2005 年、2006~2012 年和 2013~2018 年降雨在 1954~1990 年下垫面条件下的可能产沙量，如表 4.2.5 所示。利用 1954~1990 年降雨量估算的输沙量与实测值相差较小，均在 1.5% 以内，可以粗略地认为，1991~2005 年、2006~2012 年和 2013~2018 年估算输沙量与 1954~1990 年估算输沙量的差值即降雨量变化导致的输沙量的变化，即降雨量变化对输沙量变化的贡献值。

表 4.2.5　长江上游降雨量变化对输沙量变化的贡献值估算表

区域	时段	年降雨量/mm	实测径流量/亿 m³	实测输沙量/万 t	估算输沙量/万 t	估算输沙量与实测输沙量的误差/%	降雨量变化引起的输沙量变化/万 t
金沙江（向家坝站）	1954~1990 年	711.5	1 430	24 500	24 500	0.00	—
	1991~2005 年	730.0	1 521	25 800	27 100	—	2 600
	2006~2012 年	681.4	1 308	13 200	20 400	—	−4 100
	2013~2018 年	686.0	1 372	169	21 100	—	−3 400
岷沱江（高场站+富顺站）	1954~1990 年	1 093.0	1 008	6 380	6 380	0.00	—
	1991~2005 年	1 040.8	930.0	4 010	5 220	—	−1 160
	2006~2012 年	995.6	862.3	2 450	4 230	—	−2 150
	2013~2018 年	1 037.7	944.5	2 650	5 160	—	−1 220
嘉陵江	1954~1990 年	959.7	703.7	14 600	14 500	−0.68	—
	1991~2005 年	866.9	557.1	3 580	9 500	—	−5 000

续表

区域	时段	年降雨量 /mm	实测径流量 /亿 m³	实测输沙量 /万 t	估算输沙量 /万 t	估算输沙量 与实测输沙量 的误差/%	降雨量变化引起 的输沙量变化 /万 t
嘉陵江	2006～2012 年	922.2	656.4	2 870	12 500	—	-2 010
	2013～2018 年	914.9	597.5	2 670	12 100	—	-2 400
乌江	1954～1990 年	1 151.4	492.3	3 010	3 050	1.33	—
	1991～2005 年	1 144.0	514.9	1 830	3 000	—	-50
	2006～2012 年	1 041.4	411.4	392	2 050	—	-1 000
	2013～2018 年	1 103.4	467.8	262	2 620	—	-430
寸滩站	1954～1990 年	868.7	3 507	46 000	46 000	0	—
	1991～2005 年	848.5	3 375	31 300	42 400	—	-3 600
	2006～2012 年	818.1	3 175	17 400	36 900	—	-9 100
	2013～2018 年	835.2	3 336	6 930	40 000	—	-6 000
长江上游 （寸滩站+ 武隆站+ 三峡库区）	1954～1990 年	899.0	4 348	52 900	53 500	1.13	—
	1991～2005 年	879.8	4 291	36 400	50 300	—	-3 200
	2006～2012 年	842.1	3 888	20 100	44 000	—	-9 500
	2013～2018 年	864.4	4 286	8 890	47 700	—	-5 800

长江上游流域各控制站及各区间降雨量-输沙量关系较为复杂,不同时段的相关关系差别较大,受降雨、地质、植被及人类活动等因素的影响较大。因降雨量减小幅度不同,不同区域降雨变化对输沙量变化的贡献率也有差异。

(1)金沙江(向家坝站)。1991～2005 年较 1954～1990 年降雨量增加 2.6%,导致输沙量增加 2 600 万 t;2006～2012 年较 1954～1990 年降雨量减少 4.2%,导致输沙量减少 4 100 万 t;2013～2018 年较 1954～1990 年降雨量减少 3.6%,导致输沙量减少 3 400 万 t。

(2)岷沱江(高场站+富顺站)。1991～2005 年较 1954～1990 年降雨量减少 4.8%,导致输沙量减少 1 160 万 t;2006～2012 年较 1954～1990 年降雨量减少 8.9%,导致输沙量减少 2 150 万 t;2013～2018 年较 1954～1990 年降雨量减少 5.1%,导致输沙量减少 1 220 万 t。

(3)嘉陵江。1991～2005 年较 1954～1990 年降雨量减少 9.7%,导致输沙量减少 5 000 万 t;2006～2012 年较 1954～1990 年降雨量减少 3.9%,导致输沙量减少 2 010 万 t;2013～2018 年较 1954～1990 年降雨量减少 4.7%,导致输沙量减少 2 400 万 t。

(4)乌江。1991～2005 年较 1954～1990 年降雨量减少 0.6%,导致输沙量减少 50 万 t;2006～2012 年较 1954～1990 年降雨量减少 9.6%,导致输沙量减少 1 000 万 t;2013～2018 年较 1954～1990 年降雨量减少 4.2%,导致输沙量减少 430 万 t。

(5)寸滩站 1991～2005 年较 1954～1990 年降雨量减少 2.3%,导致输沙量减少

3 600 万 t；2006～2012 年较 1954～1990 年降雨量减少 5.8%，导致输沙量减少 9 100 万 t；2013～2018 年较 1954～1990 年降雨量减少 3.9%，导致输沙量减少 6 000 万 t。

（6）长江上游（寸滩站+武隆站+三峡库区）1991～2005 年较 1954～1990 年降雨量减少 2.1%，导致输沙量减少 3 200 万 t；2006～2012 年较 1954～1990 年降雨量减少 6.3%，导致输沙量减少 9 500 万 t；2013～2018 年较 1954～1990 年降雨量减少 3.9%，导致输沙量减少 5 800 万 t。

寸滩站和长江上游（寸滩站+武隆站+三峡库区）2013～2018 年降雨量变化引起的输沙量变化分别为-6 000 万 t 和-58 00 万 t，并不表明三峡水库入库由降雨量变化引起的输沙量变化大于寸滩站，变化的差异主要为拟合关系的计算误差。屏山站、高场站、富顺站、北碚站、武隆站降雨量变化导致的减沙量估算值约为 7 500 万 t，较三峡水库入库估算值（5 800 万 t）偏大 29.3%。

4.3　水土保持的减沙效应研究

1989 年国家启动了"长治"工程，1998 年特大洪灾后，国家实施了长江上游"天保"工程和退耕还林还草工程，即要求坡度在 25° 以上的坡耕地全部退耕还林。在金沙江下游及毕节市地区、嘉陵江上游的陇南和陕南地区、嘉陵江中下游、三峡库区 4 区域首批实施重点防治，总面积达 35.10 万 km²，其中水土流失面积达 18.92 万 km²。工程共分六期实施，2005 年完工。此外，2006～2015 年又陆续实施了一些水土保持项目，具体包括：云贵鄂渝水土保持世行贷款/欧盟赠款项目，2006～2012 年完成水土流失面积治理 0.2 万 km²；国家农业综合开发水土保持项目，2006～2015 年完成治理 1.0 万 km²；坡耕地综合治理工程，2009～2015 年完成坡耕地改造 1 042.6 km²；国家水土保持重点建设工程，2006～2015 年完成治理 0.9 km²；中央预算内投资沿江水土保持项目，2010～2015 年完成治理 1.7 km²。

大规模的水土保持工程有效改善了重点水土流失区域的下垫面条件。除此以外，城镇化建设促进了长江上游重点产输沙区域的退耕还林和燃料动力从薪柴依赖到其他能源形式的改革，加之大量农村劳动力外出务工，植被覆盖条件的自然恢复度较高。

4.3.1　水土保持减沙工程形式

水土保持措施根据其拦沙减蚀方式，主要可分为植被工程、改土工程、拦挡工程三类。长江上游 2000～2015 年年均像元归一化差异植被指数（NDVI）分析结果表明，通过一元线性回归分析，在 16 年间整个流域的 NDVI 呈上升趋势，植被覆盖面积总体来说是在增加的。这说明通过自然恢复和人为修复，长江上游流域的生态有所改善，遏制住了环境恶化的趋势，特别是嘉陵江、乌江、渠江和雅砻江河口以下长江干流流域，植被覆盖程度改善面积远大于恶化面积。本次简要论述了植被工程、改土工程、拦挡工程三类的减沙机理和作用。

1. 植被工程

植被工程包括"天保"工程、水土保持林、植树、种草、封禁治理、经果林等。在天然林保护方面，1998年9月2日，处于金沙江下段和雅砻江地区的凉山彝族自治州率先启动了"天保"工程，累计减少森林消耗600多万立方米。至2002年底，全州共计营造生态公益林739.2万亩①。2000～2010年累计完成生态公益林建设808.6万亩，全州森林覆盖率将由28.2%提高到37.2%。云南省"天保"工程也相继开展，全省有13个地、州、市的66个县、17个原国有重点森工企业被纳入了"天保"工程实施范围，总面积达36 039万亩，占全省土地总面积的61%。

在实施天然林保护的大部分地区，原先水土流失并不十分严重。工程的重要意义在于防止产生新的水土流失区。在实施"长治"工程的封禁治理区，原先水土流失均较严重，经过十余年的治理，植被得到不同程度的恢复，治理区内森林覆盖率及总体植被覆盖度大幅度提高，林下灌丛、草被得到恢复，生长状态良好，枯枝落叶层保存较好，能在一定程度上阻止坡面水土流失。

2. 改土工程

坡改梯是"长治"工程的重要内容：一方面，使原来的坡地变为水平地，在水平地内不易发生土壤侵蚀，减沙效果好，水平梯地一般有经过压实的梯埂，可以起到拦沙作用；另一方面，坡改梯破坏了原有的植被根系，使原先较为密实的土体变得松散，不同级梯地之间，很容易被强降雨及产生的坡面径流破坏，梯埂一旦破坏，就会在径流作用下形成沟道，从而加大侵蚀。在有条件的地方，利用石块做梯坎，拦沙减蚀效果很理想（图4.3.1）。坡改梯可以提高土壤质地，提高单位面积土地的粮食产量，一方面解放了大量劳动力以投入其他工作，另一方面使毁林开荒等破坏活动得到遏制，保障封禁治理的成果，实现生态自然修复。

（a）石质梯坎　　　　　　　（b）土质梯坎　　　　　　　（c）梯田效果

图4.3.1　长江上游典型坡改梯效果图

---

① 1亩≈666.7 m²。

3. 拦挡工程

拦挡工程主要包括堰塘、谷坊、拦沙坝、蓄水池、排灌水渠、水平沟、沉沙函等拦截坡面、沟谷泥沙及泥石流的工程等。拦挡工程一方面可以拦截部分泥沙，另一方面可以拦截或引导径流，减小坡面或沟谷的径流侵蚀。虽然单个堰塘、谷坊、拦沙坝、蓄水池、沉沙函等的拦沙量较小，但这些拦沙工程数量多，拦沙总量也较大，有的堰塘经多次清淤处理，使拦沙作用得以延续。

乌东德库区龙川江口雷弄大箐泥石流沟道长度约为 7.8 km，流域面积约为 15.3 km^2，修建了 21 级拦沙坝及谷坊。沟道虽然修建了多级拦沙坝及谷坊，上游植被较好，但雷弄大箐泥石流仍处于相对活跃的阶段，一次泥石流产沙量大，2016 年 9 月泥石流产沙量超过 100 万 t[图 4.3.2（a）、（b）]。

（a）龙川江口雷弄大箐泥石流沟口拦沙坝

（b）龙川江西沙河沟泥石流沟拦沙坝

（c）小江祝家村南泥石流拦沙坝

（d）巧家县白泥沟泥石流拦挡工程

图 4.3.2　金沙江下游流域泥石流治理工程现状

大多拦沙工程结合坡面封禁、水土保持林建设等，能起到较好的水土保持作用。云南省巧家县白泥沟流域泥石流暴发频繁，规模大。1753 年暴发一次泥石流，冲毁了整个巧家县老县城。经过治理，沿流域修建了多级拦沙坝[图 4.3.2（c）、（d）]，一方面防止沟道继续下切，另一方面可以拦截上游来沙。泥石流沟下游修建了排导槽，上游实行封禁治理，泥石流暴发频率和规模明显减小。

4.3.2 长江上游水土保持拦沙

1. 典型流域工程减沙调查

1）金沙江流域

水土保持减沙作用具有滞后效应，水土保持措施很难当年见效，华弹至屏山/向家坝段五期工程竣工不久，暂不估算拦沙效益。攀枝花至华弹段拦沙减蚀量与流域治理面积之间存在着较好的相关关系（图4.3.3），其关系可用式（4.3.1）表示：

$$y = 0.252\,6x + 8.092，\qquad R^2 = 0.761\,7 \qquad\qquad (4.3.1)$$

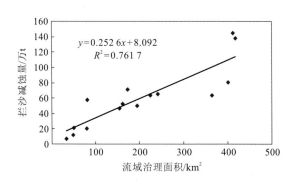

图4.3.3　攀枝花至华弹段拦沙减蚀量与流域治理面积的关系

水土保持部门估算的攀枝花至华弹段二期"长治"工程年均拦沙减蚀量为91万t，三期为800万t，一期、四期拦沙减蚀量参照二期、三期的量，按式（4.3.1）计算，则一期每年拦沙减蚀量为345万t，四期为54万t，五期为304万t，一～三期每年的拦沙减蚀量为1236万t，五期每年合计的拦沙减蚀量约为1594万t。华弹至屏山/向家坝段，"长治"工程二期拦沙减蚀量为198万t，三期拦沙减蚀量为672万t。照此计算，一期每年拦沙减蚀量为519万t，四期为161万t，一～三期每年的拦沙减蚀量为1390万t，四期每年合计的拦沙减蚀量约为1550万t。横江流域"长治"工程二期拦沙减蚀量为118万t，三期拦沙减蚀量为427万t。照此计算，一期每年拦沙减蚀量为362万t，四期为168万t，一～三期每年的拦沙减蚀量为907万t，四期每年合计的拦沙减蚀量约为1075万t。

2）嘉陵江流域

根据对嘉陵江流域水土保持措施减蚀作用的研究成果，1989～2003年嘉陵江流域"长治"工程累计治理面积32 674 km²，占水土流失面积92 975 km²的35.1%，各项水土保持措施共就地减蚀拦沙约6.503亿t，年均减蚀量为4 340万t。其中：小型水利水土保持工程（塘库、谷坊、拦沙坝、蓄水池和沉沙池）总减蚀量为0.938亿t，年均减蚀量为625万t，占总减蚀量的14.4%；林草措施（水土保持林、经济林、种草、封禁治理）总减蚀量为3.822亿t，年均减蚀量为2 548万t，占总减蚀量的58.8%；坡改梯总减蚀量为1.045亿t，年均减蚀量为696万t，占总减蚀量的16.1%；保土耕作措施总减蚀量为

0.699 亿 t，年均减蚀量为 466 万 t，占总减蚀量的 10.7%。

嘉陵江流域 1991～2005 年水库年均拦沙量为 0.580 7 亿 t，年均减少北碚站输沙量 0.415 亿 t，如考虑将水库拦沙作用进行还原，则其泥沙输移比为（0.426+0.415）/（2.97-0.434）=0.332。

初步估算，1991～2003 年流域水土保持对北碚站的年均减沙量为 4 340×0.383＝1 662（万 t），占北碚站总减沙量的 15.7%。

1989～1996 年流域水土保持对北碚站的年均减沙量为 2 647×0.383＝1 014（万 t）；1997～2003 年流域水土保持对北碚站的年均减沙量为 6 264×0.383＝2 399（万 t），较 1989～1996 年增大了 136.6%。由此可见，嘉陵江流域水土保持措施对河流的减沙作用明显增强。

根据水保法（2 080 万 t/a）、水文法（2 310 万 t/a）、反向传播（back propagation，BP）神经网络模型法（2 830 万 t/a）计算得到的嘉陵江流域 1989～2003 年的水土保持措施减沙量为 2 080 万～2 830 万 t/a，平均为 2 400 万 t/a，减沙效益为 16.9%，占北碚站总减沙量的 22.6%。

3）三峡库区

三峡库区水土流失面积为 36 400 km²，占总面积的 68%，地表侵蚀物质量为 1.558 亿 t，平均侵蚀模数为 2 918 t/(km²·a)（杨艳生和史德明，1994）。在水土保持治理前（1950～1988 年），考虑 1981～1988 年葛洲坝水库悬移质泥沙淤积还原值 1.153 亿 t，干流区间年均输沙量为 4 750 万 t。因此，三峡库区河流泥沙输移比为 0.475/1.558＝0.305（许全喜，2007）。根据水土保持部门提供的数据，三峡库区 1989～1996 年水土流失治理面积达 9 130 km²，各项措施总减蚀量为 1.237 亿 t，年均减蚀量为 1 546 万 t；1996 年减蚀量为 3 137 万 t（许全喜，2007）；1996 年后库区新增水土保持面积 8 570 km²，按照 1989～1996 年的拦沙减蚀率计，年均新增减蚀量 1 451 万 t，则 1997～2007 年年均减蚀量为 3 137+1 451＝4 588 万 t，大致可以认为 2001～2007 年平均减蚀量至少为 4 588 万 t，则 1991～2007 年年均减蚀量为 3 915 万 t。考虑泥沙输移比取 0.305，则 1955～1990 年三峡库区"长治"工程减沙量平均为 1 546×2/36×0.305＝26.2 万 t，1991～2007 年三峡库区"长治"工程平均减沙量为 3 915×0.305＝1 194.1 万 t。

2. 水土保持对长江上游的减沙作用

2006～2018 年无分流域水土保持治理资料，根据水土保持公报数据，按面积将分省治理面积粗略地分摊至各流域，具体分摊方法如下。

金沙江：青海省+西藏自治区+云南省+四川省×0.3；屏山站上游 85%，横江 15%。

岷沱江：四川省×0.4。

嘉陵江：四川省×0.3+重庆市×0.25+陕西省+甘肃省。

乌江：贵州省+重庆市×0.15。

三峡库区：重庆市×0.6+湖北省×0.2。

　　长江上游下垫面条件复杂，不同区域水土保持的减沙量及泥沙输移比存在很大的差异，但由于缺乏水土保持减沙的详细观测资料，水土保持减沙量的评估较为粗略，根据金沙江治理面积与减沙量的关系推测其他流域的减沙量，误差较大。从侵蚀量转化为输沙量，确定泥沙输移比是关键，但确定泥沙输移比是一个难题，一个流域的泥沙输移比移植到另一个流域可能并不恰当，但由于缺乏观测数据，只能进行类比分析。水库拦沙有减沙作用系数，水土保持减沙与水库拦沙后引起河道冲刷相似也有一个作用系数，影响流域泥沙输移比。水土保持减沙后，也可能导致下游河道冲刷，产生补偿效应，使控制站断面的输沙量增加，水土保持减沙量部分因河道冲刷而恢复。由于缺乏观测资料，无法确定水土保持作用系数，这里与水库减沙作用系数取相同值，水库减沙作用系数一般取 0.85。

　　表 4.3.1 中治理面积再加上 1989～2005 年的治理总面积，即得该时段的累计治理面积。根据 1991～2005 年治理面积与减沙量的比值，通过累计治理面积，可以粗略地计算 2006～2012 年和 2013～2018 年的水土保持减沙量，减沙量再乘以减沙作用系数，即得水土保持减沙对长江上游泥沙的影响，结果见表 4.3.2。

表 4.3.1　2006～2018 年长江上游水土保持累计治理面积　　（单位：km²）

年份	金沙江	屏山站上游	横江	岷沱江	嘉陵江	乌江	三峡库区
2006	1 850.0	1 572.5	277.5	1 007.9	1 545.5	1430.5	1401.5
2007	3 700.0	3 145.0	555.0	2 015.8	3 090.9	2 860.9	2 803.0
2008	5 550.0	4 717.5	832.5	3 023.6	4 636.4	4 291.4	4 204.6
2009	7 400.0	6 290.0	1 110.0	4 031.5	6 181.8	5 721.8	5 606.1
2010	9 250.1	7 862.6	1 387.5	5 039.4	7 727.3	7 152.3	7 007.6
2011	11 100.1	9 435.1	1 665.0	6 047.3	9 272.8	8 582.7	8 409.1
2012	12 950.1	11 007.6	1 942.5	7 055.2	10 818.2	10 013.2	9 810.6
2013	14 800.1	12 580.1	2 220.0	8 063.0	12 363.7	11 443.6	11 212.2
2014	16 650.1	14 152.6	2 497.5	9 070.9	13 909.1	12 874.1	12 613.7
2015	18 500.1	15 725.1	2 775.0	10 078.8	15 454.6	14 304.5	14 015.2
2016	18 500.1	15 725.1	2 775.0	10 078.8	15 454.6	14 304.5	14 015.2
2017	18 500.1	15 725.1	2 775.0	10 078.8	15 454.6	14 304.5	14 015.2
2018	24 936.8	21 196.3	3 740.1	12 031.6	19 115.4	16 475.1	15 478.6

表 4.3.2　长江上游水土保持减沙量计算

区域	时段	年降水量 /mm	实测径流量 /亿 m³	实测输沙量 /万 t	累计治理面积 /km²	水土保持减沙量	
						估算值 /万 t	系数调整后 /万 t
金沙江（屏山站）	1954～1990 年	711.5	1 430	24 600	—	—	—
	1991～2005 年	730.0	1 521.0	25 800	10 457	-1 460	-1 241

续表

区域	时段	年降水量 /mm	实测径流量 /亿 m³	实测输沙量 /万 t	累计治理面积 /km²	水土保持减沙量	
						估算值 /万 t	系数调整后 /万 t
金沙江 (屏山站)	2006~2012 年	681.4	1 308.0	13 200	21 460	-3 000	-2 550
	2013~2018 年	686.0	1 372.0	169	31 650	-4 420	-3 757
岷沱江	1954~1990 年	1 093.0	1 008	6 380	—	—	—
	1991~2005 年	1 040.8	930.0	4 010	2 585	-250	-212
	2006~2012 年	995.6	862.3	2 450	9 640.2	-932	-792
	2013~2018 年	1 037.7	944.5	2 650	14 616.6	-1 410	-1 198
嘉陵江	1954~1990 年	959.7	703.7	14 600	—	—	—
	1991~2005 年	866.9	557.1	3 580	32 674	-2 400	-2 040
	2006~2012 年	922.2	656.4	2 870	43 492.2	-3 190	-2 712
	2013~2018 年	914.9	597.5	2 670	51 789.4	-3 800	-3 230
乌江	1954~1990 年	1 151.4	492.3	3 010	—	—	—
	1991~2005 年	1 144.0	514.9	1 830	4 900.7	-270	-230
	2006~2012 年	1 041.4	411.4	392	14 913.9	-822	-699
	2013~2018 年	1 103.4	467.8	262	21 375.8	-1 180	-1 003
寸滩站	1954~1990 年	868.7	3 507	46 000	—	—	—
	1991~2005 年	848.5	3 375.0	31 300	47 559	-4 280	-3 638
	2006~2012 年	818.1	3 175.0	17 400	78 382	-7 050	-5 992
	2013~2018 年	835.2	3 336.0	6 930	103 643	-9 330	-7 930
三峡水库入库	1954~1990 年	899.0	4 348	52 900	—	—	—
	1991~2005 年	879.8	4 291.0	36 400	68 731.2	-5 800	-4 930
	2006~2012 年	842.1	3 888.0	20 100	119 378.4	-10 100	-8 585
	2013~2018 年	864.4	4 286.0	8 890	140 080.8	-11 800	-10 030

1）金沙江流域

1989~2005 年，金沙江下游攀枝花至屏山段水土保持治理面积为 10 457 km²，水土保持部门估算的减蚀量为 3 140 万 t。据初步统计，1989~2005 年金沙江流域水土保持总治理面积为 12 300 km²，占水土流失面积 13.59 万 km² 的 9.0%，累计减蚀量为 4.884亿 t，年均减蚀量为 2 880 万 t，减蚀效益为 4.8%（减蚀量/治理前侵蚀量）。其中：屏山站以上地区累计减蚀量为 4.07 亿 t，年均减蚀量为 2 400 万 t，减蚀效益为 4.3%；横江流域累计减蚀量为 8 140 万 t，年均减蚀量为 480 万 t，减蚀效益为 12.6%。而根据刘邵权等（1999）的研究，1989～1996 年金沙江下游河谷区"长治"工程坡面减蚀量为 2 127 万 t，与本书结果基本接近。金沙江下游攀枝花至屏山段泥沙输移比为 0.61，横江流域泥沙输移比为 0.36（刘毅，1997）。

由此得出 1989～2005 年金沙江屏山站以上地区"长治"工程对屏山站的年均减沙量为 2 400×0.61 = 1 464 万 t；横江减沙量为 480×0.36 = 173 万 t。考虑减沙作用系数后，金沙江屏山站上游 2006～2012 年水土保持工程减沙 2 550 万 t，2013～2018 年减沙 3 757 万 t。

2）岷沱江流域

岷沱江流域水土保持资料残缺不全。1991～2005 年，已统计的流域水土保持面积为 2 585 km²。岷沱江流域无水土保持减沙资料，其减沙量按式（4.3.1）计算，减蚀量为 657 万 t，流域泥沙输移比参照嘉陵江流域，按 0.38 计，水土保持减沙量约为 250 万 t，考虑减沙作用系数后约为 212 万 t。

2006～2012 年、2013～2018 年，岷沱江流域水土流失治理面积较 1991～2005 年分别增加 7 055.2 km² 和 12 031.6 km²，根据 1991～2005 年治理面积与减沙量的比值，2006～2012 年、2013～2018 年岷沱江流域水土保持减沙量考虑减沙作用系数后分别为 792 万 t 和 1 198 万 t（表 4.3.2）。

3）嘉陵江流域

1989～2003 年嘉陵江流域"长治"工程累计治理面积为 32 674 km²，占水土流失面积 92 975 km² 的 35.1%。若 1991～2005 年也采用 1989～2003 年的数值，则 1991～2005 年嘉陵江流域水土流失治理面积为 32 674 km²，年均减沙量为 2 400 万 t，考虑减沙作用系数后为 2 040 万 t。

2006～2012 年、2013～2018 年，嘉陵江流域水土流失治理面积较 1991～2005 年分别增加 10 818.2 km² 和 19 115.4 km²（表 4.3.1），根据 1991～2005 年治理面积与减沙量的比值，考虑减沙作用系数后，2006～2012 年、2013～2018 年嘉陵江流域水土保持减沙量分别为 2 712 万 t 和 3 230 万 t。

4）乌江流域

乌江流域"长治"一期工程（1989～1993 年）水土流失治理面积为 2 204 km²，1989～1994 年治理面积 253 km²，1994～1998 年"长治"三期工程治理面积 2 165 km²，2001～2004 年贵毕公路水土保持大示范区工程水土流失综合治理面积 278 km²，1989～2004 年合计治理面积 4 900.7 km²，水土保持工程减沙量为 270 万 t，1991～2005 年水土保持工程减沙量采用这一数值。

2006～2012 年、2013～2018 年，乌江流域水土流失治理面积较 1991～2005 年分别增加 10 013.2 km² 和 16 475.1 km²（表 4.3.1），根据 1991～2005 年治理面积与减沙量的比值，2006～2012 年、2013～2018 年乌江流域水土保持减沙量分别为 822 万 t 和 1 180 万 t。

5）三峡库区

根据水土保持数据，三峡库区 1989～1996 年水土流失治理面积为 9 130 km²，1996～2007 年库区新增水土保持面积 8 570 km²，年均增加 714 km²，则 1991～2005 年治理面积为 16 272 km², 1955～1990 年三峡库区"长治"工程减沙量平均为 1546×2/36×0.32≈27（万 t）, 1991～2007 年三峡库区"长治"工程平均减沙量为 3 915×0.32≈1 253（万 t）, 1991～2005 年也采用这一数值。

三峡库区 2006～2012 年、2013～2018 年水土流失治理面积较 1991～2005 年分别增加 9 810.6 km² 和 15 478.6 km²（表 4.3.1）。根据 1991～2005 年治理面积与减沙量的比值, 2006～2012 年、2013～2018 年三峡库区水土保持减沙量分别为 2 008 万 t 和 2 445 万 t, 考虑减沙作用系数后分别为 1 707 万 t 和 2 078 万 t。

6）寸滩站上游

寸滩站上游水土保持治理面积主要包括金沙江（屏山站）、横江、岷沱江及嘉陵江。1991～2005 年水土保持治理面积为 47 559 km², 减沙量为 4 280 万 t, 考虑减沙作用系数后为 3 638 万 t。

2006～2012 年、2013～2018 年, 寸滩站上游水土流失累计治理面积为 78 382 km² 和 103 643 km²（表 4.3.2）, 根据 1991～2005 年治理面积与减沙量的比值, 考虑减沙作用系数后, 2006～2012 年、2013～2018 年寸滩站上游水土保持减沙量分别为 5 992 万 t 和 7 930 万 t。

7）长江上游

长江上游（寸滩站+武隆站+三峡库区）水土保持治理面积主要包括金沙江（屏山站）、横江、岷沱江、嘉陵江、乌江及三峡库区。

长江上游 1991～2005 年水土保持治理面积和减沙量为金沙江（屏山站）、横江、岷沱江、嘉陵江、乌江及三峡库区之和, 分别为 68 731.2 km² 和 5 800 万 t, 考虑减沙作用系数后为 4 930 万 t。

2006～2012 年、2013～2018 年长江上游累计水土保持治理面积分别为 119 378.4 km² 和 140 080.8 km²。根据 1991～2005 年治理面积与减沙量的比值, 考虑减沙作用系数后, 2006～2012 年、2013～2018 年长江上游水土保持减沙量分别为 8 585 万 t 和 10 030 万 t。

根据长江流域水土保持监测中心站的长江流域水土保持公告（2018 年）, 表 4.3.3 统计了长江上游 1991～2018 年流域治理面积占水土流失面积的变化情况。表中数据来源于政府相关部门的统计, 且为不完全统计。在统计过程中, 可能存在水土保持项目叠加统计的现象, 如将在同一区域进行的经果林与坡耕地改造重复计算。因此, 不完全统计并不意味着统计治理面积小于实际治理面积。可以看出, 嘉陵江流域治理面积已经超过了水土流失面积, 长江上游水土流失治理面积超过了水土流失面积的 60%, 则水土流失治理面积的统计值可能偏大, 导致表 4.3.2 所估算的水土流失治理的减沙贡献率偏大。

表 4.3.3　长江上游不同区域水土保持累计治理面积

区域	金沙江	岷沱江	嘉陵江	乌江	寸滩站	三峡水库入库
总面积/km²	479 932.9	165 326.9	159 850.2	88 689.9	866 559.0	1 005 501.0
水土流失面积/km²	85 485.5	35 062.8	49 808.9	27 502.3	175 724.1	221 349.3

续表

区域		金沙江	岷沱江	嘉陵江	乌江	寸滩站	三峡水库入库
治理面积 /km²	1991～2005 年	10 457.0	2 585.0	32 674.0	4 900.7	47 559.0	68 731.2
	2006～2012 年	21 460.0	9 640.2	43 492.2	14 913.9	78 382.0	119 378.4
	2013～2018 年	31 650.0	14 616.6	51 789.4	21 375.8	103 643.0	140 080.8
治理面积占水土流失面积/%		37.0	41.7	104.0	77.7	59.0	63.3
治理面积占总面积/%		6.6	8.8	32.4	24.1	12.0	13.9

4.3.3 洞庭湖水系水土保持减沙

随着国家对生态环境建设重视程度的逐年提高,湖南省、湖北省两省生态环境建设力度也逐渐增大。近年来,湖南省和湖北省两省都对洞庭湖区采取了水土保持综合治理措施,主要包括水土保持耕作措施、水土保持林草措施和水土保持工程措施。洞庭湖区水土保持现状见表 4.3.4。

表 4.3.4 洞庭湖水系水土保持现状表

省份	所属地市	累计治理面积/万 hm²	各项治理措施的面积/万 hm²					蓄拦工程		沟(渠)防护工程	
			基本农田	经果林	水土保持林	种草	封禁治理	数量/座	工程量/万 m³	数量/km	工程量/万 m³
湖南省	常德市	2.62	0.20	0.30	0.41	1.00	0.71	742	8.90	46.30	5.56
	益阳市	1.93	0.00	0.39	1.14	0.11	0.29	455	5.46	10.00	1.20
	岳阳市	2.46	0.12	0.12	0.15	0.76	1.31	1 861	22.33	23.40	2.81
	长沙市	2.77	0.86	0.43	0.32	0.17	0.99	1 143	13.72	32.00	3.84
	湘潭市	0.43	0.02	0.09	0.11		0.21	274	3.29	0.00	0.00
	株洲市	1.63	0.08	0.15	0.17	0.03	1.20	511	6.13	24.00	2.88
	小计	11.84	1.28	1.48	2.30	2.07	4.71	4 986	59.83	135.70	16.29
湖北省荆州市		0.16	0.02	0.03	0.08	0.02	0.01	560	6.72	35.41	4.25
合计		12.00	1.3	1.51	2.38	2.09	4.72	5 546	66.55	171.11	20.54

湖南省综合治理:截至 2009 年,洞庭湖区累计治理水土流失面积 1 184 km²。其中,封禁治理面积最大,为 471 km²,占治理面积的 39.8%;其次为水土保持林和种草,水土保持林面积为 230 km²,占治理面积的 19.4%,种草面积为 207 km²,占治理面积的 17.5%;营造经果林 148 km²,占治理面积的 12.5%;基本农田改造 128 km²,占治理面积的 10.8%。水土保持工程主要是小型水土保持工程,包括蓄拦工程和沟(渠)防护工程两类。湖南省洞庭湖区共修建蓄拦工程 4 986 座,工程量达到 59.83 万 m³,沟(渠)防护工程 135.70 km,工程量达 16.29 万 m³。

湖北省综合治理:截至 2009 年,洞庭湖区累计治理水土流失面积 16 km²,占湖北省湖区水土流失总面积的 2.89%。各项水土流失治理措施中，水土保持林面积最大，有 8 km²，占治理总面积的 50%；其次为经果林，面积为 3 km²，占总治理面积的 18.75%；基本农田和种草各 2 km²，封禁治理 1 km²。水土保持工程中，蓄拦工程有 560 座，工程量为 6.72 万 m³，沟（渠）防护工程 35.41 km，工程量达 4.25 万 m³。

洞庭湖四水的上中游地区，范围涉及湘江、资江的衡阳盆地和邵阳盆地，横穿沅水流域向西的走廊地带及澧水的中部，面积为 86 673 km²，其中水土流失面积为 24 852 km²，四水中澧水的水土流失最为严重，桑植县、慈利县又是湖南省的暴雨中心之一，是澧水上游水土流失最严重的地区之一。1980~2000 年，澧水流域已相继完成"七五"期间拟定的 8 条小流域共 403 km² 的治理工作。其中，生物措施治理了 79.6 km²，工程措施控制泥石流面积 0.48 km²，坡改梯 2.3 km²，封山育林得到基本落实；完成了共 29.2 万 hm² 的营林任务，全面改造、改种 12 万 hm² 的油桐林；水土流失区轻度流失和剧烈流失的面积得到了基本控制、改善和治理，其中，强度流失区治理了 40%，中度流失区治理了 50%。水土流失治理前至 20 世纪 80 年代初期，澧水石门站年输沙量累计速度快，5 年滑动平均值在 1983 年达到最大值，1980 年输沙量为 2 230 万 t，是 1960~2015 年间的最大值。水土保持工程的减沙作用十分显著。除此之外，澧水流域最大的两座水库江垭水库（1999 年建成）和皂市水库（2008 年建成）具有一定的拦沙效应（图 4.3.4）。

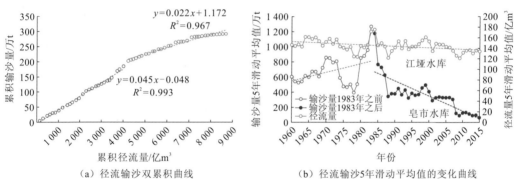

（a）径流输沙双累积曲线　　　　（b）径流输沙 5 年滑动平均值的变化曲线

图 4.3.4　澧水石门站径流量和输沙量的双累积曲线及 5 年滑动平均值的变化曲线

4.3.4　鄱阳湖水系水土保持减沙

20 世纪 50 年代中后期的大炼钢铁、60 年代的垦山造田，以及 70 年代的林木超计划采伐使得鄱阳湖流域的生态环境遭到严重破坏。森林植被被大面积砍伐，森林覆盖率从 40% 以上降低到 32% 左右，虽然 20 世纪 80 年代人工造林面积有所增加，但由于人口的增加和木材及林产品需求量的上升，森林资源的质量继续下降。在这一时期，水土流失加剧，水旱灾害时常发生。鄱阳湖区现有水土流失总面积 4 686.78 km²，占土地总面积的 17.8%。其中，水力侵蚀面积 4 557.90 km²（含崩岗），风力侵蚀面积 128.88 km²。水力侵蚀面积中，轻度侵蚀面积占 37.6%，中度侵蚀面积占 37.5%，强度以上侵蚀面积占 25.0%。鄱阳湖区主要侵蚀类型为水力侵蚀，水土流失整体以轻度和中度为主，平均土壤侵蚀模数约为 3 200 t/（km²·a），年平均土壤侵蚀量约为 1 500 万 t。崩岗主要分布于丰城市、都昌县、万年县、庐山市、鄱阳县、新建区和湖口县 7 个县（市），共 773 处，面积为 2.13 km²（水土流失现状见表 4.3.5）。

表 4.3.5　鄱阳湖区分县（市、区）水土流失现状统计表　　　（单位：km²）

水系或行政区划	水土流失总面积	水力侵蚀						风力侵蚀				
		合计	轻度	中度	强度	极强度	剧烈	合计	轻度	中度	强度	极强度
江西省	33 418.18	33 289.4	12 247.5	10 314.8	7 463.5	2 039.4	1 224.2	128.88	38.48	48.14	40.8	1.46
鄱阳湖区	4 686.78	4 557.90	1 712.73	1 707.72	980.07	88.15	69.23	1 28.88	38.48	48.14	40.8	1.46
丰城市	567.82	549.88	306.34	113.17	83.82	35.33	11.22	17.94	4.72	7.11	5.22	0.89
余干县	525.47	519.36	203.56	206.75	100.28	8.77	—	6.11	1.46	1.57	3.08	
鄱阳县	888.31	887.61	292.58	332.37	261.70	0.96	—	0.70	—	0.70		
万年县	88.07	88.07	27.58	17.68	35.13	6.02	1.66					
九江市辖区	133.26	132.41	66.44	47.39	1.30	—	17.28	0.85		0.85		
永修县	376.68	347.17	74.71	191.31	43.73	7.48	29.94	29.51	0.95	2.18	26.38	
德安县	166.32	159.89	65.51	80.66	10.76	0.77	2.19	6.43		6.43		
庐山市	123.24	122.82	41.54	67.74	5.23	3.58	4.73	0.42	—	—	—	0.42
都昌县	260.19	259.01	86.44	154.58	16.62	1.37	—	1.18	0.75	0.43		
湖口县	131.38	117.28	36.92	60.91	15.96	3.38	0.11	14.10	0.31	13.79		
南昌市辖区	81.24	77.99	46.01	17.08	10.49	3.24	1.17	3.25	2.11	0.59	0.55	
南昌县	30.53	9.65	5.30	3.45	0.74	0.16	—	20.88	14.31	6.09	0.48	
新建区	402.59	383.30	157.23	93.66	117.48	14.74	0.19	19.29	10.19	6.29	2.81	
进贤县	672.65	669.04	204.28	252.09	212.67	—		3.61	2.92	0.69		
乐平市	239.03	234.42	98.29	68.88	64.16	2.35	0.74	4.61	0.76	1.42	2.28	0.15

流域生态环境的变化也影响了流域水沙的变化，含沙量明显升高。20 世纪 80 年代初以来，鄱阳湖区先后实施了鄱阳湖流域水土保持重点治理工程、长江上中游水土保持重点防治工程等一批水土保持工程，取得了一定的成效。森林面积逐年增加，生态环境得到了一定程度的改善，该时期的输沙量也大幅度减小。

鄱阳湖流域水土流失重发区主要是赣江、抚河上中游及九江市地区，水土流失面积为 10.6 万 km²，占江西省水土流失面积的 63.6%。以赣江流域为例，以 1980 年兴国县实施塘背河小流域综合治理的成功经验为契机，赣江作为水土流失重点地区纳入了全国八片水土保持重点治理工程、国家水土保持重点建设工程、"长治"工程、鄱阳湖流域水土保持重点治理工程等一批国家级水土保持重点治理项目（表 4.3.6）。2010 年底，赣江上游已完成 400 余个小流域的综合治理，总治理面积达 5 404.67 km²，年拦沙约 4 930 万 t。

表 4.3.6　赣江上游地区水土保持综合治理情况

时间	水土保持治理项目	治理面积/ km²	占流域比例/%	拦沙率/%
1983～1992 年	全国八片水土保持重点治理工程一期	1 069.78	1.32	77.2
1993～2002 年	全国八片水土保持重点治理工程二期	3 095.36	3.82	73.9
1998～2004 年	鄱阳湖重点治理工程一期	233.54	0.29	58.3
2003～2007 年	国家水土保持重点建设工程	715.85	0.88	—
2004～2008 年	"长治"工程	192.20	0.24	76.2
2002～2004 年	全国水土保持生态修复试点工程	38.00	0.05	—
2005～2007 年	东江源国家水土保持重点治理工程	59.94	0.07	—

　　从赣江外洲站的水沙输移量变化来看,其径流量 5 年滑动平均值呈周期性波动的特征,输沙量在 1984 年之前呈波动状态,无明显变化趋势,1984 年之后持续减少,其中 1984～1993 年输沙量减少与径流量偏少和水土保持工程有关,1993 年以来,伴随着水土保持工程的持续实施,加之万安水库的运用,外洲站的输沙量保持减少的趋势,如图 4.3.5 所示。其占鄱阳湖入湖沙量的比例也不断减小,1956～1984 年占比为 71.5%,1985～2015 年下降至 55.2%。

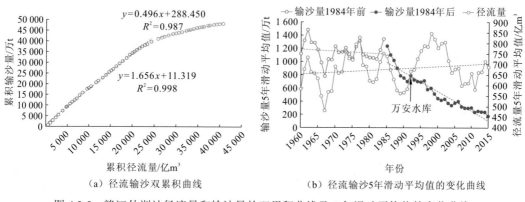

(a) 径流输沙双累积曲线　　　　　(b) 径流输沙5年滑动平均值的变化曲线

图 4.3.5　赣江外洲站径流量和输沙量的双累积曲线及 5 年滑动平均值的变化曲线

4.4　水库群拦沙作用分析与定量评估

4.4.1　水库群拦沙效应研究方法

1. 水利工程淤积率经验模式

水利工程对其控制面积以上区域产沙量的拦截作用大小可以用式(4.4.1)进行计算:

$$\overline{K} = \overline{W}_r / \overline{W}_F \qquad (4.4.1)$$

式中：$\overline{K}$ 为水利工程拦沙效应系数（$0<\overline{K}<1$）；$\overline{W}_r$ 为水利工程年均拦沙（淤积）量，$\overline{W}_r = \rho_s \overline{R} V$，$V$、$\overline{R}$ 分别为水利工程的库容和年淤积率，ρ_s 为泥沙干容重；$\overline{W}_F$ 为水利工程集水区域的年产沙量，$\overline{W}_F = GF$，G 为水利工程集水区域的侵蚀模数，F 为水利工程的集水面积。因此

$$\overline{K} = \rho_s \overline{R} V / (GF) \tag{4.4.2}$$

$$\overline{R} = \overline{K} GF / (\rho_s V) \tag{4.4.3}$$

根据部分水库的泥沙淤积资料计算其年淤积率，然后将其年淤积率、库容、集水面积、泥沙干容重及水库集水区域的侵蚀模数代入式（4.4.2），计算出这些水库的拦沙效应系数 $\overline{K}$，再把 $\overline{K}$ 代入式（4.4.3），建立水库的年淤积率计算公式，即水库年淤积率的经验公式。

2. 水库减沙效应系数

水库拦沙后，不仅改变了流域的输沙条件，大大减小了流域的输沙量，而且由于水库下泄"清水"，坝下游河床沿程出现不同程度的冲刷和自动调整，在一定程度上增大了流域出口的输沙量。已有研究成果表明，水库拦沙对流域出口的减沙效应系数可以表达为

$$a = \frac{S_t - S_a}{S_t} \tag{4.4.4}$$

式中：S_t 为水库拦沙量；S_a 为区间河床冲刷调整量，水库减沙效应系数与其和河口的距离呈指数关系递减。

4.4.2 典型流域梯级水库拦沙计算

金沙江下游 4 座梯级水库的总装机容量相当于两座三峡水库，是"西电东送"中部地区的源头工程。同时，金沙江下游是长江流域的重点产沙区，攀枝花至屏山段输沙模数一度高达 2 200 t/(km²·a)，是三峡水库入库泥沙的主要来源。梯级水库运行前，金沙江出口多年平均输沙量为 2.34 亿 t，占同期三峡水库干流年均入库沙量的 84.2%。因此，金沙江下游梯级水库的主要设计任务之一是拦沙，以减轻三峡水库的泥沙淤积。2012 年、2013 年向家坝水库和溪洛渡水库相继蓄水运行，2013~2019 年，金沙江干支流及区间输送至河道内的泥沙基本被这两座水库拦截，向家坝站年均输沙量锐减至 155 万 t。正如预期，三峡水库的年均入库沙量减少至 7 170 万 t，较设计值（4.93 亿 t）偏少 85.4%，泥沙淤积转移至金沙江下游梯级水库。因此，本节以金沙江流域的水库群为典型实例，开展水库拦沙计算。

1. 金沙江流域水库建设调查

1991 年以来，除长江上游干流以外，金沙江流域的水库库容较其他流域明显偏大，

1950～2015 年金沙江流域（包括雅砻江）水库建设情况见表 4.4.1。其中，1990 年以前，水库群的建设以中、小型水库为主，其库容占总库容的 76%，其间仅有 2 座大型水库建成，且均建在支流上；1991 年以来，该流域的水库建设以大型水库为主，其中 1991～2005 年、2006～2015 年大型水库的库容分别占同期建设水库总库容的 92% 和 97%，库容大于 10 亿 m³ 的水库主要是雅砻江干流 1998 年建成的二滩水库、2014 年建成的锦屏一级水库及 2010 年以来逐步建成的金沙江中下游干流梯级水库群（表 4.4.2、图 4.4.1）。

表 4.4.1 金沙江流域已建水库统计（包括雅砻江）

时段	大型		中型		小型		水库群合计	
	数量/座	总库容/亿 m³	数量/座	总库容/亿 m³	数量/座	总库容/亿 m³	数量/座	总库容/亿 m³
1950～1990 年	2	7.07	48	10.21	2 088	12.56	2 138	29.84
1991～2005 年	6	78.26	21	4.25	336	2.11	363	84.62
2006～2015 年	14	343.9	39	10.36	113	1.72	166	355.98
1950～2015 年	22	429.23	108	24.82	2 537	16.39	2 667	470.44

表 4.4.2 金沙江流域大型水库建设情况

水库名称	水库位置	建成年份	所在河流	坝址控制流域面积/km²	坝址多年平均径流量/亿 m³	总库容/亿 m³
毛家村水库	云南省曲靖市	1969	以礼河	868	5	5.5
清水海水库	云南省昆明市	1989	莫浪河	454	2.7	1.5
松华坝水库	云南省昆明市	1996	普渡河	593	2.1	2.2
二滩水库	四川省攀枝花市	1998	雅砻江	116 400	0.5	58
大桥水库	四川省凉山彝族自治州	1999	安宁河	796	11	6.6
渔洞水库	云南省昭通市	2000	洒渔河	709	3.7	3.6
莽措湖水库	西藏自治区昌都市	2003	错龙门曲	123	0.4	3
云龙水库	云南省昆明市	2004	掌鸠河	745	3.1	4.8
青山嘴水库	云南省楚雄彝族自治州	2009	龙川江	1 228	1.8	1.1
金安桥水库	云南省丽江市	2011	金沙江	237 400	517.2	9.13
布西水库	四川省凉山彝族自治州	2011	鸭嘴河	409	3.2	2.5
官地水库	四川省凉山彝族自治州	2013	雅砻江	110 117	0.7	7.6
阿海水库	云南省丽江市	2014	金沙江	235 400	511	8.82
龙开口水库	云南省大理白族自治州	2014	金沙江	240 000	53.3	5.07
鲁地拉水库	云南省大理白族自治州	2014	金沙江	247 300	562	17.18
向家坝水库	云南省昭通市	2014	金沙江	458 800	1 457	51.6
锦屏一级水库	四川省凉山彝族自治州	2014	雅砻江	103 000	0.7	77.6

续表

水库名称	水库位置	建成年份	所在河流	坝址控制流域面积/ km²	坝址多年平均径流量/亿 m³	总库容/亿 m³
梨园水库	云南省丽江市	2015	金沙江	220 053	448	9.0
溪洛渡水库	云南省昭通市	2015	金沙江	454 375	1 436	126.7
卡基娃水库	四川省凉山彝族自治州	2015	无量河	6 598	31.9	3.6
观音岩水库	四川省攀枝花市	2015	金沙江	256 518	583.4	20.72
立洲水库	四川省凉山彝族自治州	2015	无量河	8 603	41.2	1.9

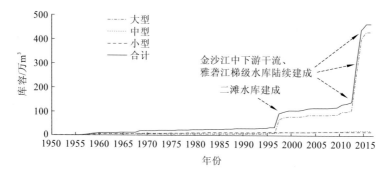

图 4.4.1 1950 年以来金沙江流域水库累计库容变化图

2. 水库群拦沙作用计算

1）金沙江中游干流

金沙江中游梯级开发方案为"一库八级"方案，目前，除龙盘水库、两家人水库未动工外，其他 6 个梯级自 2010 年起相继建成和运行。金沙江上游石鼓站和中游攀枝花站分别位于梨园水库上游 114 km 和观音岩水库下游约 40 km 处，从两站的水沙变化过程来看，金沙江上游石鼓站水沙量年际无明显趋势性变化，多年平均径流量和输沙量分别为 424 亿 m³ 和 2 540 万 t；受水库蓄水拦沙影响，攀枝花站径流量变化不大，但输沙量大幅度减少，2011～2016 年，攀枝花站年均径流量和输沙量分别为 530 亿 m³ 和 887 万 t，较多年平均值分别偏小 7% 和 83%。与此相应，2010 年以来，攀枝花站的水沙关系出现了显著变化。

金沙江上游石鼓站和中游攀枝花站所控制的流域面积分别为 21.418 4 万 km² 和 25.917 7 万 km²，区间支流来沙观测资料较少，随着金沙江中游梯级水库的陆续建成运用，区间来沙也将有较大部分拦截在库内。为估算金沙江中游梨园水库、阿海水库、金安桥水库、龙开口水库、鲁地拉水库和观音岩水库建库后的拦沙量，依据石鼓站和攀枝花站2010 年前年输沙量和控制流域面积，估算出石鼓站和攀枝花站未控区间的年均输沙模数为 583 万 t/（km²·a），2011～2016 年石鼓站和攀枝花站未控区间年均输沙量为 2 638 万 t，2011～2016 年石鼓站和攀枝花站的年均输沙量分别为 2 663 万 t 和 887 万 t，因此，根据输沙平衡原理，2011～2016 年金沙江中游 6 座水库的年均拦沙量约为 4 414 万 t。

2）雅砻江流域

雅砻江干流除 1998 年建成的二滩水库以外，2013 年以来官地水库、锦屏一级水库、锦屏二级水库及桐子林水库也相继运行。

（1）二滩水库。二滩水库位于四川省西南部的雅砻江下游，坝址距雅砻江与金沙江交汇口 33 km，是雅砻江梯级开发的第一座水库。二滩水库的建成运行在很大程度上阻断了水库上游泥沙向下游河道的输移，如 1961～1997 年小得石站年均输沙量为 3 143 万 t，1998～2009 年其年均输沙量仅为 302 万 t，减幅达到 90%。

二滩水库上游干流的控制站为泸宁站，泸宁至大坝段仅三岔河一条较大的支流汇入，三岔河流域面积为 3 040 km²。二滩水库上游泸宁站 1961～1997 年平均输沙量为 1 996 万 t，但 1998～2009 年平均输沙量为 4 049 万 t，特别是在 1998 年，其输沙量达到 7 490 万 t。因此，1961～1997 年泸宁至小得石段多年平均来沙量为 1 147 万 t，占小得石站以上流域来沙量的 36%，是雅砻江流域的重点产沙区之一。在假设泸宁至小得石段年均来沙量为 1 147 万 t 的条件下，1998～2009 年二滩水库年均入库沙量则为 4 897 万 t，因此二滩水库年均拦沙量为 4 595 万 t。

（2）锦屏一级水库。锦屏一级水库位于二滩水库上游 332 km，控制流域面积 10.3 万 km²，于 2012 年 11 月下闸蓄水。分析实测资料发现：泸宁站 1959～2012 年年均径流量和输沙量分别为 433 亿 m³ 和 2 379 万 t，2013～2016 年年均径流量和输沙量分别为 144 亿 m³ 和 366 万 t，分别较 2012 年以前减小 67% 和 85%。锦屏一级水库建成运行后，在很大程度上减少了二滩水库的入库泥沙（图 4.4.2）。雅砻江洼里至小得石段是雅砻江流域的主要产沙区，锦屏一级水库坝址即位于此区间。据调查，坝址多年平均悬移质年输沙量为 2 120 万 t，推移质年输沙量为 74.7 万 t。锦屏一级水库运行 20 年，可拦截全部推移质和 81.2% 的悬移质，即年均拦截悬移质 1 721.44 万 t、推移质 74.7 万 t。

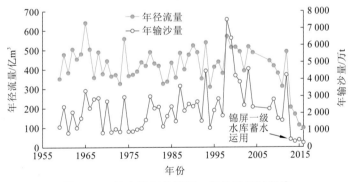

图 4.4.2　泸宁站年径流量、年输沙量过程线

综上，根据泸宁站历年的水沙资料及泸宁站与小得石站年输沙量的相关关系（图 4.4.3）计算得到：泸宁站 1961～1997 年、1998～2013 年、2014～2016 年年均径流量分别为 425 亿 m³、448 亿 m³、143 亿 m³，对应的年均输沙量分别为 1 996 万 t、3 311 万 t 和 366 万 t，泸宁至小得石段来沙量估算为 1 147 万 t，位于二滩水库下游的小得石站 1961～

1997 年、1998～2013 年、2014～2016 年的年均输沙量分别为 3 143 万 t、268 万 t 和 109 万 t，据此估算的二滩水库、锦屏一级水库等修建后，近年来年均综合拦沙量为 4 190 万 t。

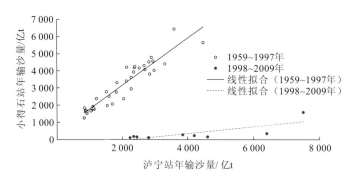

图 4.4.3　雅砻江泸宁站与小得石站年输沙量的相关关系

（3）安宁河大桥水库。安宁河大桥水库位于安宁河上游的四川省凉山彝族自治州冕宁县境内，坝址控制流域面积 796 km²，水库总库容为 6.6 亿 m³，为年调节水库。其于 1999 年 6 月 19 日蓄水，2000 年 6 月 28 日首台机组并网发电。根据其下游安宁桥站 1959～1994 年资料统计，水库年均入库悬移质沙量为 56.8 万 t。

3）金沙江下游干流

金沙江下游干流已建有乌东德水库、白鹤滩水库、溪洛渡水库和向家坝水库 4 座水库。受梯级水库蓄水影响，2012～2018 年，金沙江下游输沙量大幅度减少，屏山站（该站于 2012 年 6 月改为水位站，之后的径流、输沙资料采用向家坝水库下游 2 km 向家坝站的资料）年径流量、年输沙量分别为 1 286 亿 m³、175 万 t，较 2012 年以前（1954～2012 年年均径流量和输沙量分别为 1 443 亿 m³ 和 2.36 亿 t）分别偏小 11% 和 99%。

为估算溪洛渡水库、向家坝水库库区未控区间的来沙量，依据 2008～2011 年金沙江下游干流华弹站、屏山站，以及支流黑水河宁南站、美姑河美姑站、西宁河欧家村站、中都河龙山村站的年输沙量和控制流域面积，估算出华弹至屏山段未控区间的年均输沙模数为 985 t/（km²·a）。计算得 2013～2014 年华弹至溪洛渡段未控区间的年均输沙量约为 2 341 万 t，2015 年之后白鹤滩至溪洛渡段未控区间的年均输沙量约为 2 214 万 t，2013～2016 年溪洛渡至向家坝段未控区间的年均输沙量约为 332 万 t。因此，2013～2016 年，考虑未控区间来沙量后，溪洛渡水库、向家坝水库总拦沙量为 42 071 万 t，年均拦沙量为 10 518 万 t，其中，溪洛渡水库拦沙量为 40 006 万 t，年均拦沙量为 10 001 万 t，向家坝水库拦沙量为 2 065 万 t，年均拦沙量为 517 万 t。

3. 水库群拦沙效应研究

在已有研究成果的基础上，对 1956～2015 年大、中、小型水库群的时空分布及其淤积拦沙作用进行了系统整理和分析，其中 1956～2005 年水库的淤积拦沙资料仍沿用已有成果，在进行 2006～2015 年水库拦沙计算时，大型水库以淤积拦沙调查为主，尽量考虑水库在位置、库容大小、用途及调度运用方式等方面的代表性，充分考虑水库群库容的沿时变化及淤积导致的库容沿时损失，当水库死库容淤满后，认为水库达到淤积平衡，不计其拦沙作用，中、小型水库淤积率沿用已有成果，拦沙量计算成果如表 4.4.3 所示。

表 4.4.3　1956～2015 年金沙江流域水库拦沙量计算

时段	水库类型	数量/座	总库容/亿 m³	总拦沙量/万 t	年均拦沙量/万 t
1956～1990 年	大型	2	7.07	12 896	368
	中型	184	10.21	4 667	133
	小型	1 952	12.56	9 516	272
	合计	2 138	29.84	27 079	774
1991～2005 年	大型	6	78.26	47 471	3 165
	中型	21	4.25	1 339	89
	小型	336	2.11	1 279	85
	合计	363	84.62	50 089	3 339
2006～2015 年	大型	14	343.9	115 797	11 580
	中型	39	10.36	5 387	539
	小型	113	1.72	894	89
	合计	166	355.98	122 078	12 208
1956～2015 年	大型	22	429.23	176 164	2 936
	中型	244	24.82	11 393	190
	小型	2 401	16.39	11 689	195
	合计	2 667	470.44	199 246	3 321

（1）1956～1990 年金沙江水库群年均拦沙量为 0.077 4 亿 t。水库拦沙以大型和小型为主，其拦沙量分别占总拦沙量的 47.5%和 35.1%，中型水库仅占 17.2%，且中小型水库均已基本达到淤积平衡。

（2）1991～2005 年水库年均拦沙量为 0.333 9 亿 t。与 1956～1990 年相比，年均拦沙量增加 0.256 5 亿 t，主要是二滩水库拦沙所致。

（3）2006～2015 年，流域新建水库 166 座，总库容 355.98 亿 m³，年均拦沙量为 1.220 8 亿 t。其中：大型水库 14 座，库容 343.9 亿 m³，年均拦沙量为 1.158 亿 t；中型水库 39 座，库容 10.36 亿 m³，年均拦沙量为 539 万 t；小型水库 113 座，库容 1.72 亿 m³，年均拦沙量为 89 万 t。2011～2016 年金沙江中游 6 座水库的年均拦沙量约为 4 414 万 t，2013～2016 年溪洛渡水库、向家坝水库年均拦沙量为 1.051 8 亿 t；雅砻江二滩水库、锦屏一级水库等年均综合拦沙量为 4 190 万 t。安宁河支流的大桥水库年均拦沙量为 56.8 万 t。

此外，随着金沙江流域内水土保持工程、退耕还林等措施的实施，以及上游梯级水库的陆续修建，区间内来沙量将会有所减少，下游水库的淤积速率和年均拦沙量也将会随之减少。

（1）1955～1990 年，金沙江流域水库大多位于较小支流或水系的末端，其距离屏山站较远，因而其拦沙作用较小。在"七五"期间，石国钰（1991）采用多维动态灰色系统理论的方法，分析得到流域水库群拦沙作用系数为 0.109，于是根据 1955～1990 年水库群年均淤积量（774 万 t）计算得到其对屏山站的年均减沙量为 84 万 t，仅占屏山站同期年均输沙量的 0.3%，说明水库群拦沙对屏山站输沙量的影响不大。

（2）1991～2005 年水库年均淤积泥沙约 2 570 万 m^3，约合 3 339 万 t。与 1956～1990 年相比，年均拦沙量增加 2 565 万 t，主要是二滩水库拦沙所致。二滩水库拦沙对屏山站的减沙作用系数约为 0.85，则其拦沙引起的屏山站的年均减沙量为 3 905 万 t（1999～2005 年），占屏山站同期年均输沙减少量的 48%。

（3）2006～2015 年水库年均淤积泥沙约 9 391 万 m^3，约合 12 208 万 t。与 1991～2005 年相比，年均拦沙量增加 8 869 万 t，主要是金沙江中下游干流梯级水库拦沙所致。据估算，金沙江中、下游梯级水库拦沙对屏山站的减沙作用系数分别为 0.85 和 0.99。因此，金沙江中下游梯级水库拦沙引起的屏山站的年均减沙量为 1.77 亿 t，占屏山站同期年均输沙减少量的 83%。

综上所述，1956～1990 年、1991～2005 年、2006～2015 年水库拦沙对屏山站的减沙权重分别为 0.3%、48% 和 83%，水库拦沙作用逐步增强；空间上，1991～2005 年、2006～2015 年，对屏山站减沙造成影响的水库主要分布在雅砻江流域和金沙江中下游干流。从长远来看，金沙江中下游干流和雅砻江梯级水库均位于流域的重点产沙区，拦截了流域的绝大部分来沙，未来在此区域内再兴建水库，其对屏山站的拦沙贡献也不会发生较大变化，仅梯级水库各个库区的淤积分布可能会发生改变。因此，本次水库群拦沙计算结果基本能反映未来金沙江流域的水库拦沙趋势。

4.4.3 长江上游水库群拦沙综合计算

1. 大型水库群拦沙调查

1）金沙江下游梯级水库

金沙江下游干流已建有乌东德水库、白鹤滩水库、溪洛渡水库和向家坝水库 4 座水库，总装机容量相当于两座三峡水库。金沙江下游梯级水库的设计总装机容量约为 4 000 万 kW，年均总发电量超 1 850 亿 kW·h，水库总库容超 410 亿 m^3，总调节库容为 204 亿 m^3。

金沙江下游向家坝水库、溪洛渡水库分别于 2012 年 10 月 10 日、2013 年 5 月 4 日蓄水运行，2013～2018 年，受向家坝水库、溪洛渡水库蓄水影响，金沙江下游输沙量大幅减少，向家坝站年径流量、年输沙量分别为 1 371.7 亿 m^3、169.2 万 t，较 1954～1990 年（年均径流量和输沙量分别为 1 436.8 亿 m^3 和 24 627 万 t）分别减小 4.5% 和 99.3%。

2013～2018 年，三堆子站年均输沙量为 1 438 万 t，龙川江小黄瓜园站输沙量为 89 万 t，三堆子至白鹤滩段（不含龙川江）来沙为 6 879 万 t。根据第 3 章的成果，溪洛渡库区来沙量约为 1 600 万 t，向家坝库区来沙量约为 300 万 t，则入库输沙量为 10 306 万 t，出库输沙量为 169.2 万 t，拦沙量为 10 136.8 万 t，水库拦沙率为 98.4%。2020 年后，随着乌东德水库和白鹤滩水库的蓄水运用，金沙江下游 4 座梯级水库的拦沙率将至少维持在目前的水平。

2）岷江紫坪铺水库

紫坪铺水库位于四川省成都市西北的岷江上游，工程于 2001 年 2 月开工建设，正常蓄水位为 877 m，总库容为 11.12 亿 m^3，兴利库容为 4.247 亿 m^3，死库容为 2.24 亿 m^3，最大坝高为 156 m，2002 年 11 月 23 日实现截流，2005 年底四台机组全部投产发电。

岷江上游紫坪铺至汶川段河道受地震影响大，地震期间河道及库区淤积强烈，无库区河段后期河道冲刷也很强烈。紫坪铺水库受汶川地震影响尤其严重。库区发生多处滑坡，库尾淤积严重，已成为河道形态，累积性淤积抬高。据野外对淤积厚度的粗略估算，地震产生的泥沙导致紫坪铺水库淤积泥沙量约 1.8 亿 m^3，约占总库容的 16.2%，占死库容的 80.4%，水库年均淤积量为 1 350 万 t，淤积率约为 1.2%。

3）嘉陵江宝珠寺水库

宝珠寺水库位于四川省广元市三堆镇，水库总库容为 25.5 亿 m^3，正常蓄水位为 588 m，水库面积为 61.2 km^2，干流回水长度为 67 km，相应的库容为 21.0 亿 m^3，死水位为 588 m，调节库容为 12.4 亿 m^3，具有不完全年调节性能。1996 年 10 月下闸蓄水，第一台机组发电，1998 年竣工。

宝珠寺水库坝址控制流域面积 28 428 km^2，占全流域的 89%，坝址下游三磊坝站多年平均输沙量为 2 160 万 t，多年平均含沙量为 2.04 kg/m^3。根据 1995 年 7 月～2001 年 4 月库区地形资料分析，宝珠寺水库年均入库沙量为 2 370 万 t，1997～2000 年共计入库沙量 9 480 万 t（约 7 584 万 m^3），水库淤积量为 7 122 万 m^3，年均淤积量为 1 781 万 m^3，且大部分淤积在白龙江库区内。宝珠寺水库的泥沙淤积计算表明，当宝珠寺水库运用 50 年时，库区泥沙淤积量将达到 7.49 亿 m^3。林向阳（2017）的研究表明，宝珠寺水库建库后多年平均输沙量减少了 12.7%，水库泥沙淤积年限在 100 年以上，水库运用初期 10 年末，水库排沙比仅为 6%。

4）乌江思林水库、沙沱水库、彭水水库及银盘水库

思林水库总库容为 12.05 亿 m^3，2009 年全部机组发电。沙沱水库总库容为 9.21 亿 m^3，2013 年 4 月下闸蓄水，5 月第一台机组投产。彭水水库坝址以上流域面积为 69 000 km^2，总库容为 14.65 亿 m^3，于 2007 年 10 月投产发电，2009 年机组全部投产。银盘水库总库容为 2.2 亿 m^3，2007 年大江截流，2011 年 4 月首台机组发电。

2007～2008 年，彭水水库单独运行期间，思南站年均输沙量为 265 万 t，武隆站年均输沙量为 710 万 t，区间来沙量按 731 万 t 计，彭水水库年均淤积量为 286 万 t，约合 260 万 m^3，水库拦沙率为 28.7%，水库淤积率为 0.2%。2009～2012 年，彭水水库和思林水库共同运行期间，若构皮滩至思南段输沙量按乌江渡至思南段来沙量（383 万 t）的 1/2 计，为 191.5 万 t，思南站年均输沙量为 109 万 t，武隆站年均输沙量为 244 万 t，若区间来沙量按 731 万 t 计，彭水水库+思南水库年均淤积量为 596 万 t，约合 541 万 m^3，

两座水库共同的拦沙率为 71.1%，水库淤积率为 0.2%。2013～2018 年，彭水水库、思林水库、沙沱水库和银盘水库 4 座水库共同运行期间，彭水水库、思南水库、沙沱水库年均淤积量为 697 万 t，约合 634 万 m³，4 座水库共同的拦沙率为 70.0%，水库淤积率为 0.18%。按此淤积率计算，乌江下游水库维持现有拦沙能力的时间可达 100 年以上。

2. 上游水库拦沙量分析

"七五"期间，水利部长江水利委员会水文测验研究所曾对长江上游各类水库的年淤积率进行了分析，大型、中型、小型水库年淤积率平均分别为 0.65%、0.4%、0.9%。

对于长江上游 1954～1987 年水库的容积和年淤积量[不包括小（二）型水库和堰塘]，从各年代变化来看，20 世纪 70 年代修建的水库最多，库容增长最快。总体上，长江上游水库的数量和库容不断增加，其拦沙作用明显增强，20 世纪 80 年代初水库年淤积量已达 1.0 亿 m³（约 1.1 亿 t）。此外，长江上游堰塘、堰群的年拦沙量也占有相当大的比重。据不完全统计，岷沱江和嘉陵江 1956～1987 年 50.6 万余处塘堰的年拦沙量约为 5975 万 m³。

1954～1990 年水库的淤积拦沙资料主要沿用已有成果，1991～2005 年新建水库则主要结合水库淤积拦沙典型调查成果；当水库死库容淤满后，认为水库达到淤积平衡，不计其拦沙作用。假设 1991～2005 年新建小型水库的总淤积（拦沙）率与 1950～1990 年一致。大型水库库容占所有水库库容的 86.7%，计算水库拦沙量时，重点考虑大型水库拦沙。

中、小型水库由于缺乏水文资料，其拦沙估算主要按拦沙率，并适当考虑区域输沙模数，先根据累计库容计算累计淤积量，再计算各时段的平均淤积量。金沙江、嘉陵江、宜宾至三峡大坝段中型水库淤积率按 0.4%计，小型水库按 0.9%计；岷沱江中型水库淤积率按 0.3%计，小型水库按 0.67%计；乌江中型水库淤积率按 0.34%计，小型水库按 0.22%计（许全喜，2007）。

为与降雨资料保持一致，水库拦沙统计时段为 1954～1990 年、1991～2005 年、2006～2012 年、2013～2018 年。不同时段大型水库淤积量所占的比重大，金沙江、岷沱江、嘉陵江和乌江大型水库淤积量占流域水库总淤积量的比重分别为 92.0%、76.3%、69.7%和 65.5%。

3. 水库拦沙综合计算

根据调查结果和上述应用于金沙江流域的水库拦沙估算方法，绘制流域库容曲线、水库拦沙曲线，通过水库拦沙曲线求出每年的水库拦沙量，得出其占减沙量的比重（表 4.4.4）。

长江上游各支流水库大坝与出口地面的距离各不相同，拦沙作用系数也有较大差异。干流宜宾至寸滩段距离较长，水库拦沙后，下泄"清水"导致长江干流及支流出口控制站下游段河道冲刷，恢复了一部分输沙量。

表 4.4.4　长江上游水库拦沙量引起的输沙量变化贡献率估算表

区域	时段	年降雨量/mm	实测径流量/亿 m³	实测输沙量/万 t	累计平均库容/亿 m³	平均淤积量/万 t	水库拦沙量/万 t	拦沙作用系数调整后的水库拦沙量/万 t
金沙江	1954~1990 年	711.5	1 430	24 500	17.4	1 320	—	—
	1991~2005 年	730.0	1 521	25 800	70.6	4 890	3 570	3 570
	2006~2012 年	681.4	1 308	13 200	119.7	5 560	4 240	4 240
	2013~2018 年	686.0	1 372	169	394.3	19 400	18 080	18 080
岷沱江	1954~1990 年	1 093.0	1 008	6 380	18.0	1 700	—	—
	1991~2005 年	1 040.8	930	4 010	42.1	2 940	1 240	1 054
	2006~2012 年	995.6	862.3	2 450	71.3	3 550	1 850	1 572
	2013~2018 年	1 037.7	944.5	2 650	98.1	4 950	3 250	2 763
嘉陵江	1954~1990 年	959.7	703.7	14 600	26.0	1 330	—	—
	1991~2005 年	866.9	557.1	3 580	89.3	5 860	4 530	4 530
	2006~2012 年	922.2	656.4	2 870	152.3	7 900	6 570	6 570
	2013~2018 年	914.9	597.5	2 670	222.1	8 600	7 270	7 270
乌江	1954~1990 年	1 151.4	492.3	3 010	19.3	850	—	—
	1991~2005 年	1 144.0	514.9	1 830	79.4	1 830	980	833
	2006~2012 年	1 041.4	411.4	392	209.1	2 190	1 340	1 139
	2013~2018 年	1 103.4	467.8	262	264.8	2 790	1 940	1 649
寸滩站	1954~1990 年	868.7	3 507	46 000	61.5	5 350	—	—
	1991~2005 年	848.5	3 375	31 300	202.0	13 700	8 350	8 350
	2006~2012 年	818.1	3 175	17 400	343.3	17 000	11 650	11 650
	2013~2018 年	835.2	3 336	6 930	714.5	32 900	27 550	27 550
长江上游	1954~1990 年	899.0	4 348	52 900	84.6	5 400	—	—
	1991~2005 年	879.8	4 291	36 400	250.7	14 200	8 800	8 800
	2006~2012 年	842.1	3 888	20 100	426.5	18 400	13 000	13 000
	2013~2018 年	864.4	4 286	8 890	823.3	34 400	29 000	29 000

　　金沙江下游是强产沙区，泥沙补给来源充足，上游减少的泥沙在下游可以很快得到补充，拦沙作用系数接近 1，拦沙量不做调整。1991~2005 年较 1954~1990 年增加拦沙量 3 570 万 t，2006~2012 年增加 4 240 万 t，2013~2018 年增加 18 080 万 t。

　　岷沱江流域本身来沙量不大，含沙量较小，水库拦沙后坡面及河道冲刷会恢复部分泥沙，水库拦沙作用系数按 0.85 计。1991~2005 年较 1954~1990 年增加拦沙量 1 054 万 t，2006~2012 年增加 1 572 万 t，2013~2018 年增加 2 763 万 t。

　　嘉陵江流域拦沙作用系数不做调整。1991~2005 年较 1954~1990 年增加拦沙量

4 530 万 t，2006～2012 年增加 6 570 万 t，2013～2018 年增加 7 270 万 t。

乌江流域来沙量较少，含沙量较小，水库拦沙后坡面及河道冲刷会恢复部分泥沙，水库拦沙减沙作用系数按 0.85 计。1991～2005 年较 1954～1990 年增加拦沙量 833 万 t，2006～2012 年增加 1 139 万 t，2013～2018 年增加 1 649 万 t。

长江上游地区（不含三峡水库及葛洲坝水库）水库拦沙量为金沙江、岷沱江、嘉陵江、乌江和干流区间之和。1991～2005 年较 1954～1990 年增加拦沙量 8 800 万 t，2006～2012 年增加 13 000 万 t，2013～2018 年增加 29 000 万 t。

4.5 河道采砂等其他因素的影响

4.5.1 长江上游采砂影响分析

1. 金沙江及宜宾市以下采砂概况

1）金沙江采砂概况

向家坝水库成库后，库区水深条件较为优越，同时有泥沙淤积，库区采砂活动较为明显。从现场观测情况来看，向家坝库区采砂船较多，结合河道两岸的料场个数及堆料情况可以判定（图 4.5.1），向家坝库区采砂较为严重。

（a）JA125 断面附近采砂船　　　（b）JA138 断面右岸料场　　　（c）JA143 断面附近采砂船

图 4.5.1　2019 年向家坝库区砂石料场及采砂船现场作业情况

从断面的实际变化来看，2018 年 5 月～2019 年 5 月 JA147 断面河槽最大冲刷幅度达 18 m（图 4.5.2），实地观测期间发现该断面附近有大规模采砂船作业（图 4.5.1），类似的情况在其下游 JA137 断面也有出现，2018 年 5 月～2019 年 5 月 JA137 断面河槽最大冲刷幅度达 13 m，且主槽形态呈不连续的锯齿状，该类断面的明显冲刷有可能是采砂活动造成的。

金沙江河道采砂的对象主要是卵石、粗砂类推移质，对悬移质输沙量的影响较小。金沙江干流河段在成库以前，采砂情况比较少，支流的采砂点较多，但由于当地经济不发达，对砂石的需求量较小，采砂规模一般不大。图 4.5.3 为金沙江下游典型支流河道的采砂情

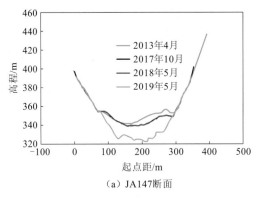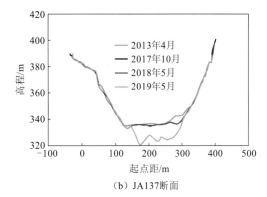

（a）JA147断面　　　　　　　　　　　（b）JA137断面

图 4.5.2　向家坝库区采砂导致的断面冲淤变化图

况，其中，对坪河为一条泥石流沟，泥石流暴发频繁，河道来沙量大，大量泥沙在沟口堆积，泥沙来源丰富，几乎每年都有大量的泥沙补充，图 4.5.3（a）河道中堆积的泥沙达数百立方米；金阳河下游河道采砂规模达数万立方米；西溪河上游竹核乡境内的一处河道采砂是直接在河漫滩上开挖并进行分选，采砂后堆积的沙量为 2 000～3 000 m³。

（a）对坪河河道采砂　　　（b）金阳河下游河道采砂　　　（c）西溪河上游竹核乡河道采砂

图 4.5.3　金沙江典型支流河道的采砂情况

2）宜宾市以下采砂概况

根据《长江上游干流宜宾以下河道采砂规划（2015—2019 年）》，长江上游可采区年度控制开采个数为 72 个，其中重庆市 69 个，湖北省 3 个；年度控制开采总量为 1 530 万 t，其中重庆市 1 506 万 t（寸滩站上游 777 万 t，下游 729 万 t），湖北省 24 万 t。规划保留区为可采区、禁采区以外的区域，经论证并履行相关手续转化为可采区的，其采砂量纳入年度控制采砂总量。采砂期为寸滩站流量大于 25 000 m³/s 的时段和每年的 2 月 1 日～4 月 30 日。

根据水利部长江水利委员会（2019）的统计，2016～2018 年重庆市共许可可采区 37 个（含 1 个保留区转化的可采区），许可采砂总量为 788.1 万 t，实际实施 36 个（8 个可采区涉及两次许可与实施），实际采砂量为 472.7 万 t。具体实施情况为：2016 年实施可采区 17 个，实际采砂量为 213.0 万 t；2017 年实施可采区 19 个，实际采砂量为 124.8 万 t；2018 年实施可采区 8 个，实际采砂量为 134.9 万 t。实际采砂量较控制开采总量明显偏少。

重庆市江段大规模采砂始于 20 世纪 80 年代初，主要为人工采砂，采集的既有大颗粒的卵石，又有粒径为 0.1～1 mm 的粗砂，粗砂与卵石的比例约为 7∶3。80 年代末～90 年代初，采砂方式逐渐向机械化过渡，采砂量进一步增大。长江上游河段规模较大的采砂调查共有三次，1993 年（水利部长江水利委员会水文局荆江水文水资源勘测局）、2002 年、2013 年（长江上游水文水资源勘测局）。三峡水库蓄水前，宜宾市以下江段的采砂主要集中在重庆市江段和泸州市江段，1993 年和 2002 年采砂量分别为 1 215 万 t 和 1 251.1 万 t。2013 年长江上游朱沱至涪陵段累计采砂约 2 965 万 t，采砂主要集中在重庆市主城区江段南岸区、九龙坡区和渝北区，平均采砂强度较 1993 年和 2002 年略偏大。

长江上游除干流外，各级支流也存在大规模的采砂活动。但由于缺乏统计数字，支流采砂规模无法准确评估。在野外查勘过程中，在各级支流均发现有采砂现象，支流总体采砂规模均明显大于干流地区，但支流采砂点下游多有水库，采砂点采砂减少的输沙量多体现为水库拦沙量的减少，对三峡水库入库泥沙影响不大。

岷沱江、嘉陵江、三峡库区经济较为发达，河道采砂规模较大，但由于考察的范围小，所见采砂点较少。图 4.5.4 为宜宾市以下典型支流河道的采砂情况，其中：图 4.5.4（a）为沱江猫猫寺水库下游新庙了村边滩的一处采砂场，该采砂场采砂规模较大，采砂范围也较大，总采砂量达 300 余万立方米，主河道、洲滩均采，已经破坏了洲滩的基本形态；图 4.5.4（b）为涪江下游干流的一个采砂场，规模不大；图 4.5.4（c）为三峡库区香溪河的一处采砂堆积场，采砂规模较大，堆积场堆积规模约为 10 万 m³。

（a）猫猫寺水库下游洲滩采砂场　　（b）涪江流域采砂活动　　（c）香溪河采砂堆积场

图 4.5.4　宜宾市以下典型支流河道的采砂情况

2. 典型区域采砂量计算分析

本次在调查了解沿江历史采砂及采砂管理现状的基础上，对金沙江干流向家坝至宜宾段的采砂点位置、采砂数量等进行了调查。调查采用实地查勘结合访问的方式进行，主要利用船舶，从下游往上游沿江实地查勘各采砂点，并辅以车辆，对采砂船船主、操作人员、运砂船人员、当地居民、渔民等进行访问，调查采砂情况。重点对豆坝和周坝两个采砂区进行了分析。

1）采砂现场调查

现场调查显示，沿江开挖的建筑骨料主要为沙和砾卵石。沙、砾石、小卵石主要用于制作砂砖、混凝土预制件、砌砖的砂浆及建筑物面层粉料等；大卵石材料主要用于修建道路、阶梯、房脚、道路基垫等；另有部分大卵石直接运到砂石厂碎成小石子。近期，由于向家坝至宜宾段河道两岸修建堤防等工程，大量砂卵石被作为建筑骨料就地取用。

河道建筑骨料开采分为洲滩岸采和水下采砂两种情况，采砂现已基本实现了机械化作业，或以大型的挖土机、推土机岸上作业，或以泵吸式抽砂船、链斗式挖砂船进行水下作业，人工采砂由于速度慢、效率低，量极少，已基本消失。其中，洲滩岸采主要采用大型挖土机作业，现场进行筛分处理，并由大型载重卡车向外运送，岸上、水下采砂作业现场情况如图 4.5.5。

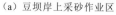

（a）豆坝岸上采砂作业区　　　　　　　（b）周坝水下采砂作业区

图 4.5.5　典型岸上、水下采砂作业现场情况图

水下采砂主要采用链斗式挖砂船；链斗式挖砂船一般布置在卵石浅滩或边滩区域，同时挖取砾卵石和细沙。以往链斗式挖砂船安装有专门的连续过筛装置，采掘的泥沙的粒径一般在 4~64 mm，大颗粒卵石会弃于河中，但现在由于碎石技术的完善，链斗式挖沙船所采掘的砂卵石为全粒径资源，不再有弃料，且沙和卵石在现场分离，由运砂船分别运往卸砂点。

按规定要求，砂石资源开采作业时间应严格执行可采期、禁采期规定，并符合其他行业有关禁采时段的要求。根据 2010 年 3 月 12 日《水利部关于修改〈长江河道采砂管理条例实施办法〉的决定》，"每年 6 月 1 日至 9 月 30 日以及河道水位超过警戒水位时，为长江宜宾以下干流河道（不含三峡水库库区河道）采砂的禁采期"。

洲滩机械挖砂为持续性开采，开挖深度一般为 2~6 m，深处可达 15 m 以上，如豆坝采砂区。水下采砂作业时，依据水深和采砂船上采掘机械的臂长，挖掘深度不等，一般在 2~6 m。

2）采砂量计算方法

由于洲滩、水下采砂方式不同，采砂量的计算也略有差异。

洲滩采砂一般在枯水期进行，各采砂点采砂量 $W_{采,洲}$ 的计算公式为

$$W_{采,洲} = W_{坑} - W_{留} \tag{4.5.1}$$

$$W_{坑} = V_{坑}r \tag{4.5.2}$$

$$W_{留} = V_{留}r_{留} \tag{4.5.3}$$

式中：$W_{坑}$ 为采砂坑沙量；$V_{坑}$ 为采砂坑体积，采用皮尺和标杆测量；r 为换算系数，卵石河床取 1.9 t/m³，沙质河床取 1.4 t/m³；$W_{留}$ 为留置下来没有被运走的粗颗粒泥沙量；$V_{留}$ 为留置体体积；$r_{留}$ 为留置体换算系数，均现场测算。若全部被运走，则 $W_{采,洲} = W_{坑}$。

水下各采砂点年采砂量 $W_{采,水下}$ 的计算公式为

$$W_{采,水下} = \sum_{i=1}^{N} f_i t_i \qquad (4.5.4)$$

式中：N 为采砂船条数；t_i 为第 i 条船每年的采砂时间，天；f_i 为第 i 条采砂船每天的采砂量。

水下采砂点范围主要根据各区县采砂招拍挂采砂点、采砂作业人员指定的区域勾绘。

3）采砂量分析

2018 年采砂调查发现豆坝有三处岸上采砂点，周坝有一处水下采砂点。豆坝为一狭长的采砂区，规模较大，长 2 000 m，平均宽 260 m，深 5～20 m，体积超 600 万 m³，从 2000 年开始大规模开采。该采砂区以旱采为主，水采部分较少。根据采砂场的规模、开采时间及在采砂点的访问，该采砂区年采砂量约为 65 万 t。周坝采砂区主要为水采，旱采比例较小。采砂区长 1 400 m，宽 150 m，深约 10 m（含水上和水下两部分），采砂总规模约为 200 万 m³。水下采砂由挖砂船作业，按一艘挖砂船，平均日采砂 1 400 t，平均月作业 20 天计，该采砂区年采砂量约为 33.6 万 t。

另外，根据宜宾市翠屏区河道采砂年度应急实施方案（2011～2012 年），在该区雪滩至金沙（JY03～JY06 断面）长约 6.3 km 的河段内有 8 个采砂点，年开采控制量为 52.8 万 t，采砂作业区已经停止作业。

采用实测固断资料使用断面法进行计算（图 4.5.6），2008 年 3 月～2013 年 11 月，向家坝至宜宾段采砂量为 605 万 m³，年均采砂量为 100 万 m³。区间豆坝、周坝、雪滩至金沙段调查的采砂量年均约为 150 万 t，断面法计算的采砂量略大于调查的采砂量。

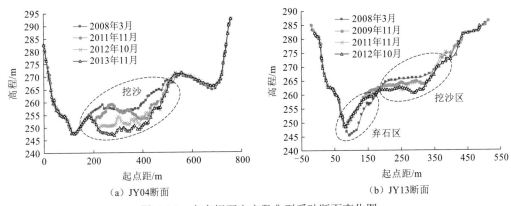

(a) JY04 断面 (b) JY13 断面

图 4.5.6 向家坝至宜宾段典型采砂断面变化图

3. 长江上游干流河道采砂量分析

2015～2017 年开展了宜宾至铜锣峡段采砂调查，宜宾至铜锣峡段大规模采砂作业已基本停止，大量采砂船废弃或由地方人民政府统一组织停靠岸边。同时，为保证长江大渡口至铜锣峡段航运安全，主要在朝天门至九龙坡段开展了航道疏浚、修筑丁顺坝等航道整治施工作业。本小节选取长江上游河道采砂较为频繁的河段作为对象，根据实测地

形资料（固定断面），对采砂影响较为显著的局部区域于汛前、汛后开展河道地形和床沙取样观测，用于计算采砂量。

1）宜宾至铜锣峡段

（1）宜宾至江津段。2015 年宜宾至朱沱段采砂较为严重。宜宾至江津段由采砂引起的地形变化量约为 6 706.5 万 m³。其中，2014 年 10 月~2015 年 4 月采砂引起的地形变化量约为 2 731.2 万 m³，2015 年 4~10 月采砂引起的地形变化量约为 3 975.3 万 m³。分段来看，宜宾至朱沱段、朱沱至江津段断面采砂引起的地形变化量分别为 4 751.3 万 m³和 1 955.2 万 m³（表 4.5.1）。

表 4.5.1　2015 年宜宾至江津段断面采砂影响的地形变化量统计表（单位：万 m³）

河段	河长/km	时段		
		2014 年 10 月~2015 年 4 月	2015 年 4~10 月	2014 年 10 月~2015 年 10 月
宜宾至朱沱段	233	2 003	2 748.3	4 751.3
朱沱至江津段	63	728.2	1 227	1 955.2
宜宾至江津段	296	2 731.2	3 975.3	6 706.5

在 2016 年前，宜宾至江津段均有大量的采砂作业活动，2015 年仅为个例。2016 年后宜宾至江津段全线禁采，采砂活动留下了大量采砂坑，遇支流来沙较大的年份，采砂坑存在一定的回淤现象。

（2）江津至大渡口段。2015 年江津至大渡口段由采砂引起的地形变化量约为 420 万 m³，采砂以 2015 年 4~10 月为主，这期间采砂引起的地形变化量约为 415 万 m³。采砂引起的地形变化量见表 4.5.2，采砂幅度较大的典型断面见图 4.5.7。2016 年、2017 年江津至大渡口段由采砂引起的地形变化量分别约为 1 013 万 m³和 292 万 m³。

表 4.5.2　江津至大渡口段断面采砂影响的地形变化量统计表　（单位：万 m³）

河段	时段			
	2014 年 10 月~2015 年 4 月	2015 年 4~10 月	2014 年 10 月~2015 年 10 月	2016 年
江津至大中坝段	49.1	139.6	188.7	845.6
大中坝至大渡口段	-44.1	275.4	231.3	167.4
江津至大渡口段	5	415	420	1013

注：表中负值表示堆沙引起的地形变化量，下同。

（3）大渡口至铜锣峡段。2015 年大渡口到铜锣峡段由采砂引起的地形变化量约为 259.2 万 m³，采砂以 2015 年 4~10 月为主，这期间采砂引起的地形变化量约为 157.5 万 m³，且采砂主要分布在朝天门以下。2016 年、2017 年大渡口到铜锣峡段由采砂引起的地形变化量分别约为 185.3 万 m³、274 万 m³，2016 年主要集中在大渡口至朝天门段。采砂引起的地形变化量见表 4.5.3，采砂幅度较大的典型断面见图 4.5.8。

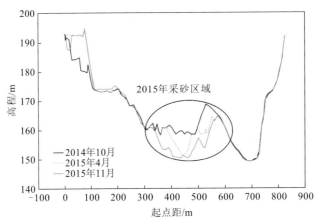

图 4.5.7 江津至大渡口段典型采砂断面（S349 断面）变化图

表 4.5.3 大渡口至铜锣峡段断面采砂影响的地形变化量统计表 （单位：万 m³）

河段	时段			
	2014 年 10 月～2015 年 4 月	2015 年 4～10 月	2014 年 10 月～2015 年 10 月	2016 年
大渡口至朝天门段	20	52.9	72.9	144.3
朝天门至铜锣峡段	81.7	104.6	186.3	41
大渡口至铜锣峡段	101.7	157.5	259.2	185.3

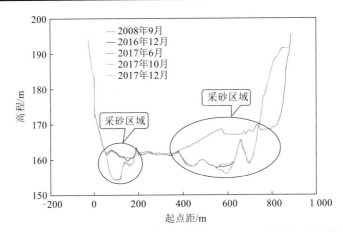

图 4.5.8 大渡口至铜锣峡段典型采砂断面（CY39 断面）变化图

2）铜锣峡至万县段

（1）铜锣峡至涪陵段。2014～2015 年铜锣峡至涪陵段由采砂引起的地形变化量约为 1 063.1 万 m³，采砂以 2015 年 4～10 月为主，这期间采砂引起的地形变化量约为 682.8 万 m³。采砂引起的地形变化量见表 4.5.4，采砂典型断面见图 4.5.9。2016 年、2017 年铜锣峡至涪陵段由采砂引起的地形变化量分别约为 1 635.1 万 m³ 和 666 万 m³。

表 4.5.4　铜锣峡至涪陵段断面采砂影响的地形变化量统计表　　（单位：万 m³）

河段	时段			
	2014 年 10 月～2015 年 4 月	2015 年 4～10 月	2014 年 10 月～2015 年 10 月	2016 年
铜锣峡至扇沱段	232.4	468.8	701.2	842.4
扇沱至涪陵段	147.9	214	361.9	792.7
铜锣峡至涪陵段	380.3	682.8	1063.1	1635.1

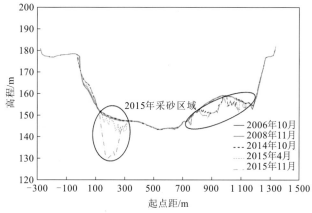

图 4.5.9　铜锣峡至涪陵段典型采砂断面（S301 断面）变化图

（2）涪陵至丰都段。2014～2015 年涪陵至丰都段由采砂引起的地形变化量约为 373.8 万 m³，采砂以 2015 年 4～10 月为主，这期间采砂引起的地形变化量约为 271 万 m³，采砂主要集中在珍溪以上河段。2016 年、2017 年涪陵至丰都段由采砂引起的地形变化量分别约为 325.1 万 m³和 611 万 m³。采砂引起的地形变化量见表 4.5.5，采砂典型断面见图 4.5.10。

表 4.5.5　涪陵至丰都段断面采砂影响的地形变化量统计表　　（单位：万 m³）

河段	时段			
	2014 年 10 月～2015 年 4 月	2015 年 4～10 月	2014 年 10 月～2015 年 10 月	2016 年
涪陵至珍溪段	86.3	217.6	303.9	325.1
珍溪至丰都段	16.5	53.4	69.9	——
涪陵至丰都段	102.8	271	373.8	325.1

（3）丰都至万县段。2014～2015 年丰都至万县段由采砂引起的地形变化量约为 676.8 万 m³，其中 2014 年 10 月～2015 年 4 月采砂引起的地形变化量约为 342.3 万 m³。2016 年、2017 年丰都至万县段由采砂引起的地形变化量分别约为 1 420 万 m³和 686 万 m³，2016 年采砂主要集中在忠县至万县段。采砂引起的地形变化量见表 4.5.6，采砂典型断面见图 4.5.11。

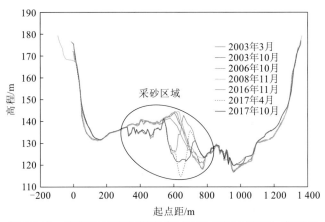

图 4.5.10 涪陵至丰都段典型采砂断面（S254 断面）变化图

表 4.5.6 丰都至万县段断面采砂影响的地形变化量分布表 （单位：万 m³）

河段	时段			
	2014 年 10 月～2015 年 4 月	2015 年 4～10 月	2014 年 10 月～2015 年 10 月	2016 年
丰都至忠县段	354.6	-0.5	354.1	28.3
忠县至万县段	-12.3	335	322.7	1 391.7
丰都至万县段	342.3	334.5	676.8	1 420

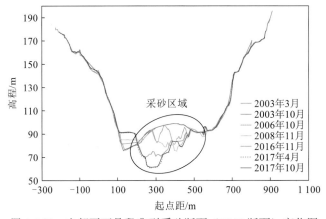

图 4.5.11 丰都至万县段典型采砂断面（S164 断面）变化图

4. 河道采砂对三峡水库入库输沙量的影响

采砂量采用上、下断面由采砂引起的面积变化量的均值乘以断面间距得到。计算时将两断面间的采砂影响进行了均匀处理，而实际采砂情况不可能沿程均匀变化，故采砂量计算值与实际采砂量有一定的出入。通过断面分析得出的采砂量，也可能包括航道整治造成的影响，因没收集到航道整治资料，这里无法区分采砂和航道整治造成的影响，只能近似地将航道整治造成的断面变化也算作采砂的影响。调查数据与采砂规划的数据出入较大，这里采用调查数据。

2008～2013 年，金沙江向家坝至宜宾段豆坝、周坝、雪滩至金沙段三个采砂区调查的采砂量年均约为 150 万 t，主要为洲滩采砂，主河道采砂量较小。

三峡水库蓄水前，1993 年（水利部长江水利委员会水文局荆江水文水资源勘测局）长江上游采砂 1 215 万 t（表 4.5.7），其中，寸滩以上 565 万 t，寸滩以下 650 万 t。2002 年（长江上游水文水资源勘测局）长江上游采砂 1 251 万 t（表 4.5.7），均在寸滩上游。

表 4.5.7　长江上游采砂量统计表　　　　　　　　　（单位：万 t）

河段	1993 年	2002 年	2011 年	2013 年	2015 年	2016 年	2017 年	1991～2005 年	2006～2012 年	2013～2018 年	平均
向家坝至宜宾段	—	—	62	—	—	—	—	—	62	—	61.7
宜宾至寸滩段	565	1 251	1 459	611	8 124	1 318	623	908	1 459	2 669	1 993
寸滩至万县段	650	—	501	105	2 325	3 718	2 159	650	501	2 077	1 576
合计	1 215	1 251	2 022	716	10 449	5 036	2 782	1 558	2 022	4 746	3 631

三峡水库蓄水后，2013 年长江上游采砂 716 万 t，其中，寸滩以上 611 万 t，寸滩以下 105 万 t。2015 年长江上游寸滩（铜锣峡）以上采砂 7 386 万 m^3，合 8 124 万 t，寸滩（铜锣峡）以下采砂 2 114 万 m^3，合 2 325 万 t。2016 年长江上游寸滩（铜锣峡）以上采砂 1 198 万 m^3，合 1 318 万 t，寸滩（铜锣峡）以下采砂 3 380 万 m^3，合 3 718 万 t。2017 年长江上游寸滩（铜锣峡）以上采砂 566 万 m^3，合 623 万 t，寸滩（铜锣峡）以下采砂 1 963 万 m^3，合 2 159 万 t。

长江上游采砂调查不完全，均值计算并未按年份进行加权平均，而只是对有资料的年份进行平均。1991～2005 年按 1993 年和 2002 年平均，2006～2012 年采用 2011 年的值，2013～2018 年按 2013 年、2015～2017 年平均。宜宾至寸滩段 1991～2005 年、2006～2012 年和 2013～2018 年年均采砂量分别为 908 万 t、1 459 万 t 和 2 669 万 t；寸滩至云阳段 1991～2005 年、2006～2012 年和 2013～2018 年年均采砂量分别为 650 万 t、501 万 t 和 2 077 万 t。

长江上游宜宾至寸滩段（调查数据为向家坝至铜锣峡段）和寸滩至三峡大坝段（调查数据为铜锣峡至云阳段）采砂对三峡水库入库输沙量的影响有一定的差异。因上游入库泥沙是以寸滩断面为基准计算的，宜宾至寸滩段的采砂是未进入库区的泥沙，采砂留下的采砂坑需要后期泥沙来填补，从而减少了三峡水库入库泥沙量，考虑长江上游总减沙量时，已在寸滩站输沙量数值上有所反映，总减沙量不需要加上这部分采砂量；寸滩至三峡大坝段的采砂是已经进入库区的泥沙，采砂使库区的泥沙淤积量减少，相当于入库输沙量减少，在入库输沙量数值上没有反映，总减沙量需要另外加上这部分采砂量。

寸滩站上游各支流出口断面（向家坝站、横江站、高场站、富顺站、北碚站）输沙量之和与寸滩输沙量并不相等，各支流输沙量总和明显大于寸滩站，其输沙量差值为区间采砂量和冲淤量之和（表 4.5.8）。向家坝至寸滩段输沙量根据赤水河输沙模数外推得到，可能存在一定的误差，各支流合计值和寸滩各时段的统计值与第 3 章略有出入，由统计年数不一致造成，表 4.5.8 中只统计每个站都有输沙量数值的年份。可以看出，向家坝至寸滩段总体上处于淤积状态，河道采砂使进入三峡库区的输沙量减少，1991~2005 年、2006~2012 年和 2013~2018 年年均分别减少入库输沙量 908 万 t、1 459 万 t 和 2 669 万 t。2013~2018 年，宜宾至寸滩段处于冲刷状态（详见第 6 章），而其他年份则处于淤积状态。

表 4.5.8   长江寸滩上游输沙量平衡表   （单位：万 t）

时段	支流合计	向家坝至寸滩段	寸滩	寸滩上游河道采砂量	河道冲淤量	寸滩下游河道采砂量
1954~1990 年	45 873	4 534	44 390	—	6 017	—
1991~2005 年	28 632	2 439	26 134	908	4 029	650
2006~2012 年	19 308	1 355	17 402	1 459	1 802	501
2013~2018 年	6 231	1 043	6 930	2 669	-2 325	2 077

向家坝至宜宾段的砂石资源经过以往多年的持续开采，储量大为减少，2016 年后宜宾河段已停止采砂。宜宾至寸滩段前期河道淤积量大，尚有一定的砂石资源可供开采，但该河段多处于生态保护区和保留区，采砂受到限制，根据《长江上游干流宜宾以下河道采砂管理规划（2020—2025 年）》，宜宾至三峡大坝段的采砂量也将大幅度减少。金沙江、岷沱江、嘉陵江等河流上游的梯级水库建成后，由于卵石推移质基本留在各水库内，悬移质细颗粒泥沙也急剧减少，故向家坝至寸滩段砂石资源的补给也将大大减少，砂石资源主要来自前期淤积于河道中的泥沙及区间少量的补充。随着上游来沙量的减少，下泄"清水"对河道的冲刷作用加剧，近期由于已采砂区域带来的河道破坏、遗留的采砂坑等，需要上游来沙进行填充，实现河道的自我调整和修复，减少三峡水库入库沙量。采砂坑自我调整和修复对河道演变的影响及对减少三峡水库入库沙量的影响可能还将持续一段时间。

随着我国大规模的基建和房地产建设即将进入尾声，对砂石资源量的需求也在逐渐减小，虽然砂石资源减少，但采砂量也将逐步减少，采砂对三峡水库入库输沙量的影响也可能减小，河道冲刷对入库输沙量的影响可能增大。河道采砂和河道冲刷对河道的作用过程相同，但对三峡水库入库输沙量的影响相反，前者使三峡水库入库输沙量减少，后者使三峡水库入库输沙量增加。长江上游支流的采砂影响主要在于减小支流水库的淤积，对三峡水库入库输沙量影响不大。

4.5.2 长江中下游采砂影响分析

1. 规划采砂

长江干流河道采砂由来已久。为加强长江河道采砂管理，理顺管理体制，明确管理职责，切实维护长江河势稳定，保障防洪和通航安全，水利部先后于 2003 年、2011 年和 2016 年批复了三轮《长江中下游干流河道采砂规划》。

第一轮采砂规划的规划期为 2002～2010 年。当时沿江各地经济社会建设对砂料的需求主要是建筑砂料，中下游建筑砂料补给也相对充足。因此，规划对象为建筑砂料开采，规划可采区 33 个，年度控制开采总量为 3 400 万 t。

第二轮采砂规划的规划期为 2011～2015 年。长江中下游沿江地区基础设施建设快速推进，江苏省、湖北省等地场平、路基填筑等基础设施项目大量增加，对吹填等其他砂料（主要是填筑类）的开采需求大幅增长。为加强这类砂料的管理，将吹填等其他砂料的采砂量纳入年度采砂总量控制。从第二轮采砂规划开始，规划对象既包括建筑砂料开采，又包括吹填等其他砂料开采。建筑砂料共规划可采区 41 个，年度控制开采总量为 1 940 万 t，其他砂料年度控制开采总量为 7 780 万 t。

第三轮采砂规划的规划期为 2016～2020 年，规划对象包括建筑砂料开采和吹填等其他砂料开采。考虑到长江中下游来沙量明显减少，泥沙补给不足，第三轮采砂规划进一步从严控制了可采区个数和年度采砂控制总量。其中，建筑砂料共规划可采区 32 个，年度控制开采总量为 1 730 万 t，其他砂料年度控制开采总量为 6 600 万 t。

2004 年以来规划可采区的许可情况如表 4.5.9 所示。2004～2019 年，水利部长江水利委员会和有关省（直辖市）水行政主管部门共许可规划可采区 76 个，许可采砂量 6 920.6 万 t。从三轮采砂规划的对比来看，第一轮采砂规划实施初期，建筑砂料开采达到峰值，之后呈逐年减小的趋势。第二轮采砂规划期间，许可可采区数量和许可采砂量明显减少，年均许可可采区个数不足 4 个，许可采砂量约为 220 万 t。2013 年、2014 年虽然许可可采区数量有所增加，但许可可采区实际完成的采砂量较少。例如，2013 年许可 5 个可采区，许可采砂量为 319 万 t，实际完成采砂量 156.2 万 t，完成的采砂量不到许可采砂量的 1/2；2014 年许可 5 个可采区，许可采砂量为 315 万 t，实际实施的可采区为 3 个，实际完成采砂量 77.23 万 t，仅约占许可采砂量的 1/4。至第三轮采砂规划，可采区许可数量及许可采砂量出现了进一步的减少，2016～2019 年，年均许可可采区 1 个，年均许可采砂量 70 万 t。实际实施的数量更少，4 年间累计实施可采区 3 个，总采砂量为 146 万 t。综合来看，长江中下游用于建筑砂料开采的规划可采区的实施率越来越低。

表 4.5.9　规划可采区历年许可情况统计表

年份	湖北省		江西省		安徽省		省际边界重点河段		合计	
	个数/个	采砂量/万 t	个数/个	采砂量/万 t	个数/个	采砂量/万 t	个数/个	采砂量/万 t	个数/个	采砂量/万 t
2004	6	810	3	310	—	—			9	1 120
2005	9	1 040	4	390	3	270	—	—	16	1 700
2006	4	395	3	240	5	400	2	320	14	1 355
2007	2	160	2	160	3	230	—	—	7	550

续表

年份	湖北省		江西省		安徽省		省际边界重点河段		合计	
	个数/个	采砂量/万t	个数/个	采砂量/万t	个数/个	采砂量/万t	个数/个	采砂量/万t	个数/个	采砂量/万t
2008	2	140	2	320	—	—	—	—	4	460
2009	1	30	2	124	1	120	—	—	4	274
2010	1	80	—	—	—	—	—	—	1	80
2011	2	135.5	1	59.5	—	—	—	—	3	195
2012	1	120	—	—	1	80	—	—	2	200
2013	2	50	—	—	3	269	—	—	5	319
2014	2	75	1	60	2	180	—	—	5	315
2015	1	12.6	—	—	1	60	—	—	2	72.6
2016	—	—	—	—	1	80	—	—	1	80
2017	1	60	—	—	—	—	—	—	1	60
2018	—	—	—	—	—	—	—	—	0	0
2019	2	140	—	—	—	—	—	—	2	140
总计	36	3 248.1	18	1 663.5	20	1 689	2	320	76	6 920.6

2. 其他砂料开采

据不完全统计，2002～2019 年，水利部长江水利委员会和有关省（直辖市）水行政主管部门共许可吹填等其他砂料开采项目 284 个，许可采砂量 78 678 万 t。其他砂料开采主要集中在经济较发达的区域，包括长江中游武汉市及周边、下游江苏省沿江各市和上海市，其中江苏省许可其他砂料开采项目 140 个，许可采砂量 62 621 万 t，占长江中下游许可采砂量的 79.6%。

第一轮采砂规划还没有将吹填类砂料的开采量纳入年度控制采砂量，年均许可项目约 6 个，年均许可采砂量约 3 280 万 t。其中，2009 年许可采砂量最大，为 7 022 万 t。

第二轮采砂规划进一步加强了对吹填等其他砂料的开采管理，开采量纳入了年度采砂总量控制要求。许可开采项目的数量和许可采砂量明显增加，年均许可项目个数超过24，年均许可采砂量约为 6 700 万 t。2011～2015 年许可的采砂总量达到 33 393 万 t，超过前 9 年许可的采砂量之和。

第三轮采砂规划，截至 2019 年吹填砂料开采实施数量为 111 处，总开采量为9 661 万 t，年均开采量为 2 415 万 t。其中，2016 年、2017 年开采量较大，2016 年其他砂料开采总量为 2 896 万 t，2017 年开采总量为 4 724 万 t，2018 年开采 1 166 万 t，2019年开采 875 万 t。由于经济发达的江苏省、上海市等地沿江基础设施建设相对趋缓，加之长江大保护对河道采砂的要求更高，吹填等其他砂料的开采较第二轮采砂规划大幅减少。

4.5.3　工程建设弃土影响分析

1. 金沙江上游

金沙江上游的水利工程及道路建设近期处于蓬勃发展中，河道也相应地出现了增沙的现象，其中工程建设弃土对河道输沙有一定的影响。伴随着梯级水库的规划实施，金沙江上游的人类活动（如工程建设，包括道路建设、水利工程建设等）逐渐增强，对河道有一定的增沙效应，如道路建设往往将施工过程中产生的沙土直接倾倒至河道内，其中 20 世纪 90 年代为金沙江道路建设的高潮期，再加上其他工程的修建，流域每年工程建设总弃土量不下 1.5 亿 t，以弃流比为 0.3 计，每年增加河流沙量约 0.45 亿 t。另外，金沙江上游地区人均耕地少，曾经一度出现滥垦、滥伐和滥牧等现象，破坏了下垫面条件，导致产沙强度增加。

近 10 年，叶巴滩水库、巴塘水库和拉哇水库陆续开工建设，它们配有大量的道路及堆场等其他临时设施，这些设施和工程的施工，一方面会产生弃渣，并直接进入河道或库区，如叶巴滩水库论证阶段，选用沟道型/库底型弃渣方式，施工期弃渣堆放于降曲河，运行时弃渣为库底型；另一方面，工程施工会对附近岩体产生扰动，使局部发生失稳滑坡或坍塌，道路旁山体滑坡也会直接清理倒入河道内，弃渣与扰动滑坡的发生都可能加大河道输沙量。

2. 金沙江下游

为了充分开发和利用长江上游巨大的水能资源，同时控制金沙江下游输入三峡水库的泥沙，金沙江下游梯级水库自 2006 年开始陆续开工建设，它们配有大规模的道路修建工程等，新修公路一方面产生弃土，另一方面扰动山体，使靠山一侧的松散堆积体失去支撑，易发生崩塌滑坡。金沙江下游在建的从龙川江口到乌东德水库的公路长约 90 km，公路紧挨金沙江，部分弃土在重力或水流作用下进入水库，部分堆积在岸坡，水库蓄水后直接进入库区。公路开挖量达数十亿立方米，可能导致数千万立方米的泥沙进入库区，会对乌东德库区有一定的影响。乌东德库区还有在建的沙河沟源区乡村盘山公路，等级不高，但开挖的坡地坡度较陡，地表组成物质松散，且松散层很厚。在后层土体开挖公路，产生大量弃土，弃土颗粒较细，雨季时停留在坡面的泥沙随径流进入河道，这条公路里程短，影响范围小，对入河输沙量影响不大（公路修建现场松散土体情况如图 4.5.12 所示）。类似的情况也出现在白鹤滩库区、溪洛渡库区和向家坝库区。

图 4.5.12　金沙江下游乌东德库区在建公路及产生的松散土体堆积情况

4.6　输沙量变异驱动因子贡献率定量评估

4.6.1　金沙江

依据金沙江干流及支流梯级水库群的建设情况，把金沙江屏山站以上梯级水库群减沙的发展过程分为三个阶段，1954～1990 年屏山站年均径流量为 1 430 亿 m³，年均输沙量为 2.46 亿 t。根据上述对降雨、水利工程拦沙及水土保持措施减沙等方面的研究，对金沙江流域屏山站以上区域水沙变化影响因子的贡献率定量分割如下。

（1）1991～2005 年：屏山站年均径流量为 1 521 亿 m³，年均输沙量为 2.58 亿 t，实测输沙量较 1954～1990 年增加 0.12 亿 t。其中，由于降雨/径流增加，增沙 0.254 亿 t，水库拦沙 0.257 亿 t，水土保持减沙 0.121 亿 t，其他因素如工程建设弃土等增沙 0.124 亿 t。

（2）2006～2012 年：屏山站降雨量、径流量和输沙量分别较 1945～1990 年减小 30.1 mm、122 亿 m³ 和 11 400 万 t，减幅分别为 4.2%、8.5% 和 46.3%，输沙量减幅明显大于降雨量和径流量减幅。在减沙量中，降雨、水土保持和水库拦沙分别减沙 4 100 万 t、2 550 万 t 和 4 240 万 t，分别占减沙量的 36.3%、22.6% 和 37.5%。其他因素减沙 410 万 t，可能主要由计算误差、河道采砂等因素引起。

（3）2013～2018 年：屏山站降雨量、径流量和输沙量分别较 1954～1990 年减小 25.5 mm、58 亿 m³ 和 24 431 万 t，减幅分别为 3.6%、4.0% 和 99.3%，输沙量减幅明显大于降雨量和径流量减幅。在减沙量中，降雨、水土保持和水库拦沙分别减沙 3 400 万 t、3 760 万 t 和 18 000 万 t，分别占减沙量的 14.0%、15.5% 和 74.1%。其他因素增沙 860 万 t，主要由计算误差等因素引起。

4.6.2　长江上游

依据长江上游水库群的建设情况，可以把三峡水库上游梯级水库群减沙的发展过程分为三个阶段，各阶段水库的具体减沙情况如下。

（1）1991～2005 年：寸滩站上游降雨量、径流量和输沙量分别较 1954～1990 年减小 20.2 mm、132 亿 m³ 和 14 700 万 t，减幅分别为 2.3%、3.8% 和 32.0%，输沙量减幅明显大于降雨量和径流量减幅。在减沙量中，降雨、水土保持和水库拦沙分别减沙 3 600 万 t、3 640 万 t 和 8 160 万 t，分别占减沙量的 24.5%、24.8% 和 55.5%。其他因素增沙 700 万 t，可能主要由计算误差、河道冲刷等因素引起。

（2）2006～2012 年：寸滩站上游降雨量、径流量和输沙量分别较 1954～1990 年减小 50.7 mm、332 亿 m³ 和 28 600 万 t，减幅分别为 5.8%、9.5% 和 62.2%，输沙量减幅明显大于降雨量和径流量减幅。在减沙量中，降雨、水土保持和水库拦沙分别减沙 9 100 万 t、6 000 万 t 和 11 400 万 t，分别占减沙量的 31.8%、21.0% 和 39.9%。其他因素减沙 2 100 万 t，可能主要由计算误差、地震、河道采砂等因素引起，宜宾至寸滩段 2006～2012 年因采砂而减少的入库输沙量约 1 500 万 t。

（3）2013～2018 年：寸滩站上游降雨量、径流量和输沙量分别较 1954～1990 年减小 33.6 mm、171 亿 m³ 和 39 000 万 t，减幅分别为 3.9%、4.9% 和 84.9%，输沙量减幅明显大于降雨量和径流量减幅。在减沙量中，降雨、水土保持和水库拦沙分别减沙 6 000 万 t、7 930 万 t 和 27 100 万 t，分别占减沙量的 15.4%、20.3% 和 69.5%。其他因素增沙 2 030 万 t，可能主要由地震、河道冲刷等因素引起，2013～2018 年，向家坝至寸滩段年均冲刷增沙约 1 200 万 t。

4.6.3 长江中游

宜昌站在寸滩站的基础上，要同时考虑三峡库区水土保持、水库拦沙等的影响。结合以往关于三峡库区产输沙调查的研究成果，在三峡水库入库的基础上，评估宜昌站在各阶段的减沙贡献率变化情况。

（1）1991～2002 年：与 1955～1990 年相比，宜昌站年均径流量减少 62 亿 m³，输沙量减少 1.33 亿 t。其中，三峡库区来水量增加 37 亿 m³，来沙量减少 600 万 t，来沙减少的主要原因是水土保持工程。因此，对于宜昌站，这一阶段的减沙因素中，水库拦沙影响量基本可以沿用三峡水库入库情况，水土保持在此基础上增加三峡库区的减沙量，区间降雨量增加，可以部分抵消三峡水库入库降雨减少的影响。最后得到的水库拦沙、水土保持及其他影响因素的减沙贡献率分别为 60.8%、32.9% 和 6.3%。

（2）2003～2012 年：与 1991～2002 年相比，宜昌站年均径流量和输沙量分别减少 309 亿 m³ 和 3.44 亿 t。其中，三峡库区来水量减少 140 亿 m³，根据三峡库区产输沙调查的研究成果，三峡库区输沙量约减少 2 350 万 t，导致三峡库区输沙量减少的主要因素依次是水土保持、降雨/径流变化及水库拦沙作用。其中，径流量减少导致减沙约 1 000 万 t，水土保持减沙约 1 150 万 t，区间内主要大、中型水库拦沙约 200 万 t。对于宜昌站，这一阶段主要新增了区间降雨减少造成的减沙，减沙总量增至 1.32 亿 t，新增三峡水库及其区间大中型水库拦沙，年均拦沙量约为 1.61 亿 t（含紫坪铺水库和区间大中型水库），两者占宜昌站输沙总量减幅的 85.2%；水土保持及其他因素占比为 14.8%，占比有所增加，这期间通过三峡库区的来水来沙调查，也确实发现一些易于发生滑坡的地区的植被覆盖条件有所改善或是实施了治理工程。

（3）2013～2018 年：与 2003～2012 年相比，宜昌站年均径流量和输沙量分别增加 102 亿 m^3 和减少 0.33 亿 t。其中，三峡库区来水量增加 202 亿 m^3，区间降雨增加带来的增沙效应与水土保持工程的减沙效应大致相当。因此，与三峡水库入库相似，宜昌站这一阶段的输沙减少量主要受金沙江下游梯级水库运行的影响，其拦沙贡献率也应在 90% 以上。

4.6.4 长江下游

流域水土保持工程、大型水库建设、围湖造田及退田还湖等人类活动均会对入海沙量产生一定的影响。大通站在宜昌站以上干支流输沙的基础上，要同时考虑两湖地区水利工程拦沙、水土保持措施减沙导致的两湖水系来沙量变化，以及丹江口水库蓄水运用后汉江等其他支流入汇沙量的影响。本节结合各影响因素在各时段的变化量，评估大通站减沙贡献率变化情况。

与 1956～1990 年相比，1991～2002 年大通站年均径流量增加 822 亿 m^3，年均输沙量减少 1.31 亿 t，减幅达 28.6%。其中，受长江上游水土保持工程实施及部分大中型水库建成的影响，宜昌站年均输沙量减少 1.33 亿 t；两湖地区四水在五强溪水库建成和水土保持工程的综合影响下，年均来沙量减少 0.12 亿 t，减幅达 38.6%；五河水土保持工程相继实施和赣江万安水库建成运用后，年均来沙量减少 0.05 亿 t。汉江丹江口水库建成运用后，汉江年均来沙量减少 0.28 亿 t，其他支流倒水、举水、巴河、浠水等沙量减少之和仅为 37 万 t，不及 0.01 亿 t。总体来看，1991～2002 年，宜昌站、四水、五河来沙及汉江等其他支流入汇沙量减小总量约为 1.78 亿 t，而大通站减少 1.31 亿 t，两者之间的差异来源于长江干流及两湖冲淤变化。泥沙进入江湖系统后进行重分配，洞庭湖入湖泥沙主要包括了四水来沙及三口分入泥沙，出湖泥沙由城陵矶站控制，1991～2002 年洞庭湖年均淤积量减少 0.54 亿 t；鄱阳湖入湖泥沙为五河来沙，出湖泥沙由湖口站控制，1991～2002 年鄱阳湖年均淤积量为 0.03 亿 t，与 1956～1990 年相比减少 0.02 亿 t，两湖淤积减少量共计 0.56 亿 t。可以看出，1991～2002 年大通站输沙量的减少主要受上游水土保持工程实施及部分大中型水库建成的影响，而汉江丹江口水库对长江干流泥沙的影响次之，洞庭湖、鄱阳湖水系水利工程、水土保持工程影响较小。

与 1991～2002 年相比，2003～2012 年大通站年均输沙量减少 1.82 亿 t，同期年均径流量减少 1 152 亿 m^3。其中，在三峡水库蓄水运用后，宜昌站年均输沙量减少 3.44 亿 t，减幅达 87.7%，是大通站减沙的主要影响因素。同时，江湖系统外部输入的泥沙也呈减少态势。两湖地区外部输入的泥沙包括了四水及五河来沙。四水年均来沙量为 0.08 亿 t，与 1991～2002 年相比减少 0.11 亿 t；五河年均来沙量减少 0.05 亿 t。汉江来沙量也有所减少，2003～2012 年汉江年均来沙量为 0.16 亿 t，与 1991～2002 年相比增加 0.04 亿 t。两湖及汉江输入泥沙的变化对大通站减沙影响不大。除以上因素外，长江中下游干支流及两湖地区还存在一系列的河道采砂活动，根据采砂规划，长江干流及两湖地区采砂量合计约为 0.99 亿 t/a。三峡水库运用后，宜昌至大通干流河道及两湖出现响应性冲淤调整。洞庭湖年均淤积量减少 0.61 亿 t；鄱阳湖呈冲刷态势，年均冲刷量为 0.07 亿 t，减少泥沙淤积 0.10 亿 t/a。

与 2003～2012 年相比，2013～2018 年大通站年均输沙量减少 0.30 亿 t。2012 年上游溪洛渡水库、向家坝水库陆续投运后，宜昌站年均来沙量进一步减小至 0.33 亿 t，减幅达 68.5%。四水、五河年均来沙量分别减少 75 万 t、34 万 t，对大通站输沙量的减少影响不大。汉江年均来沙量减少 0.12 亿 t，对大通站减沙的影响占比近 25%。可以看出，上游梯级水库投运、宜昌站输沙量持续减少仍是该时段大通站输沙量减少的主要因素。洞庭湖、鄱阳湖分别冲刷 0.08 亿 t/a、0.04 亿 t/a，其中洞庭湖减少泥沙淤积 0.11 亿 t/a，鄱阳湖减少泥沙冲刷 0.03 亿 t/a。同时，受上游来沙量大幅减少的影响，长江中下游河道冲刷发展为大通站泥沙恢复提供了来源。

4.7　本 章 小 结

尽管全流域、长历时的输沙量较为一致地减少，但不同时空尺度输沙量减少的幅度不尽相同，原因在于驱动泥沙产输变化的因子有所区别，不同因素在不同时期及不同区域对输沙量变化的贡献率有一定差异，并逐渐从自然条件变化、水土保持、水利工程等多重因素作用发展为以控制性水库拦沙影响权重绝对占优，水土保持次之，降雨变化再次之的分配格局。中下游河道的冲刷对入海泥沙的影响有所增强。在不同控制断面的具体表现如下。

（1）金沙江出口屏山站 1991～2005 年输沙量增加，输沙量增加主要由降雨/径流增加导致，水土保持减沙和水库拦沙幅度均较小；2006～2012 年屏山站输沙量减幅中，降雨、水土保持和水库拦沙的贡献率分别为 36.3%、22.6% 和 37.5%；2013～2018 年屏山站输沙量减幅中，降雨、水土保持贡献率分别下降至 14.0%、15.5%，水库拦沙的贡献率增至 74.1%。

（2）长江上游寸滩站 1991～2005 年年均输沙量相较于 1990 年前减少 1.47 亿 t，降雨、水土保持和水库拦沙的贡献率分别为 24.5%、24.8% 和 55.5%；2006～2012 年寸滩站输沙量减少 2.86 亿 t，其中水土保持的贡献率变化不大，降雨和水库拦沙的贡献率分别增加 7.3 个百分点和减少 15.64 个百分点；2013～2018 年寸滩站输沙量减少达 3.9 亿 t，降雨、水土保持贡献率分别下降至 15.4%、20.3%，水库拦沙的贡献率增至 69.5%。

（3）长江中游宜昌站 1991～2002 年较 1990 年前年均输沙量减少 1.33 亿 t，水库拦沙、水土保持及其他影响因素的减沙贡献率分别为 60.8%、32.9% 和 6.3%；2003～2012 年与 1991～2002 年相比，宜昌站年均输沙量减少 3.44 亿 t，区间降雨减少和三峡水库及其他大中型水库拦沙占输沙总量减幅的 85.2%，水土保持及其他因素占比为 14.8%；2013～2018 年与 2003～2012 年相比，宜昌站年均输沙量减少 0.33 亿 t，输沙减少量主要受金沙江下游梯级水库运行的影响，其拦沙贡献率在90%以上。

（4）大通站在宜昌站以上干支流输沙的基础上，要同时考虑两湖地区水利工程拦沙、水土保持措施减沙导致的两湖水系来沙量变化，以及丹江口水库蓄水运用后汉江等其他支流入汇沙量的影响。1991年以来大通站输沙量的减少主要受上游水土保持工程实施及大中型水库建成的影响，而汉江丹江口水库对长江干流泥沙的影响次之，洞庭湖和鄱阳湖水系水利工程、水土保持工程经湖泊调蓄后影响均较小。受上游来沙量大幅减少的影响，长江中下游河道冲刷发展为大通站泥沙恢复提供了来源，大通站未来的输沙趋势将主要取决于长江中下游干流河道的冲刷补给作用。

第5章 大型水库泥沙淤积与坝下游河道冲刷特征

5.1 金沙江下游梯级水库泥沙淤积特征

金沙江下游开发有乌东德水库、白鹤滩水库、溪洛渡水库和向家坝水库4座世界级巨型梯级水库，装机容量相当于两座三峡水库，具有防洪、发电、航运、水资源利用和生态环境保护等巨大的综合效益。目前，向家坝水库、溪洛渡水库已分别于2012年、2013年建成投产，2019年乌东德水库、2021年白鹤滩水库蓄水运行。水库的泥沙问题直接关系水库的使用寿命、水库下游的冲淤变化及防洪和涉水工程安全等，是水库的关键技术难题之一，贯穿着工程规划、设计、施工、运行全过程。金沙江下游是长江流域的重点产沙区，梯级水库设计明确了为下游水库拦截泥沙的任务，截至2021年底，金沙江下游4座梯级水库共计淤积泥沙约6.68亿 m^3。

5.1.1 乌东德水库

1. 水库的建设与运行

乌东德水库为金沙江干流下段首级枢纽，位于四川省会东县和云南省禄劝彝族苗族自治县交界处的金沙江峡谷内，坝址至宜宾段河道长 562 km，距白鹤滩水库 180 km，控制集水面积 40.61 万 km^2，是一座以发电为主，兼顾防洪的特大型水库。水库建成后可发展库区航运，具有改善下游河段通航条件和拦沙等的作用，正常蓄水位为 975 m，死水位为 945 m，调节库容为 30.2 亿 m^3，具有季调节性能，汛期限制水位为 952 m，防洪库容为 24.4 亿 m^3，总装机容量为 10 200 MW，设计年平均发电量为 389.1 亿 kW·h。

乌东德水库于 2015 年 4 月实现大江截流，2015 年 12 月正式开工建设，2017 年 3 月大坝开始浇筑，2019 年 10 月 2 日开启导流洞下闸工作，2020 年 1 月 30 日坝前水位为 895.00 m，达到第一阶段蓄水目标，至 8 月末水位蓄至 965.43 m，12 月底蓄至 970.76 m。2021 年 6 月 16 日，12 台 85 万 kW 机组全部投产发电，水库自 8 月 1 日 0 时开始蓄水，起蓄水位为 949.87 m，坝前水位最高蓄至 974.5 m（9 月 9 日 20 时）。

2. 水库淤积及分布特征

依据 2020 年 5 月、2020 年 11 月和 2021 年 11 月乌东德库区干流和主要支流河口段的固定断面观测资料，采用断面法，对库区冲淤量开展计算。结果表明：2020 年 5 月～2021 年 11 月，库区累计淤积泥沙 1 949.3 万 m^3。其中，干流河道累计淤积泥沙 1 653 万 m^3，雅砻江、龙川江、勐果河、普隆河及鲹鱼河河口段累计淤积泥沙 296.3 万 m^3；变动回水区淤积泥沙 150 万 m^3，常年回水区淤积泥沙 1 793 万 m^3；淤积主要发生在 945 m 水位以下死库容内，淤积量为 2 162 万 m^3，占死库容的 0.76%，945～952 m 淤积量仅占 12.1%，952 m 以上区域冲刷约 446.7 万 m^3（表 5.1.1）。

表 5.1.1　乌东德库区不同高程淤积量统计表　　　　　　　　（单位：万 m^3）

时段	库区干流			库区支流			合计		
	975 m	952 m	945 m	975 m	952 m	945 m	975 m	952 m	945 m
2020 年 5～11 月	737	825	718	295	115	45	1 032	940	763
2020 年 11 月～2021 年 11 月	916	1 148	1 131	1.3	308	268	917.3	1 456	1 399
2020 年 5 月～2021 年 11 月	1 653	1 973	1 849	296.3	423	313	1 949.3	2 396	2 162

水库调节库容内发生了一定幅度的冲刷，其主要由库岸坍塌造成。2020 年 11 月～2021 年 11 月，975 m 正常蓄水位下，乌东德库区淤积 917.3 万 m^3，其中，945m 死水位以下的死库容内淤积泥沙约 1 399 万 m^3，即 945～975 m 调节库容内冲刷泥沙 481.7 万 m^3，952～975 m 高程冲刷 538.7 万 m^3。从 2021 年的现场观测情况来看，调节库容内的冲刷实际上是两岸的滑坡和坍塌，滑落的泥沙进入水库，并大多淤积在死库容内。

（1）库区干流。干流有 28 个断面出现了较为明显的垮塌现象，11 个断面有施工，8 个断面有弃土弃渣，4 个断面位于拆迁区，4 个断面有新修堡坎，JD111 断面位于大滑坡区。河岸垮塌、滑坡及人工干扰对河道高水位位置影响更明显，反映在冲淤量方面，大多表现为高水位置冲刷、低水位置淤积。受滑坡、施工等影响的典型断面冲淤情况见图 5.1.1。库区的 43 个典型断面中，2020 年 11 月～2021 年 11 月 952～975m 高程有

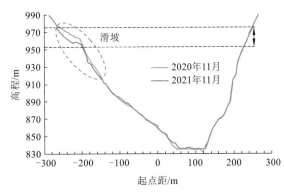

（a）JD017.1断面

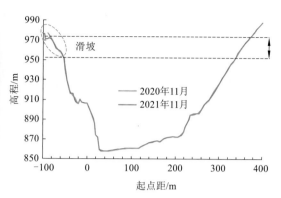

（b）JD041断面

图 5.1.1　乌东德水库蓄水后库岸垮塌现场及对应断面的变化

35 个断面冲刷，合计冲刷量为 276.4 万 m^3，有 8 个断面淤积，总淤积量为 27.3 万 m^3，总计冲刷量为 249.1 万 m^3，而 952～975 m 高程所有断面的总冲刷量为 232.7 万 m^3，两者数值很接近，表明 952～975 m 高程的冲刷量基本由滑坡、施工等因素导致。

（2）库区支流河口段。支流河口断面同样存在垮塌及施工影响断面冲淤的现象。2020 年 11 月～2021 年 11 月典型断面冲淤情况见图 5.1.2。支流河口断面发生垮塌的现象较为严重，龙川江、普隆河、鲹鱼河典型断面冲刷量合计为 256.8 万 m^3，主要支流 952～975 m 高程冲淤量为-306.4 万 m^3，两者基本相当，即主要支流河口段 952～975 m 高程的冲刷主要受滑坡、垮塌及人类活动的影响。水库蓄水后，水边线附近河岸受卸荷因素的影响，更易发生滑坡、崩塌。

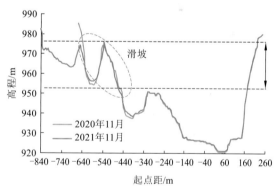

图 5.1.2　乌东德库区支流普隆河河口附近（PL005 断面）岸坡垮塌现场及对应断面的变化

5.1.2　白鹤滩水库

1. 水库的建设与运行

白鹤滩水库为金沙江干流下段第二级枢纽，位于四川省宁南县和云南省巧家县交界处的金沙江峡谷内，坝址距溪洛渡大坝约 199 km，控制集水面积 43.03 万 km²，设计总装机容量为 1 600 万 kW，是一座以发电为主，兼顾防洪的继三峡水库和溪洛渡水库之后的第三座千万千瓦级巨型电站，兼有拦沙、发展库区航运和改善下游通航条件等综合效益，是"西电东送"的骨干电源点之一。其正常蓄水位为 825 m，相应库容为 190.06 亿 m³，死水位为 765 m，死库容为 85.70 亿 m³，调节库容为 104.36 亿 m³，具有年调节性能，防洪限制水位为 785 m，防洪库容为 75.0 亿 m³。

白鹤滩水库于 2014 年 11 月开始导流洞过流，2015 年 11 月实现大江截流，2016 年 6 月围堰投入运行，2017 年 3 月大坝主体混凝土浇筑，2021 年 4 月 6 日水库正式开始初期蓄水，8 月 1 日 0 时开始执行年度蓄水计划，起蓄水位为 772.07 m，9 月 10 日 4 时水库完成年度蓄水任务，库水位达到 799.96 m。

2. 水库淤积及分布特征

根据《金沙江白鹤滩水电站可行性研究报告》，白鹤滩水库建成后，水库处于正常蓄水位 825 m 时，回水长度约为 182 km（至乌东德水库坝址），处于死水位 765 m 时回水长度约为 147 km（成库后 JC174 断面附近）。2021 年 3～11 月，根据断面法计算结果，白鹤滩库区淤积泥沙 5 431 万 m³，其中，干流淤积泥沙 4 514 万 m³，普渡河、大桥河、小江、以礼河及黑水河河口段共淤积泥沙 916 万 m³，干、支流淤积量分别占 83.1% 和 16.9%；变动回水区冲刷泥沙 31 万 m³，常年回水区淤积泥沙 5 462 万 m³；死库容内淤积泥沙 6 451 万 m³，占死库容的 0.75%，调节库容内冲刷泥沙 1 020 万 m³（表 5.1.2）。

表 5.1.2 2021 年白鹤滩库区干流不同计算水位下的冲淤量统计表

断面名称	河长/km	冲淤量/万 m³			冲淤强度/（万 m³/km）		
		825 m	785 m	765 m	825 m	785 m	765 m
JC208～JC174 断面	23.8	−31	1.6	0	−1.3	0.1	0
JC174～JC130 断面	29.2	278	386	381	9.5	13.2	13.0
JC130～JC097 断面	30.3	668	934	940	22.0	30.8	31.0
JC097～JC066 断面	26.9	1 385	1 739	1 821	51.5	64.6	67.7
JC066～JC034 断面	27.5	1 288	1 462	1 604	46.8	53.2	58.3
JC034～JC002 断面	31.5	926	1 163	1 038	29.4	36.9	33.0
全河段	169.2	4 514	5 685.6	5 784	26.7	33.6	34.2

（1）库区干流。2021 年 3～11 月，白鹤滩库区干流河道累计淤积泥沙 4 514 万 m³，平均淤积强度为 26.7 万 m³/km。其中，变动回水区受上游乌东德水库运行的影响，库尾河段微冲 31 万 m³，单位河长（1 km，下同）冲刷量为 1.3 万 m³，冲刷主要发生在库尾 10 km 左右的河道内，呈"上冲下淤"的特点，自距坝 160 km 处往下，断面间整体以淤积为主。常年回水区 2021 年淤积泥沙约 4 546 万 m³，其中小江入汇口下游各分段淤积强度较上游偏大，紧邻小江入汇口的 JC097～JC066 断面淤积强度最大，为 51.5 万 m³/km，

接近库区干流平均淤积强度的 2 倍。小江入汇口以下库区泥沙淤积量占全库淤积量的比例为 79.9%。

泥沙主要淤积在死库容内,死水位 765 m 以下库区干流河道累计淤积泥沙 5 784 万 m³,占死库容的 0.67%,765 m 死水位至 785 m 防洪限制水位和 765 m 死水位至 825 m 正常蓄水位之间分别冲刷 98.4 万 m³ 和 1 270 万 m³。水库调节库容内,冲刷较大的断面均发生过库岸滑坡,这类断面调节库容内的冲刷总量达到 1 139 万 m³,占调节库容内淤积总量的 89.7%。

(2)库区主要支流河口段。2021 年 3~11 月,白鹤滩库区内除大桥河河口段冲淤变幅较小以外,普渡河、小江、以礼河和黑水河河口段均呈淤积状态,淤积量分别为 76.7 万 m³、248.2 万 m³、83.3 万 m³ 和 504.5 万 m³,分别占支流河口淤积总量的 8.4%、27.1%、9.1% 和 55.1%。其中,小江河口段泥沙淤积强度最大,为 26.0 万 m³/km,接近库区干流河道平均淤积强度,黑水河次之,其他支流河口段平均淤积强度均明显小于干流河道(表 5.1.3)。按照不同高程统计,死水位以下支流河口段累计淤积泥沙 665.5 万 m³,765 m 与 825 m 间调节库容内淤积泥沙 250.4 万 m³。

表 5.1.3　2021 年白鹤滩库区主要支流河口段不同计算水位下的冲淤量统计表

支流名称	断面名称	河长/km	冲淤量/万 m³			冲淤强度/(万 m³/km)		
			825m	785m	765m	825m	785m	765m
普渡河	PD10~PD01 断面	9.05	76.7	71.7	15.7	8.5	7.9	1.7
大桥河	DQ03~DQ01 断面	2.38	3.2	-1.7	-1.4	1.3	-0.7	-0.6
小江	XJ20~XJ08 断面	9.56	248.2	301.4	135.2	26.0	31.5	14.1
以礼河	YL12~YL01 断面	7.24	83.3	116.6	117.5	11.5	16.1	16.2
黑水河	HS30~HS03 断面	25.63	504.5	433.8	398.5	19.7	16.9	15.5
全河段	—	53.86	915.9	921.8	665.5	17.0	17.1	12.4

2021 年 3~11 月,白鹤滩库区干流淤积 4 514 万 m³,其中,765 m 死水位以下的死库容内淤积泥沙约 5 784 万 m³,即 765~825 m 调节库容内冲刷泥沙 1 270 万 m³。从现场观测情况来看,调节库容内的冲刷以两岸滑坡和坍塌为主要形式(图 5.1.3)。

水库蓄水后,枯水位抬高,两岸山体逐步被水流淹没,下层土体浸泡和淘刷失稳,导致上层岸坡的滑落和坍塌。尤其是白鹤滩库区位于金沙江干热河谷核心区,受小江—黑水河断裂影响,白鹤滩库区干流河段是金沙江下游滑坡、泥石流分布最集中的区域。2020 年开展的白鹤滩库区来水来沙调查研究显示,白鹤滩库区的泥沙主要来自金沙江干流约 5 km 的区域,面积约为 2 600 km²,约占区间面积的 11%。

滑坡往往伴随着崩塌,滑坡体松散,粗颗粒成分较多,靠河边的崩落物往往直接进入库区。流域坡脚的崩落物虽然有堆积,但未形成规模较大的坡积裙,崩落物大多直接进入库区。

　　2021年初期水库蓄水后，3月和11月的原型观测期间，干流河道有26个断面观测到了明显的岸坡滑落或坍塌现象，最为明显的有JC115断面、JC099断面、JC037断面、JC028断面和JC024断面，且滑坡主要发生在765 m高程以上区域（图5.1.3）。计算得到的765~825 m高程（调节库容内）的冲淤量显示，由库区干流河道两岸滑坡导致的调节库容内的冲刷量约为1 325万 m^3，其中，调节库容内，上述5个滑坡规模最大的断面冲刷量多达565万 m^3。若扣除岸坡滑坡量，白鹤滩库区调节库容内仍呈现微淤的状态。

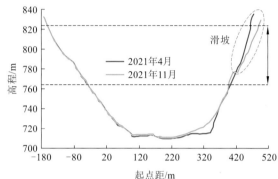

（a）JC115断面

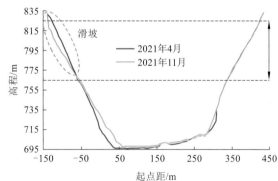

（b）JC099断面

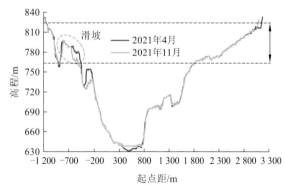

（c）JC037断面

（d）JC028断面

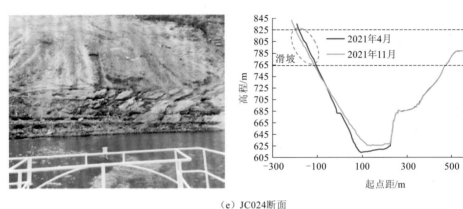

（e）JC024断面

图 5.1.3 2021 年白鹤滩库区断面两岸滑坡现场情况及对应断面的变化图

5.1.3 溪洛渡水库

1. 水库的建设与运行

溪洛渡水库为金沙江干流下段第三级枢纽，坝址位于四川省雷波县和云南省永善县交界的金沙江峡谷内，坝址至宜宾段河道长 190 km，距向家坝水库坝址 157 km，控制集水面积约 45.44 万 km²，占金沙江流域面积的 96%，是一座以发电为主，兼顾拦沙、防洪等综合效益的巨型水库，并为下游水库进行梯级补偿。水库正常蓄水位为 600.0 m，总库容为 126.7 亿 m³，其中死库容为 51.1 亿 m³，调节库容为 64.6 亿 m³，防洪库容为 46.5 亿 m³，装机容量为 1 386 万 kW，年平均发电量为 571.2 亿 kW·h。溪洛渡水库于 2005 年底正式开工，2007 年 11 月实现大江截流，2013 年 5 月初期蓄水完成，2013 年 7 月首批机组发电，2014 年 6 月底 18 台机组全面投产发电。

2. 水库淤积及分布特征

2008 年 2 月～2021 年 11 月，根据断面法计算结果，溪洛渡水库干、支流共计淤积泥沙约 60 954 万 m³。干流淤积泥沙 58 338 万 m³，主要支流淹没区淤积泥沙 2 615 万 m³。其中，变动回水区（白鹤滩至对坪段，长约 36 km）和常年回水区（对坪至坝址段，长约 159.1 km）分别淤积泥沙 2 197 万 m³ 和 58 756 万 m³，分别占总淤积量的 4% 和 96%（表 5.1.4～表 5.1.6）。

表 5.1.4　溪洛渡库区干流河段冲淤量　　　　　　（单位：万 m³）

时间	变动回水区（河段长度）[白鹤滩至对坪段（36 km）]	常年回水区（河段长度）[对坪至坝址段（159.1 km）]	全库区（河段长度）[白鹤滩至坝址段（195.1 km）]
2008 年 2 月～2013 年 6 月	345	4 395	4 740
2013 年 6 月～2021 年 11 月	1 852	51 746	53 598
2008 年 2 月～2021 年 11 月	2 197	56 141	58 338

表 5.1.5　溪洛渡库区主要支流河口段冲淤量　　　　　　（单位：万 m³）

时间	河流（河段长度）				合计
	牛栏江（3.86 km）	金阳河（4.36 km）	美姑河（15.2 km）	西苏角河（9.8 km）	
2008 年 2 月～2014 年 5 月	—	202	254	225	681
2014 年 5 月～2021 年 11 月	285	200	1 158	291	1 934
2008 年 2 月～2021 年 11 月	285	402	1 412	516	2 615

2013 年 6 月～2014 年 5 月没有支流的数据。

表 5.1.6　不同计算水位下库区干、支流河段冲淤变化统计　　　　　　（单位：万 m³）

时间	干流			主要支流			合计		
	600 m	560 m	540 m	600 m	560 m	540 m	600 m	560 m	540 m
2008 年 2 月～2013 年 6 月	4 740	4 250	4 115	681	—	—	5 421	4 250	4 115
2013 年 6 月～2021 年 11 月	53 598	53 422	47 490	1 935	1 959	1 127	55 533	55 381	48 617
2008 年 2 月～2021 年 11 月	58 338	57 672	51 605	2 616	1 959	1 127	60 954	59 631	52 732

（1）冲淤发展过程。从 2008 年以来的冲淤发展过程来看，蓄水前，溪洛渡库区河道淤积泥沙 5 421 万 m³，蓄水后库区累计淤积泥沙 55 533 万 m³，具体发展过程如下。

水库蓄水运用前的 2008 年 2 月～2014 年 5 月，库区河道共淤积泥沙 5 421 万 m³。干流河道泥沙淤积量为 4 740 万 m³，占比 87.4%，支流金阳河、美姑河和西苏角河河口段淤积量为 681 万 m³，占比 12.6%。水库蓄水运用后的 2013 年 6 月～2021 年 11 月，库区共淤积泥沙 55 533 万 m³，其中淤积在变动回水区的泥沙量为 1 852 万 m³，占总淤积量的 3%，淤积在常年回水区的泥沙量为 53 680 万 m³，占总淤积量的 97%。干流河道泥沙淤积量为 53 598 万 m³，占比 96.5%，支流牛栏江、金阳河、美姑河和西苏河河口段泥沙淤积量为 1 934 万 m³，占比 3.5%。

（2）冲淤沿高程分布。2008 年 2 月～2021 年 11 月，溪洛渡水库淤积在 540 m 死水位以下的泥沙量为 52 732 万 m³，占总淤积量的 87%，侵占水库死库容的比例约为10.3%，8 222 万 m³ 淤积在高程为 540～600 m 的调节库容内，占总淤积量的 12%，侵占水库调节库容的比例约为 1.3%；560～600 m 防洪库容内淤积泥沙 1 323 万 m³（表 5.1.6）。其中：水库蓄水运用后的 2013 年 6 月～2021 年 11 月，水库共淤积泥沙 55 533 万 m³。淤积在 540 m 死水位以下的泥沙量为 48 617 万 m³，占总淤积量的 87.5%，侵占水库死库容的比例约为 9.5%。6 916 万 m³ 淤积在高程为 540～600 m 的调节库容内，占总淤积量的12.5%，侵占水库调节库容的比例约为 1%。560～600 m 防洪库容内淤积泥沙 152 万 m³，其中，干流泥沙淤积量为 176 万 m³，支流泥沙冲刷量为 26 万 m³。

3. 水库淤积物组成分析

金沙江是长江流域营养盐（尤其是颗粒态磷）的重要来源区，其主要附着在粒径小于 0.008 mm 的泥沙颗粒上，全球磷循环主要以泥沙为载体、以河流为通道向海洋汇集。金沙江下游 4 座梯级水库运行后，基本截断了金沙江的泥沙，且目前泥沙主要淤积在溪洛渡水库中，向家坝水库和运行时间较短的乌东德水库、白鹤滩水库淤积量较小。因此，营养盐的富集效应在溪洛渡库区最为突出。

依据 2016～2020 年水库实测断面的平均干容重成果，干容重呈现出从坝前向上游河段逐渐增大的趋势，坝前河段平均干容重最小，这符合泥沙在水库内沿程分选的规律，即自上而下粒径逐渐变小，表现为越靠近坝前泥沙颗粒越细，而泥沙淤积物的干容重与粒径是正比例关系，泥沙粒径越小，干容重越小（表 5.1.7）。同时，在坝前约 80 km 以内的库区，沉积泥沙的中值粒径大多小于 0.008 mm，最小中值粒径基本出现在坝前段，为 0.005 mm。$d<0.008$ mm 泥沙颗粒沙重百分数沿程递增，距坝超过 150 km 的库区河道内，其沙重百分数基本在 10% 以内，距坝 80 km 以内的库区河道，其沙重百分数基本在50% 以上。从年际对比来看，大多数断面随着淤积的进行，$d<0.008$ mm 泥沙颗粒沙重百分数有逐渐增加的趋势，2016～2010 年，距坝 100 km 以内的断面其沙重百分数普遍增加，增幅在 3.8～28 个百分点。

表 5.1.7　2016～2020 年溪洛渡库区干流干容重及粒径特征变化

断面编号	距坝里程/km	中数粒径/mm			干容重/(t/m³)			$d<0.008$ mm 沙量占比/%		
		2016年11月	2018年11月	2020年11月	2016年11月	2018年11月	2020年11月	2016年11月	2018年11月	2020年11月
JB198	173.3	0.166	0.197	0.212	—	—	—	0.2	0	2.2
JB184	163.1	0.090	0.071	0.074	—	—	—	5.5	12.2	10.6
JB172	153.2	0.222	0.306	0.353	—	—	—	0	7.4	0
JB161	143.7	0.109	0.170	0.080	—	—	—	4.7	3.9	16.5

续表

断面编号	距坝里程/km	中数粒径/mm			干容重/（t/m³）			d<0.008 mm沙量占比/%		
		2016年11月	2018年11月	2020年11月	2016年11月	2018年11月	2020年11月	2016年11月	2018年11月	2020年11月
JB149	127.7	0.111	0.048	0.05	1.23	1.17	1.18	4.6	14.4	19.9
JB134	119.1	0.008	0.018	0.021	0.67	0.89	0.84	49.8	30.8	33
JB106	94.8	0.049	0.013	0.008	0.96	0.78	0.81	21.9	37.6	49.9
JB089	79.1	0.017	0.01	0.007	0.9	0.74	0.846	34.3	43.7	53.9
JB070	64.4	0.008	0.008	0.007	0.23	0.69	0.801	49.4	52.4	53.2
JB043	39.9	0.006	0.008	0.006	0.45	0.72	0.727	54	48.7	60.5
JB006	4.8	0.005	0.005	0.005	0.58	0.63	0.754	42.1	65.7	65.5

注：JB149断面、JB134断面、JB106断面、JB089断面、JB070断面、JB043断面和JB006断面距坝里程分别为127.7 km、119.1 km、94.8 km、79.1 km、64.43 km、39.9 km和4.8 km。

4. 水库淤积形态分析

1）深泓纵剖面形态

溪洛渡库区干流河道深泓纵剖面变化如图 5.1.4 所示，分时段来看，干流河道深泓纵剖面的冲淤调整特征有一定的差别，其中，水库蓄水前至运用初期库区以峡谷地形为主，天然河道比降为 1.12‰。库区深泓点沿程高低相间，深泓平均淤积 4.2 m。其中：变动回水区深泓平均淤积 1.38 m，最大淤积幅度为 7.2 m（距坝 191 km），最大下降幅度为 0.5 m（距坝 195 km）；常年回水区深泓平均淤积 4.87 m，最大淤积幅度为 24.8 m（距坝 15.7 km），最大下降幅度为 3.1 m（距坝 148.7 km）。水库正常蓄水后（2014 年 5 月～

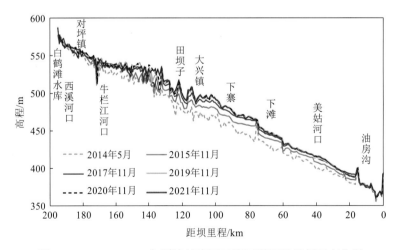

图 5.1.4　2014～2021 年溪洛渡库区干流河道深泓纵剖面变化图

坝 4.77 km），河床纵剖面最大落差为 234 m。深泓平均淤积幅度为 14.9 m。分区来看，2021 年 11 月）库区深泓最高点高程为 586 m（距坝 194.5 km），最低点高程为 352 m（距变动回水区深泓平均淤积 7.0 m，最大淤积幅度为 18.7 m（距坝 170 km），最大下降幅度为 1.1 m（距坝 191.4 km）；常年回水区深泓平均淤积 16.7 m，最大淤积幅度为 36.1 m（距坝 113 km）。

2）典型横断面形态

（1）变动回水区。断面形态以 U 形和 V 形为主，600 m 水位下的河宽基本在 400 m 以内，水库蓄水后，断面主槽普遍出现淤积，近期变化较小。其中，2008 年 2 月～2020 年 11 月，大部分断面有一定幅度的淤积，如 JB208 断面（距坝 183.1 km）主河槽淤积，最大淤积幅度为 9 m；JB197 断面（距坝 172.7 km）主要表现为左侧向江心淤进和河槽淤积，最大淤进幅度为 7 m，河槽最大淤积幅度为 10 m；JB220 断面和 JB181 断面的主槽也都呈现不同幅度的淤积，最大淤积幅度均能达到 9 m 左右。2020 年 11 月～2021 年 11 月，受上游来沙大幅减少的影响（白鹤滩站输沙量相较于 2020 年减少 90%），溪洛渡水库变动回水区呈较为明显的冲刷状态，JB220 断面、JB208 断面和 JB181 断面主槽均不同幅度地冲刷下切，最大下切幅度分别为 2.0 m、7.0 m 和 3.9 m，JB197 断面略有淤积，最大淤积幅度为 1.0 m（图 5.1.5）。

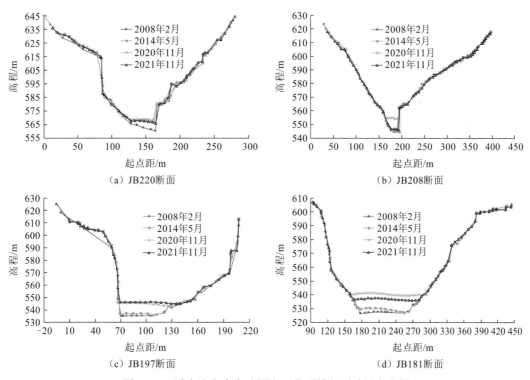

图 5.1.5　溪洛渡水库变动回水区典型横断面冲淤变化图

除此之外，部分断面的形态受工程影响变化较大，如 JB221 断面，该断面紧邻白鹤滩坝址下游，2020 年 11 月前断面形态稳定，河床冲淤变幅较小，2020 年 11 月～2021

年 11 月，受工程施工的影响，断面右侧大幅后退，600 m 河槽展宽 118 m，同时主河槽发生淤积，最大淤积幅度达 17 m，深泓淤积幅度为 10 m。计算冲淤量时，600 m 以下河槽主槽淤积与施工影响可以部分抵消，河床最低高程在 560 m 以上，施工不会影响到560 m 以下库区的冲淤量（图 5.1.6）。

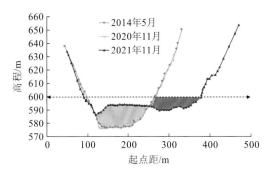 

图 5.1.6 2014～2021 年溪洛渡水库变动回水区 JB221 断面冲淤变化及上下游施工现场

（2）常年回水区。断面形态以 U 形和 V 形为主，600 m 水位下的河宽基本在 1 km以内。水库蓄水后，除近坝段以外，其他断面主槽普遍淤积，近期大多数断面淤积幅度有所减小，如 JB173 断面、JB165 断面、JB155 断面、JB135 断面、JB110 断面、JB082断面、JB043 断面、JB035 断面、JB018 断面和 JB005 断面等，2008 年 2 月～2020 年 11月断面主槽最大累计淤积幅度在 0～33 m，其中，近坝的 JB005 断面淤积幅度最小，JB155 断面（距坝 139.2 km）淤积幅度最大，其断面形态基本稳定，主河槽大幅度淤积，最大淤积幅度为 33 m，其他主河槽最大淤积幅度超过 20 m 的还有 JB173 断面、JB165断面和 JB018 断面等，与深泓纵剖面变化规律类似，第一级潜坎（JB085 断面）上游至常年回水区末端断面主河槽淤积幅度偏大，大多数河床淤积超过 20 m 的断面都分布在这一区间内，两级潜坎间的断面主河槽最大淤积幅度基本都在 10 m 以上，变动回水区和第二级潜坎下游至坝前，断面主河槽的淤积幅度相对偏小（图 5.1.7）。2020 年 11 月～2021 年 11 月，断面河床冲淤变幅较小。

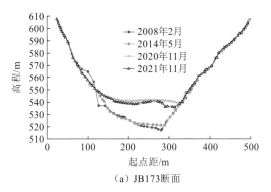 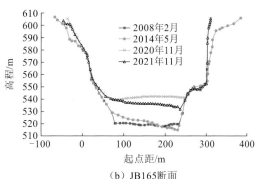

（a）JB173断面 　　　　　　　　　　　（b）JB165断面

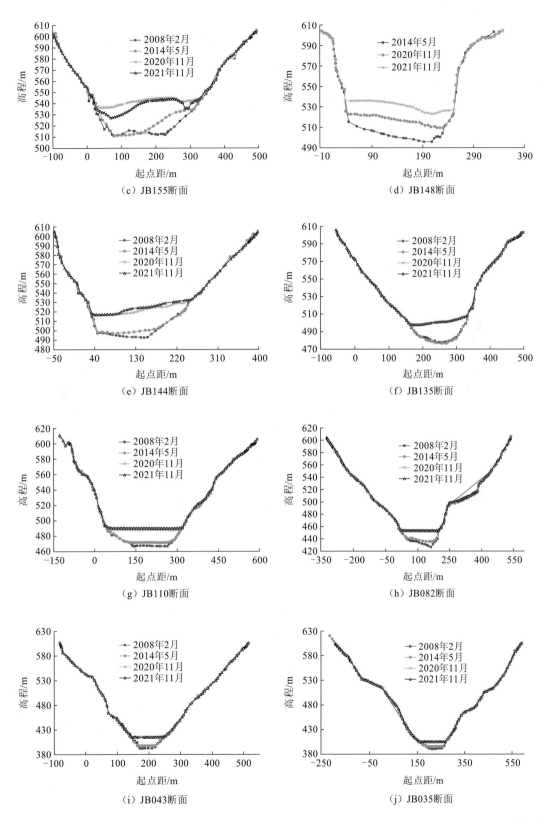

（c）JB155断面

（d）JB148断面

（e）JB144断面

（f）JB135断面

（g）JB110断面

（h）JB082断面

（i）JB043断面

（j）JB035断面

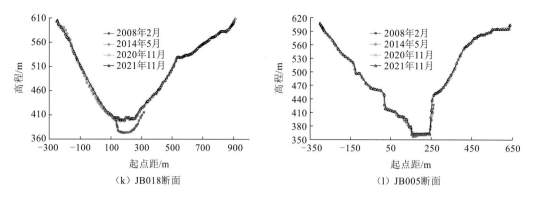

（k）JB018断面 （l）JB005断面

图 5.1.7　2008～2021 年溪洛渡水库常年回水区典型横断面冲淤变化图

与变动回水区相似，常年回水区内也存在施工、滑坡等导致断面冲淤变化较大的情况，如 JB148 断面上下游河道存在大量的松散弃土堆积的现象，该断面 2021 年淤积幅度最为明显，最大淤积幅度为 15 m，可能与弃土滑落堆积至河床有关（图 5.1.8）。

（a）JB146断面左岸 （b）JB149断面左岸

图 5.1.8　2021 年溪洛渡水库常年回水区 JB148 断面上下游弃土堆积情况

5.1.4　向家坝水库

1. 水库的建设与运行

向家坝水库为金沙江干流下段第四级枢纽，位于四川省屏山县和云南省水富市交界的金沙江峡谷内。坝址至宜宾段河道长 35 km，坝址紧邻屏山站下游，控制流域面积 45.88 万 km²，占金沙江流域面积的 97%。水库以发电为主，兼有航运、灌溉、拦沙和防洪等综合效益，并具备为上游梯级水库进行反调节的功能。向家坝水库正常蓄水位为 380 m，总库容为 51.6 亿 m³，调节库容为 9.03 亿 m³，为不完全季调节水库，电站核准装机容量为 600 万 kW，多年平均发电量为 308.8 亿～330.91 亿 kW·h。水库的供电范围为四川省、云南省、华中地区，是国家规划中金沙江下游梯级开发中的最后一个梯级水库。向家坝水库于 2006 年 11 月开工建设，2008 年 12 月实现大江截流，2012 年 10 月初期蓄水完成，2012 年 11 月首台机组投产发电，2014 年 7 月 7 日 8 台机组全面投产发电，2018 年 5 月升船机正式试通航。

2. 水库淤积及分布特征

（1）冲淤发展过程。2008 年 3 月～2021 年 5 月，向家坝水库淤积泥沙 4 568 万 m^3。其中，库区干流共淤积泥沙 3 323 万 m^3，主要支流淹没区淤积泥沙 1 245 万 m^3。变动回水区（永善至桧溪段）冲刷泥沙 516 万 m^3，常年回水区（桧溪至新滩坝段）淤积泥沙 5 084 万 m^3（表 5.1.8、表 5.1.9）。从沿时变化来看，水库蓄水运用前的 2008 年 3 月～2012 年 11 月，库区河道共淤积泥沙 690 万 m^3（干流共淤积泥沙 398 万 m^3，主要支流淹没区淤积泥沙 292 万 m^3）。水库蓄水运用后的 2012 年 11 月～2021 年 5 月，库区共淤积泥沙 3 878 万 m^3（干流淤积泥沙 2 925 万 m^3，主要支流淹没区淤积泥沙 953 万 m^3）。其中，变动回水区冲刷 420 万 m^3，常年回水区淤积 4 298 万 m^3。

表 5.1.8　向家坝库区干流河段冲淤变化统计　　　　（单位：万 m^3）

时间	变动回水区（河段长度）	常年回水区（河段长度）				全库区（河段长度）
	永善至桧溪段（33.4 km）	桧溪至大岩洞段（24.2 km）	大岩洞至绥江段（37.5 km）	绥江至屏山段（27 km）	屏山至新滩坝段（30.2 km）	永善至新滩坝段（152.3 km）
2008 年 3 月～2012 年 11 月	−96	−238	320	98	314	398
2012 年 11 月～2021 年 5 月	−420	56	1 348	1 363	578	2 925
2008 年 3 月～2021 年 5 月	−516	−182	1 668	1 461	892	3 323

表 5.1.9　向家坝库区主要支流河口段冲淤量　　　　（单位：万 m^3）

时间	河流（河段长度）					合计
	团结河（15.3 km）	细沙河（8 km）	西宁河（10.2 km）	中都河（17.3 km）	大汶溪（5.9 km）	
2008 年 3 月～2013 年 11 月	235	−5	4	133	−75	292
2013 年 11 月～2021 年 5 月	−52	39	377	317	272	953
2008 年 3 月～2021 年 5 月	183	34	381	450	197	1245

支流 2012 年没有进行观测。

（2）冲淤沿高程分布。2008 年 3 月～2021 年 5 月，淤积在 370 m 死水位以下的泥沙量为 4 448 万 m^3，占总淤积量的 97%，占水库死库容（40.74 亿 m^3）的 1%，其余泥沙则淤积在高程为 370～380 m 的调节库容内，占总淤积量的 3%，占水库调节库容（9.03 亿 m^3）的 0.14%，见表 5.1.10。其中，水库蓄水运用后的 2012 年 11 月～2021 年 5 月，水库共淤积泥沙 3 880 万 m^3。370 m 死水位以下泥沙淤积量为 3 758 万 m^3，占总淤积量的 96.9%，占死库容的 0.92%；370～380 m 调节库容内泥沙淤积量为 122 万 m^3，占总淤积量的 3.1%，占调节库容的 0.14%。

表 5.1.10　不同计算水位下库区干、支流河段冲淤量　　（单位：万 m³）

时间	干流		主要支流		合计	
	380 m	370 m	380 m	370 m	380 m	370 m
2008 年 3 月～2012 年 11 月	398	398	292	292	690	690
2012 年 11 月～2021 年 5 月	2 927	2 895	953	863	3 880	3 758
2008 年 3 月～2021 年 5 月	3 325	3 293	1 245	1 155	4 570	4 448

3. 水库淤积物组成分析

2019 年 11 月和 2021 年 10 月，向家坝水库进行了库区泥沙淤积物干容重取样，从观测结果来看，2021 年，库区干流河道自上游至坝前干容重总体呈沿程减小的趋势，JA083 断面、JA063 断面、JA036 断面和 JA005 断面的干容重分别为 0.87 t/m³、0.78 t/m³、0.75 t/m³ 和 0.66 t/m³，淤积物干容重与床沙中值粒径相关关系较好（表 5.1.11），相较于 2019 年变化不大。支流西宁河、中都河和大汶溪河口段的淤积物干容重分别为 0.75 t/m³、0.66 t/m³、0.66 t/m³，与 2019 年 11 月相比变化不大，与干流较为相近。

表 5.1.11　向家坝库区干流典型断面干容重和中值粒径变化

项目		断面编号（距坝里程）			
		JA083 断面（127.7 km）	JA063 断面（119.1 km）	JA036 断面（94.8 km）	JA005 断面（79.1 km）
2019 年 11 月	中值粒径/mm	0.016	0.012	0.010	0.007
	干容重/（t/m³）	0.86	0.78	0.75	0.67
2021 年 10 月	中值粒径/mm	0.014	0.009	0.009	0.005
	干容重/（t/m³）	0.87	0.78	0.75	0.66

4. 水库淤积形态分析

1）深泓纵剖面形态

水库蓄水运用前的 2008 年 3 月～2012 年 11 月，向家坝库区深泓纵剖面形态呈锯齿状，但河底平均高程变化不大，深泓最高点高程为 361 m（距坝 154 km），最低点高程为 246 m（距坝 17.5 km），河床纵剖面最大落差为 115 m。水库蓄水运用后的 2013 年 4 月～2021 年 5 月，库区深泓点高程变化见图 5.1.9。库区深泓纵剖面形态呈锯齿状，深泓点沿程高低相间，高程以淤积抬高为主，深泓点平均抬高 1.1 m，最大抬高幅度为 9.9 m（距坝 68.7 km），最大下降幅度为 18 m（距坝 132 km）。其中，变动回水区深泓点平均高程基本稳定；常年回水区深泓点以淤积抬高为主，深泓点平均抬高 1.41 m，最大抬高幅度为 9.9 m（距坝 68.7 km）。

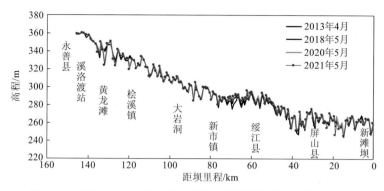

图 5.1.9　2013～2021 年向家坝库区干流河道深泓纵剖面变化图

2）典型横断面形态

向家坝水库蓄水后的第二年，溪洛渡水库蓄水拦截了上游的来沙，使得向家坝库区的泥沙淤积幅度较小，断面调整虽然以淤积为主，但也不乏发生冲刷的断面，且淤积的幅度普遍较小。尤其是 2019 年、2021 年上游的乌东德水库和白鹤滩水库相继蓄水运行后，溪洛渡水库入、出库沙量持续减少，向家坝库区的冲淤变化进一步趋缓。

（1）变动回水区断面形态较为单一，以 U 形和 V 形为主，380 m 水位下的断面宽度一般在 300 m 以内，断面变化以冲刷为主。2013 年 4 月～2020 年 5 月，溪洛渡站附近的 JA157 断面（距坝 143.1 km）右岸近岸河槽淤积，最大淤积幅度为 4.3 m；堰塘堡附近的 JA147 断面（距坝 133.1 km）主河槽冲刷，最大冲刷幅度约为 22 m（据现场了解，该断面冲刷与采砂有关）；JA144 断面主槽也有所冲刷，最大下切幅度为 4.9 m（图 5.1.10）。

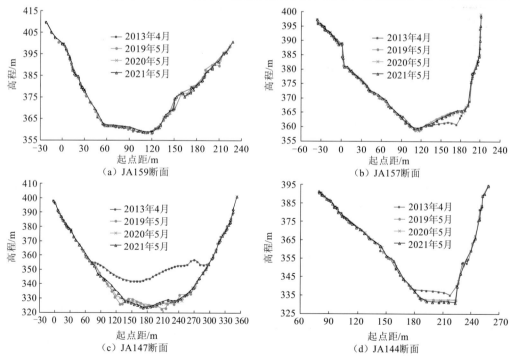

图 5.1.10　2013～2021 年向家坝库区干流变动回水区典型横断面冲淤变化图

2020年5月～2021年5月，变动回水区断面冲淤调整幅度均较小。

（2）常年回水区断面相对放宽，形态较为稳定，380 m水位下河宽达900 m以上，2013年4月～2020年5月，断面冲淤主要发生在主河槽内，局部非连续性的高程突变仍可能与库区的采砂活动、公路修建等有关。例如，JA122断面受修路影响，右岸边坡高程发生较大变化，最大淤积10 m；JA043断面受挖砂影响，左岸边坡高程最大降低7.5 m，深槽表现为淤积，最大淤积厚度为5.5 m。主槽淤积的断面也有分布，如JA081断面主河槽平铺式淤积，最大淤积幅度达7 m；JA074断面主河槽也有所淤积，最大淤积幅度达5 m（图5.1.11）。2020年5月～2021年5月，常年回水区仍然有采砂及岸坡滑落和工程施工等，少数断面受此影响，有一定幅度的冲淤变化，如JA017断面和JA016断面冲刷形态相似，属于河槽内不连续的冲刷变形，最大下切幅度分别约为12.5 m和15.3 m。

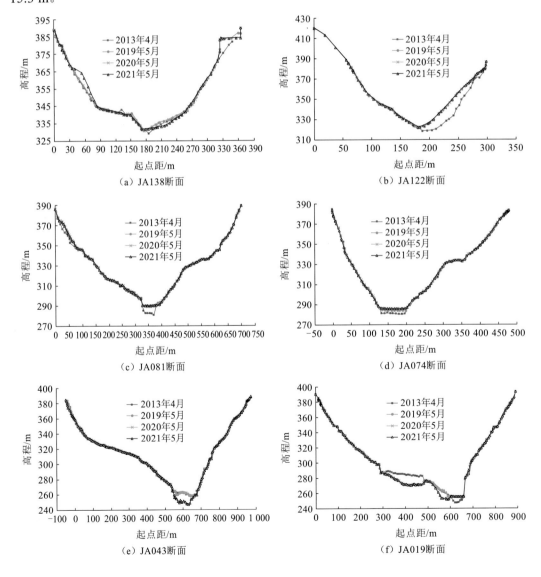

（a）JA138断面　　（b）JA122断面

（c）JA081断面　　（d）JA074断面

（e）JA043断面　　（f）JA019断面

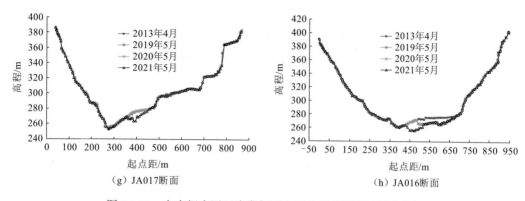

（g）JA017断面　　　　　　　　　　　（h）JA016断面

图 5.1.11　向家坝库区干流常年回水区典型横断面冲淤变化图

5.2　三峡水库拦沙淤积特征

5.2.1　泥沙淤积量与排沙比

　　由于三峡水库入库泥沙量较初步设计值大幅减少，库区泥沙淤积大为减轻。根据输沙量法，2003 年 6 月～2021 年 12 月，入库悬移质泥沙 26.807 亿 t，出库（黄陵庙站）悬移质泥沙 6.323 亿 t，不考虑库区未控区间的来沙，水库淤积泥沙 20.484 亿 t，近似年均淤积泥沙 1.102 亿 t，仅为论证阶段（数学模型采用 1961～1970 年预测成果）的 33%，水库排沙比为 23.6%，见表 5.2.1。其中，2003～2012 年和 2012～2021 年水库淤积量占总量的比例分别为 70.2%和 29.8%，2012 年之后，受上游金沙江下游梯级水库群蓄水拦沙的影响，三峡水库入库沙量和水库淤积量明显减小。

表 5.2.1　不同年份三峡库区分段淤积量统计表

年份	入库		出库		水库淤积/亿 t	排沙比/%
	水量/亿 m³	沙量/亿 t	水量/亿 m³	沙量/亿 t		
2003 年 6 月～2006 年 8 月	13 277	7.004	14 097	2.590	4.414	37.0
2006 年 8 月～2008 年 9 月	7 619	4.435	8 178	0.832	3.603	18.8
2008 年 10 月～2021 年 12 月	50 309	15.368	56 517	2.901	12.467	18.9
2003 年 6 月～2021 年 12 月	71 205	26.807	78 792	6.323	20.484	23.6

5.2.2　泥沙淤积分布特征

　　三峡水库 175 m 试验性蓄水后，回水末端上延至江津附近（距大坝约 660 km），变动回水区为江津至涪陵段，长约 173.4 km，占库区总长度的 26.3%；常年回水区为涪陵至大坝段，长约 486.5 km，占库区总长度的 73.7%。

根据实测地形资料，采用断面法计算，三峡水库蓄水运用以来，2003 年 3 月～2021 年 10 月库区干流累计淤积泥沙 17.834 亿 m³，其中，变动回水区（江津至涪陵段）累计冲刷泥沙 0.694 亿 m³，常年回水区泥沙累计淤积量为 18.528 亿 m³。分时段来看，2003～2008 年、2008～2012 年和 2012～2021 年，水库淤积量占总量的比例分别为 44.5%、32%和 23.5%。与输沙量法计算结果相似，受金沙江下游梯级水库群蓄水拦沙的影响，2012 年之后，三峡水库入库沙量大幅度减少，库区泥沙淤积幅度明显下降，变动回水区更是由淤积转为冲刷或冲刷幅度加大，常年回水区淤积强度也明显减小，金沙江下游梯级水库群有效控制了三峡水库的来沙（表 5.2.2）。

表 5.2.2　三峡水库变动回水区及常年回水区泥沙冲淤量　　（单位：亿 m³）

时间	变动回水区				常年回水区				合计
	江津至大渡口段	大渡口至铜锣峡段	铜锣峡至涪陵段	小计	涪陵至丰都段	丰都至奉节段	奉节至大坝段	小计	
2003 年 3 月～2006 年 10 月	—	—	-0.017	-0.017	0.020	2.698	2.735	5.453	5.436
2006 年 10 月～2008 年 10 月	—	—	0.107	0.107	-0.003	1.294	1.104	2.395	2.502
2008 年 10 月～2021 年 10 月	-0.414	-0.177	-0.193	-0.784	0.536	7.426	2.718	10.68	9.896
2012 年 10 月～2021 年 10 月	-0.426	-0.150	-0.301	-0.877	0.074	3.525	1.473	5.072	4.195
2003 年 3 月～2021 年 10 月	-0.414	-0.177	-0.103	-0.694	0.553	11.418	6.557	18.528	17.834

1. 变动回水区

1）江津至大渡口段

江津至大渡口段（S343+1～S370 断面，长约 26.5 km），175 m 试验性蓄水之前为天然河道，年际冲淤基本平衡。三峡水库 175 m 试验性蓄水后，该河段逐渐受三峡水库蓄水影响。2008 年 10 月～2021 年 10 月，江津至大渡口段累计冲刷泥沙 4 140 万 m³，主槽冲刷 5 220 万 m³，边滩淤积 1 080 万 m³（表 5.2.2）。其中，冲刷主要发生在 2012 年 10 月～2021 年 10 月，这一时期的冲刷量为 4 260 万 m³。

2）大渡口至铜锣峡段

大渡口至铜锣峡段（长约 35.5 km，朝天门以上长约 21.1 km，朝天门以下长约 14.4 km），为重庆市主城区长江干流河段。三峡水库 175m 试验性蓄水之前（2008 年 9 月之前），回水末端在涪陵区附近，重庆市主城区河段为天然河道，三峡水库 175 m 试验性蓄水后，回水末端逐步到达江津区附近，该河段的水动力条件和河床冲淤变化逐渐受到三峡水库蓄水的影响。

175 m 试验性蓄水期间（2008 年 10 月～2021 年 12 月），重庆市主城区河段累计冲刷泥沙 1 771 万 m³。从冲淤分布看：长江干流朝天门以上河段冲刷 1 703 万 m³，长江干流朝天门以下河段冲刷 68 万 m³。其中，金沙江下游梯级水库蓄水前，重庆市主城区河段处于微冲状态，4 年仅累计冲刷 216 万 m³，年均单位河长冲刷量为 1.52 万 m³；2012年之后金沙江下游梯级水库群陆续建成运行，拦截了三峡水库最主要的泥沙来源，重庆市主城区河段的冲刷强度加大，2012～2021 年累计冲刷 1 555 万 m³，年均单位河长冲刷量增大至 4.87 万 m³（表 5.2.3）。

表 5.2.3　三峡水库 175 m 试验性蓄水后重庆市主城区长江干流河段冲淤量成果表

时间	冲淤量/万 m³			年均单位河长冲淤量/[万 m³/（km·a）]		
	朝天门以下	朝天门以上	全河段	朝天门以下	朝天门以上	全河段
2008 年 10 月～2012 年 10 月	6	−222	−216	0.10	−2.63	−1.52
2012 年 10 月～2021 年 12 月	−74	−1 481	−1 555	−0.57	−7.80	−4.87
2008 年 10 月～2021 年 12 月	−68	−1 703	−1 771	−0.36	−6.21	−3.84

3）铜锣峡至李渡段

铜锣峡至李渡段（S273～S323 断面，长约 98.9 km），2008～2012 年，河段总体呈淤积状态，淤积幅度较小，累计淤积 949 万 m³。2012 年以后，受上游来沙量持续减少及河道采砂的影响，该河段逐渐转变为冲刷，冲刷量为 3 191 万 m³。近几年冲刷强度逐渐减小（表 5.2.4）。

表 5.2.4　三峡库区干流泥沙冲淤量统计表（断面法）　　　　　　（单位：万 m³）

时间	计算条件	庙河至大坝段	奉节至庙河段	涪陵至奉节段	李渡至涪陵段	铜锣峡至李渡段	李渡至大坝段	铜锣峡至大坝段	备注
1996 年 12 月～2003 年 3 月	50 000 m³/s	214	1 556	−56	—	—	1 714	—	蓄水前
	5 000 m³/s	221	1 746	687	—	—	2 652	—	
2003 年 3 月～2006 年 10 月	低水	7 417.5	19 935.4	27 179.8	−168.3	—	54 364.4	—	135～139 m 蓄水期
2006 年 10 月～2008 年 10 月	高水	3 179.3	7 862.2	12 913.3	81.6	983.9	24 036.4	25 020.3	156 m 蓄水期
	低水	2 853.1	7 503.3	14 130.9	54.7	886.5	24 542.0	25 428.5	
2008 年 10 月～2021 年 10 月	高水	8 696.2	18 477.2	79 631.6	312.6	−2 242.3	107 117.6	104 875.3	175 m 试验性蓄水期
	低水	8 156.4	17 099.5	75 336.9	215.9	−3 225.6	100 808.7	97 583.1	

续表

时间	计算条件	庙河至大坝段	奉节至庙河段	涪陵至奉节段	李渡至涪陵段	铜锣峡至李渡段	李渡至大坝段	铜锣峡至大坝段	备注
2012 年 10 月～2021 年 10 月	高水	4 857	9 873	35 997	179	−3 191	50 906	47 715	金沙江下游梯级水库蓄水后
	低水	4 575	8 839	30 313	120	−1 897	43 847	41 950	
2003 年 3 月～2021 年 10 月	高水	19 293.0	46 274.8	119 724.7	225.9	−1 258.4	185 518.4	184 260.0	总蓄水期
	低水	18 427.0	44 538.2	116 647.6	102.3	−2 339.1	179 715.1	177 376.0	

4）李渡至涪陵段

李渡至涪陵段（S267～S273 断面，长约 12.5 km)，三峡水库蓄水以来，2003 年 3 月～2021 年 10 月该河段累计淤积泥沙 225.9 万 m³，单位河长淤积量为 18.1 万 m³。其中，2012 年前河道微淤，淤积主要发生在 2012 年之后。

2. 常年回水区

1）涪陵至奉节段

涪陵至奉节段（S267～S118 断面）窄深段和开阔段相间，长约 315.4 km。该河段淤积强度较大，是库区淤积强度最大的河段之一。其中，丰都至涪陵段处于 135～139 m 蓄水期变动回水区近末端位置，但进入 156 m 和 175 m 试验性蓄水期后，该河段水位抬高也较明显，已为库区常年回水区，出现累积淤积状态。

三峡水库蓄水以来，2003 年 3 月～2021 年 10 月该河段累计淤积泥沙 119 724.7 万 m³，单位河长淤积量为 379.6 万 m³，其中万县至忠县段、云阳至万县段及忠县至丰都段淤积强度较大，分别为 559 万 m³/ km、551 万 m³/ km、474 万 m³/ km。分时段来看，2003～2012 年和 2012～2021 年淤积量分别占该河段淤积总量的 69.9%和 30.1%，淤积强度明显下降。

2）奉节至庙河段

奉节至庙河段（S118～S40-1 断面）长约 156 km，其中峡谷段长 81.4 km，宽谷段长 74.6 km。三峡水库蓄水以来（2003 年 3 月～2021 年 10 月），该河段累计淤积泥沙 46 274.8 万 m³，单位河长淤积量为 296.6 万 m³。从淤积部位来看，主槽部分淤积泥沙 44 538.2 万 m³，占总淤积量的 96.3%；边滩部分淤积泥沙 1 736.6 万 m³，仅占总淤积量的 3.7%。从淤积发展过程来看，对比 2003～2012 年和 2012～2021 年，前一时段该河段淤积量占比为 78.7%，后一时段淤积强度下降明显，淤积量占比仅为 21.3%。

奉节至庙河段淤积强度最大的为白帝城至奉节关刀峡段（长约 14.2 km），累计淤积泥沙 1.266 亿 m³，单位河长淤积量为 891.4 万 m³，淤积强度仅次于近坝段，主要淤积部位在河宽较大的臭盐碛河段。其次为秭归至官渡口段，累计淤积泥沙 1.731 亿 m³，单位河长淤积量为 378 万 m³。

3）庙河至大坝段

庙河至大坝段（S40-1～S30+1 断面）为近坝段，长约 15.1 km。2003 年 3 月～2021 年

10 月该河段累计淤积泥沙 19 293.0 万 m³，单位河长淤积量为 1 278 万 m³，为三峡水库蓄水以来累积性淤积强度最大的河段。

从库区不同水面线下的淤积分布来看，2003 年 3 月～2021 年 10 月库区铜锣峡至大坝段 175 m 水面线以下累计淤积泥沙 18.426 亿 m³，其中：145 m 水面线以下淤积泥沙 177 376.0 万 m³，占该河段总淤积量的 96.3%；145～175 m 水面线淤积泥沙 6 884 万 m³，占该河段总淤积量的 3.7%。此外，库区淤积量的 94.4%集中在宽谷段，且以主槽平铺式淤积为主；窄深段的淤积量较小，仅占 5.6%（表 5.2.5）。

表 5.2.5　三峡库区干流不同形态河段冲淤量统计表　（单位：万 m³）

河段	断面	河段形态	河长	2003 年 3 月～2006 年 10 月	2006 年 10 月～2008 年 10 月	2008 年 10 月～2012 年 10 月	2012 年 10 月～2021 年 10 月	2003 年 3 月～2021 年 10 月
大坝至官渡口段	大坝～S70 断面	宽谷	77.4 km	17 202.0	6 466.5	7 820.5	8 987.2	40 476.2
官渡口至巫山段	S70～S93 断面	窄深	44 km	1 953.5	1 574.1	919.4	596.9	5 043.9
巫山至大溪段	S93～S107 断面	宽谷	28.8 km	3 333.2	1 200.1	1 224.2	978.7	6 736.2
大溪至白帝城段	S107～S111 断面	窄深	6.7 km	59.5	244.6	139.3	210.8	654.2
白帝城至关刀峡段	S111～S118 断面	宽谷	14.2 km	4 804.7	1 556.2	2 343.2	3 953.2	12 657.3
关刀峡至云阳段	S118～S142 断面	窄深	53.6 km	1 209.5	12.6	853.5	2 146.7	4 222.3
云阳至涪陵段	S142～S267 断面	宽谷	261.8 km	25 970.3	12 900.7	42 903.2	33 728.2	115 502.4
涪陵至李渡段	S267～S273 断面	窄深	12.5 km	-168.3	81.6	133.3	179.3	225.9
李渡至铜锣峡段	S273～S323 断面	宽谷	89.0 km	—	1 000.6	798.8	-3 161.1	-1 361.7
		窄深	9.9 km		-16.7	135.7	-15.7	103.3
大坝至李渡段	大坝～S273 断面		499 km	54 364.4	24 036.4	56 336.6	50 781	185 518.4
大坝至铜锣峡段	大坝～S323 断面		597.9 km	—	25 020.3	57 271.1	47 604.2	184 260.0
合计		宽谷	382.2 km	51 310.2	23 124.1	55 089.9	44 486.2	174 010.4
		占比/%	76.6	94.4	92.4	96.2	93.4	94.4
		窄深	126.7 km	3 054.2	1 896.2	2 181.2	3 118	10 249.6
		占比/%	23.4	5.6	7.6	3.8	6.6	5.6

从不同高程下的淤积分布来看，2003 年 3 月～2021 年 10 月，175 m 高程下库区干流累计淤积泥沙 17.440 亿 m³，145 m 高程下累计淤积泥沙 15.923 亿 m³，占该河段 175 m 高程下总淤积量的 91%。库区干流淤积在高程 145～175 m 静防洪库容内的泥沙为 1.517 亿 m³，其中：江津至铜锣峡段静防洪库容内冲刷泥沙 0.693 亿 m³，铜锣峡至大坝段静防洪库容内淤积泥沙 2.210 亿 m³，淤积的泥沙主要集中于涪陵至云阳段，占铜锣峡至大坝段静防洪库容内总淤积量的 74.5%（库区长度占比为 33%）。

5.2.3 库区淤积物组成特征

根据三峡水库 2005～2010 年、2014 年和 2017 年实测断面的平均干容重成果，大坝至李渡段实测干容重呈现出从坝前向上游河段逐渐增大的现象，坝前河段平均干容重最小，这符合泥沙在水库内沿程分选的规律，即自上而下粒径变小，表现为越靠近坝前泥沙颗粒越细，而泥沙淤积物的干容重与粒径是正比例关系，泥沙粒径越小，干容重越小。从 2017 年的观测成果来看（图 5.2.1），三峡库区淤积泥沙干容重的主要特征值如下。

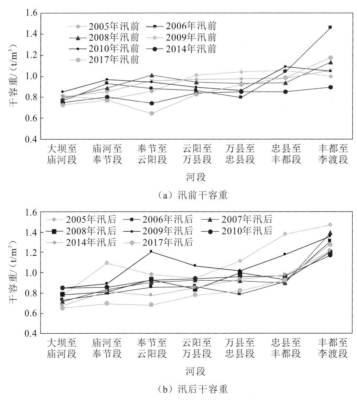

图 5.2.1 三峡库区不同时期淤积物干容重变化图

（1）大坝至李渡段：2017 年汛前淤积物中值粒径的变化范围为 0.006～0.214 mm，平均中值粒径为 0.039 mm，干容重的变化范围为 0.568～1.505 t/m³，平均干容重为 0.897 t/m³；汛后淤积物中值粒径的变化范围为 0.007～0.319 mm，平均中值粒径为

0.041 mm，干容重的变化范围为 0.550～1.804 t/m³，平均干容重为 0.837 t/m³。

（2）大坝至丰都段：2017 年汛前淤积物中值粒径的变化范围为 0.006～0.210 mm，平均中值粒径为 0.031 mm，干容重的变化范围为 0.568～1.403 t/m³，平均干容重为 0.866 t/m³；汛后淤积物中值粒径的变化范围为 0.007～0.187 mm，平均中值粒径为 0.029 mm，干容重的变化范围为 0.550～1.456 t/m³，平均干容重为 0.778 t/m³。

（3）丰都至李渡段：2017 年汛前淤积物中值粒径的变化范围为 0.020～0.214 mm，平均中值粒径为 0.093 mm，干容重的变化范围为 0.928～1.505 t/m³，平均干容重为 1.176 t/m³；汛后淤积物中值粒径的变化范围为 0.018～0.319 mm，平均中值粒径为 0.147 mm，干容重的变化范围为 0.807～1.804 t/m³，平均干容重为 1.273 t/m³。

5.2.4　水库淤积形态特征

1. 深泓纵剖面变化

三峡水库蓄水以来，大坝至李渡段深泓点平均淤积抬高 8.5 m，最深点和最高点分别淤高 10.8 m 和 3.2 m。李渡至铜锣峡段深泓点平均淤高 0.1 m，最深点淤高 2.7 m，最高点高程不变。其中，近坝段河床淤积抬高最为明显（图 5.2.2），变化最大的深泓点为 S34 断面（位于坝上游 5.6 km），淤高 67.9 m，淤后高程为 38.9 m；其次为近坝段 S31+1 断面（距坝 2.2 km），深泓点淤高 62.1 m，淤后高程为 61.5 m；再次为近坝段 S31 断面（距坝 1.9 km），其深泓最大淤高 60.4 m，淤后高程为 62.1 m。

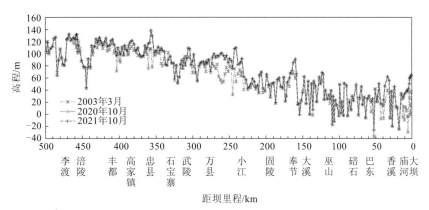

图 5.2.2　三峡库区干流李渡至大坝段深泓纵剖面变化

据统计，库区铜锣峡至大坝段深泓淤高 20 m 以上的断面有 40 个，深泓淤高 10～20 m 的断面共 37 个，这些深泓抬高较大的断面多集中在近坝段、香溪宽谷段、臭盐碛河段、黄花城河段等淤积较大的区域；深泓累积出现抬高的断面共有 257 个，占统计断面数的 82.1%。

2. 典型横断面变化

三峡库区两岸一般由基岩组成，岸线基本稳定，断面变化主要表现在河床的垂向冲淤变化。自蓄水以来，三峡库区的淤积形态主要有：①主槽平淤，分布于库区各河段内，如坝前段、臭盐碛河段、黄花城河段等；②沿湿周淤积，分布于库区各河段内；③以一侧淤积为主的不对称淤积，主要出现在弯曲型河段，以土脑子河段为典型。冲刷形态主要表现为主槽冲刷和沿湿周冲刷，一般出现在河道水面较窄的峡谷段和回水末端位置。对于水库变动回水区而言，河床冲淤变形不大，大多数河床断面的形态没有发生明显变化。

近坝区段：淤积形态主要有平淤和沿湿周淤积两种。主槽平淤主要出现在窄深型河段，如 S31+1 断面、S34 断面（图 5.2.3），S34 断面位于西天咀，是全河段抬升最大的断面；沿湿周淤积一般出现在宽浅型、滩槽差异较小的河段，主槽在前期很快淤平，之后淤积则沿湿周发展，如 S32+1 断面（图 5.2.3）。

三峡库区河段：三峡库区河段断面多呈 U 形。蓄水以来峡谷段冲淤变化不大，甚至部分断面出现冲刷，如瞿塘峡河段 S109 断面[图 5.2.4（a）]，2003 年 3 月～2021 年 10 月主槽累计刷深 8.2 m，为全河段刷深量最大的断面，但冲刷主要出现在 2003 年 3～10 月。

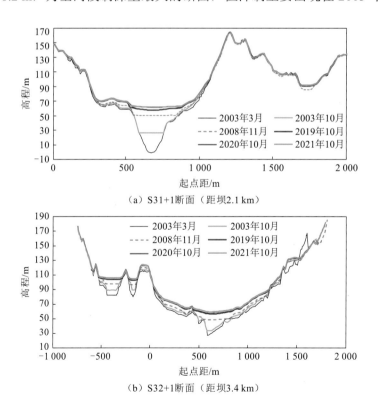

（a）S31+1断面（距坝2.1 km）

（b）S32+1断面（距坝3.4 km）

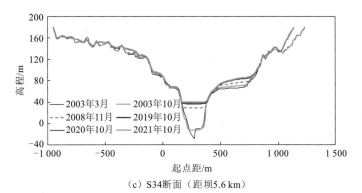

（c）S34断面（距坝5.6 km）

图 5.2.3　近坝区典型横断面冲淤变化图

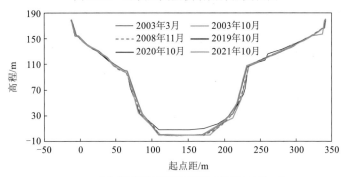

（a）瞿塘峡河段S109断面（距坝154.5 km）

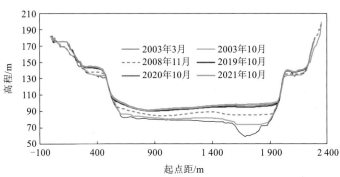

（b）臭盐碛河段S113断面（距坝160.1 km）

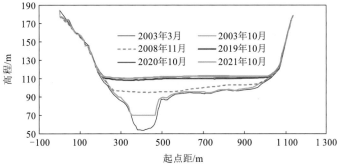

（c）云阳河段S148断面（距坝240.6 km）

图 5.2.4　三峡库区河段典型横断面冲淤变化图

断面宽度较宽段的滩、槽淤积明显，且以主槽淤积为主，如臭盐碛河段的 S113 断面，三峡水库蓄水以来，主槽最大淤积厚度达 39.0 m（2003 年 3～10 月淤积 14.2m），主槽基本淤平[图 5.2.4（b）]，主槽淤后高程为 98.4 m。2003 年 3 月～2021 年 10 月过水面积减少了 20.6%。

库区部分主流摆动较大的分汊河段，枯水期主汊逐渐淤积，河型逐渐由分汊型向单一型转化，如黄花城河段、土脑子河段等。黄花城河段左汊为主汊，但由于左汊弯曲程度较高，在汛期流速增加，主流会逐渐摆向右汊，左汊变为缓流区，泥沙淤积，汛后水流回摆，冲刷左汊，但 2003 年后受蓄水影响，汛后流速较小，冲刷无法完成，使得左汊严重淤积，同时位于其上游分流段的 S207 断面[图 5.2.5（a）]左侧也明显淤积，其最大淤积厚度为 65.6 m，淤后高程约为 141.5 m；同样，土脑子河段的 S253 断面右侧也出现累积性泥沙淤积，最大淤积厚度约为 31 m，淤积后的高程约为 154 m[图 5.2.5（b）]。

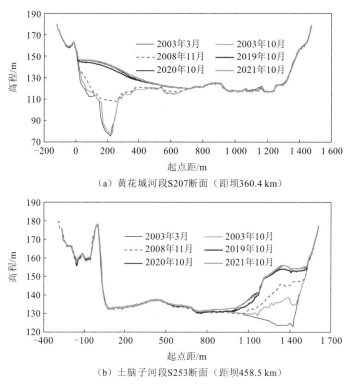

（a）黄花城河段S207断面（距坝360.4 km）

（b）土脑子河段S253断面（距坝458.5 km）

图 5.2.5　三峡水库常年回水区典型横断面冲淤变化图

5.3　水库下游河道冲刷特征

5.3.1　向家坝水库下游河道

向家坝水库下游河道冲淤分析范围为向家坝至江津段，总长约 325.8 km，分为近坝的向家坝至宜宾段和宜宾至江津段两段，长度分别为 29.8 km 和 296 km。采用断面法对河段进行冲淤计算，2008 年以来，向家坝至宜宾段存在大量护堤护岸等施工工程及河道采砂活动，这些人类活动对河道冲淤计算成果均有较大影响，计算时，对护坡及施工影响断面进行了还原处理。

1. 冲刷量及分布特征

实测断面资料表明，向家坝至江津段（长约 325.8 km）河床累计冲刷约 16 548 万 m^3（含河道采砂影响）。分段来看，2008 年 3 月～2021 年 11 月向家坝至宜宾段（长 29.8 km）共冲刷泥沙 2 631 万 m^3；2012 年 10 月～2021 年 10 月宜宾至江津段（长约 296 km）累计冲刷泥沙 13 917 万 m^3，其中宜宾至朱沱段（长约 233 km）和朱沱至江津段（长约 63 km）分别冲刷泥沙 7 929 万 m^3 和 5 988 万 m^3。

1）向家坝至宜宾段

从河床冲淤量的变化特征来看，2008 年 3 月～2012 年 10 月，干流河段（JY01～JY16 断面，长约 29.8 km）共冲刷泥沙 1 388 万 m^3（包含采用断面法计算的采砂影响量 438.3 万 m^3），年均单位河长冲刷量为 2 万 m^3，各断面均出现不同程度的冲刷。2012 年 10 月～2021 年 11 月受向家坝水库蓄水拦沙影响，干流河段总体表现为冲刷，累计冲刷泥沙 1 243 万 m^3，年均单位河长冲刷量为 4.67 万 m^3，较蓄水前增大约 1.3 倍。

2）宜宾至江津段

2012 年 10 月～2021 年 10 月宜宾至江津段（长约 296 km）累计冲刷泥沙 13 917 万 m^3（含河道采砂影响）。其中：宜宾至朱沱段（长约 233 km）和朱沱至江津段（长约 63 km）分别冲刷泥沙 7 929 万 m^3 和 5 988 万 m^3（表 5.3.1），单位河长冲刷量分别为 37.8 万 m^3 和 10.6 万 m^3。

表 5.3.1　2012～2021 年向家坝水库下游宜宾至江津段冲淤成果表

时段	冲淤量/（万 m^3）			年均单位河长冲淤量/[万 m^3/（km·a）]		
	宜宾至朱沱段	朱沱至江津段	宜宾至江津段	宜宾至朱沱段	朱沱至江津段	宜宾至江津段
2012 年 10 月～2016 年 11 月	-8 929	-5 656	-14 585	-9.58	-22.3	-12.3
2016 年 11 月～2021 年 10 月	1 000	-332	668	0.86	1.0	0.45
2012 年 10 月～2021 年 10 月	-7 929	-5 988	-13 917	-3.78	-10.6	-5.22

观测资料和现场勘测显示，向家坝水库坝下河床冲刷大部分是河道采砂所致。2016 年以来，四川省加大河道非法采砂管理力度，河道采砂活动明显减少，宜宾至江津段河床冲淤强度也逐渐减小。2012～2016 年宜宾至江津段年均单位河长冲刷量达到 12.3 万 m^3；受 2020 年强降雨和岷江、沱江高强度输沙的影响，河段大幅度回淤，致使 2017～2021 年河段年均呈淤积状态，淤积强度为 0.45 万 m^3/（km·a）。

2. 砂卵石河床的冲刷粗化

向家坝至宜宾段以卵石河床为主，间有沙质河床。向家坝至宜宾段内布置有15个床沙取样断面，2020年汛后的取样结果显示，只有距坝较远的两个断面（JY01断面、JY04断面，分别距坝31.9 km、26.1 km）取到了粒径 $d<2$ mm 的泥沙，其他断面取到的样品均为砾卵石，最小粒径在4 mm以上。下面进一步对比向家坝水库蓄水以来的床沙中值粒径和级配变化（表5.3.2、图5.3.1）。

表 5.3.2 2012～2021年向家坝水库下游床沙中值粒径变化

断面编号	距坝里程/ km	中值粒径/ mm			
		2012年10月	2013年10月	2017年10月	2021年11月
JY01断面	31.9	0.42	0.447	0.698	111
JY03断面	28.0	174	146	155	171
JY04断面	26.1	—		0.411	90.6
JY07断面	20.0		0.56	7.06	—
JY09断面	15.8	146	177	257	263
JY10断面	14.1	—		0.49	176
JY11断面	12.2	78.6	—		167
JY12断面	10.1	—		0.839	199
JY13断面	8.2	91.3	140	44.2	50.7
JY14断面	6.0	—		101	139
JY15断面	4.2		0.336	18	133

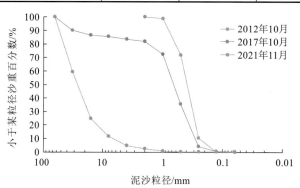

图 5.3.1 向家坝水库下游宜宾市附近JY01断面河床床沙级配变化

向家坝水库蓄水后，其下游河道沿程冲刷，河床粗化的现象十分明显。蓄水初期2012年、2013年汛后的床沙取样结果显示，有3个断面的河床含 $d<2$ mm 的泥沙，床沙中值粒径在1 mm以下，至2017年，仍然是在3断面取到了泥沙，且中值粒径相较于蓄

水初期以增大为主，至 2021 年汛后，在取到样品的 10 个断面中，中值粒径最小为 50.7 mm，具有砾卵石河床的特征，2017～2021 年，取样断面的中值粒径普遍增大，宜宾市附近的 JY01 断面逐渐由沙夹卵石河床粗化为卵石夹沙河床，$d<1$ mm 的沙重百分数由 2012 年的 98.7%下降至 2021 年的 0.9%。

床沙粗化既是坝下游河床冲刷的产物，又是坝下游河床冲刷减缓的重要控制因素之一，从目前向家坝水库下游河道的河床组成可以判断，向家坝至宜宾段河床冲刷进一步发展的可能性较小，已经基本进入平衡状态。年际河床冲淤的变化将主要受区间支流来水来沙条件的影响，遇来沙量大的年份时，河床可能会出现短暂的淤积、冲刷交替发展的过程，但冲淤的主体是区间汇入的泥沙，而非本底河床。

3. 河床形态调整

1）深泓纵剖面形态

向家坝至宜宾段深泓呈锯齿状，2008 年 3 月～2021 年 11 月，该河段深泓呈逐渐下切趋势，最大下降值为 8 m（JY05 断面，距坝 24.1 km）。其中：2008 年 3 月～2012 年 10 月，断面深泓平均下降 1.74 m，最大下降 7.7 m（JY02 断面，距坝 30.3 km）；2012 年 10 月～2021 年 11 月，断面深泓平均下降 0.59 m，最大下降值为 2.9 m（JY05 断面，距坝 24.1 km），见图 5.3.2。

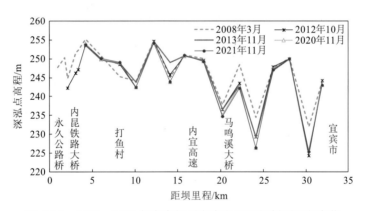

图 5.3.2　2008～2021 年向家坝至宜宾段深泓纵剖面沿程变化

同时，还应注意到，在距坝约 30 km 的河道内，深泓高凸的部分，如 JY15 断面、JY11 断面等深泓冲淤变幅较小，河床保持稳定，有效地控制了坝下游枯水河槽的河道边界。

2）典型横断面形态

向家坝至宜宾段断面形态多为 U 形、V 形。受上游来水、来沙、人类活动等影响，断面主槽和边滩都有一定幅度的冲淤调整，典型横断面年际冲淤变化如图 5.3.3 所示，具体来看，断面的冲淤变化大体可以分为两类。

第一类是既有天然的河床冲淤调整，又有人类活动影响，如向家坝站 JY16 断面，河床由乱石覆沙和岩石组成，右岸为混凝土堡坎，左岸为混凝土护坡，左岸混凝土护坡

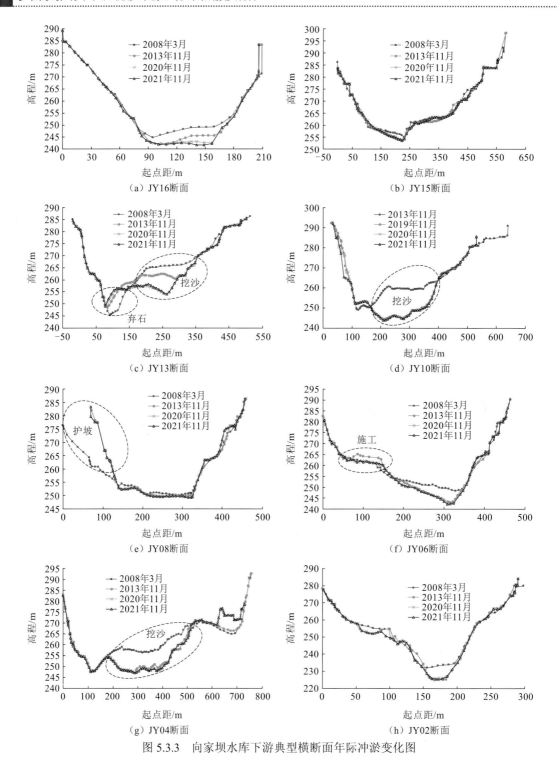

图 5.3.3　向家坝水库下游典型横断面年际冲淤变化图

和右岸混凝土堡坎均相对稳定，多年来无明显变化，2008 年 3 月～2020 年 11 月主槽有一定冲刷，最大冲刷深度约为 7 m，2020 年 11 月～2021 年 11 月断面右岸近岸河槽略有冲刷，最大冲刷幅度约为 1.3 m；JY06 断面（距坝 22.2 km）左岸边滩变化主要受修建护坡的影响，其中，2008 年 3 月～2013 年 11 月断面总体表现为冲刷，深泓部位最大刷深 6.0 m，左岸边滩受施工影响高程下降 4.5 m，此后断面冲淤变化不大，2020 年 11 月～2021 年 11 月断面主泓附近略有冲刷下切，最大下切幅度约为 0.4 m；JY02 断面（距坝 30.3 km）2008 年 3 月～2013 年 11 月冲刷，最大刷深 8.1 m，位于深泓，2013 年 11 月～2020 年 11 月，断面左淤右冲，冲淤变幅在 4.0 m 内，2020 年 11 月～2021 年 11 月断面主泓附近略有冲刷下切，最大下切幅度约为 0.4 m。

第二类是以人类活动影响为主的断面，如 JY13 断面（距坝 8.2 km），2008 年 3 月～2013 年 11 月，受右岸边滩采砂及深泓弃石的双重影响，断面变化较大，右岸边滩滩面高程因采砂最大下降 5.6 m，深泓河底高程因采砂弃石最大回淤 4.3 m，2013 年 11 月～2020 年 11 月，断面深槽最大冲刷 3.0 m，2020 年 11 月～2021 年 11 月断面采砂坑内略有回淤，最大淤积幅度约为 1.0 m；JY08 断面（距坝 17.9 km）2008 年 3 月～2013 年 11 月左岸修筑护坡，断面形态变化较大，主槽部位主要表现为冲刷，最大刷深 1.3 m，此后变化较小；JY04 断面（距坝 26.1 km）受采砂影响，主槽高程不断下降，2008 年 3 月～2013 年 11 月深槽高程最大下降 9 m，此后冲淤变幅较小。

总体来看，向家坝水库坝下游河道因人类活动和来沙减少后的冲刷调整，局部断面形态变化较大，人类活动主要使河道岸坡和河槽发生变化，如 JY06 断面、JY08 断面和 JY13 断面；坝下游冲刷主要造成河槽冲深，如 JY06 断面和 JY02 断面，且大多发生在蓄水前或蓄水初期。近年来，断面冲淤变幅较小，尤其是 2020 年、2021 年，局部冲刷坑有小幅度的回淤现象。

5.3.2 长江中下游河道

1. 冲刷量及分布特征

1）宜昌至湖口段

长江中游宜昌至湖口段上起宜昌市，下迄鄱阳湖入汇口，全长约 955 km，分布有单一型、蜿蜒型、分汊型三种基本河型，其中单一型又有顺直型和微弯型两种，分汊型分为顺直型、微弯型和鹅头型三种。单一型河道与分汊型河道相间分布；蜿蜒型河道主要集中在下荆江河段；分汊型河道越往下游分布越多。按照河道基本特征、水文站及入汇水系的分布特点，可以将长江中游干流河道划分为宜昌至枝城段、荆江河段、城陵矶至湖口段三大河段，总体河势见图 5.3.4。

宜昌至枝城段：长约 60.8 km，是山区河流进入平原河流的过渡段，紧邻三峡大坝，为顺直微弯河型。河道两岸受低山丘陵和阶地控制，河岸抗冲能力较强，河宽不发育，河床组成物较粗，为砂卵石河床，局部有基岩出露，河段岸线稳定，主流年际摆动不大，河道平面变形较小。

图 5.3.4　长江中游干流宜昌至大通段河道形势概化图

荆江河段：长约 347.2 km，上起枝城镇，下迄城陵矶，按河型不同，以藕池口为界，又分为上荆江河段、下荆江河段。其中，上荆江河段贯穿江汉平原，长约 171.7 km，属微弯分汊河型，分布有大小不一的江心洲滩；下荆江河段属典型的蜿蜒型河段，长约 175.5 km。受边界条件、历年抛石护岸和堤防工程的控制，上荆江总体河势较稳定，河道演变主要表现在局部河段的主流有一定的摆动，汊道周期性交替发展。下荆江河段为蜿蜒型河道，两岸抗冲性较差，历史上河道横向蜿蜒摆幅很大，多次发生自然裁弯和切滩撇弯。经历 20 世纪 60 年代末～70 年代初的系统裁弯工程后，伴随下荆江河段河势控制工程的实施，除河道进口的石首弯道及中部的监利河弯近期变化较为剧烈外，其他河段河势已得到初步控制，河道演变以弯道顶冲点的上提下挫为主要特征。

城陵矶至湖口段：该段从汉江入汇口又可分为城陵矶至武汉段、武汉至湖口段两段。其中，城陵矶至武汉段全长约 275 km，流经湖南省岳阳市和湖北省荆州市、咸宁市、武汉市等市，武汉市龟山以下有汉江入汇。受地质构造的影响，河道走向为北东向。左岸属江岸凹陷，右岸属江南古陆和下扬子台凹。两岸湖泊和河网水系交织，河段属藕节状分汊河型。武汉至湖口段全长约 272 km，流经湖北省武汉市、黄冈市、鄂州市、黄石市和江西省九江市等市。河段河谷较窄，走向东南，部分山丘直接临江，构成对河道较强的控制节点。河段两岸湖泊支流较多，河道总体为两岸边界条件限制较强的藕节状分汊河型。河段整体河势较稳定，演变主要表现为顺直放宽段主流摆动，两岸交替冲淤，弯道一般分布在汊道连接段，凹岸侧多有冲刷，分汊段主、支汊交替消长。

在三峡水库修建前的数十年中，长江中游河床冲淤变化较为频繁，1975～1996年宜昌至湖口段总体表现为淤积，平滩河槽总淤积量为 1.793 亿 m^3，年均淤积量为 853 万 m^3；1998 年大水期间，长江中下游高水位持续时间长，宜昌至湖口段总体表现为淤积，1996～1998 年其淤积量为 19 865 万 m^3，其中除上荆江河段和城陵矶至汉口段有所冲刷外，其他各河段泥沙淤积较为明显；1998 年大水后，宜昌市以下河段河床冲刷较为剧烈，1998～2002 年（城陵矶至湖口段为 1998～2001 年），宜昌至湖口段冲刷量为

54 666 万 m³，年均冲刷量达 1.701 亿 m³（表 5.3.3）。

表 5.3.3　不同时期三峡大坝下游宜昌至湖口段冲淤量对比（平滩河槽）

项目	时段	河段（河段长度/km）						
		宜昌至枝城段（60.8）	上荆江河段（171.7）	下荆江河段（175.5）	荆江河段（347.2）	城陵矶至汉口段（251）	汉口至湖口段（295.4）	宜昌至湖口段（954.4）
总冲淤量/万 m³	1975~1996 年	-13 498	-23 770	3 410	-20 360	27 380	24 408	17 930
	1996~1998 年	3 448	-2 558	3 303	745	-9 960	25 632	19 865
	1998~2002 年	-4 350	-8 352	-1 837	-10 189	-6 694	-33 433	-54 666
	2002 年 10 月~2006 年 10 月	-8 138	-11 683	-21 147	-32 830	-5 990	-14 679	-61 637
	2006 年 10 月~2011 年 10 月	-5 567	-17 133	-7 213	-24 346	-3 257	-9 713	-42 883
	2011 年 10 月~2016 年 11 月	-2 652	-27 202	-9 406	-36 608	-37 595	-28 017	-104 872
	2016 年 11 月~2021 年 4 月	-313	-17 804	-15 007	-32 811	-3 357	-16 566	-53 047
	2002 年 10 月~2021 年 4 月	-16 670	-73 822	-52 773	-126 595	-50 199	-68 975	-262 439
年均冲淤量/万 m³	1975~1996 年	-643	-1 132	162	-970	1 304	1 162	853
	1996~1998 年	1 724	-1 279	1 652	373	-4 980	12 816	9 933
	1998~2002 年	-1 088	-2 088	-459	-2 547	-2 231	-11 144	-17 010
	2002 年 10 月~2006 年 10 月	-2 035	-2 921	-5 287	-8 208	-1 198	-2 936	-14 377
	2006 年 10 月~2011 年 10 月	-1 113	-3 427	-1 443	-4 870	-651	-1 943	-8 577
	2011 年 10 月~2016 年 11 月	-530	-5 440	-1 881	-7 321	-7 519	-5 603	-20 973
	2016 年 11 月~2021 年 4 月	-63	-3 561	-3 001	-6 562	-671	-3 313	-10 609
	2002 年 10 月~2021 年 4 月	-877	-3 885	-2 778	-6 663	-2 510	-3 449	-13 499

　　三峡水库蓄水运用后，坝下游河段河床明显冲刷（图 5.3.5）。2002 年 10 月~2021 年 4 月，坝下游宜昌至湖口段（其中宜昌至枝城段时间为 2002 年 10 月~2021 年 10 月，城陵矶以下为 2001 年 10 月起）河道平滩河槽冲刷总量为 26.244 亿 m³，年均冲刷量约为 1.35 亿 m³，年均冲刷强度为 14.1 万 m³/km。冲刷主要集中在枯水河槽，占总冲刷量的 92%。从冲淤量沿程分布来看，宜昌至城陵矶段河床冲刷较为剧烈，平滩河槽冲刷量为 14.327 亿 m³，占总冲刷量的 55%，年均冲刷强度以上荆江河段的 22.6 万 m³/km 为最大；城陵矶至汉口段、汉口至湖口段平滩河槽的冲刷量分别为 5.020 亿 m³、6.898 亿 m³，分别占总冲刷量的 19%、26%，年均冲刷强度分别为 10.0 万 m³/km、11.7 万 m³/km。

　　从冲淤量沿时分布来看，三峡水库蓄水初期（2002 年 10 月~2006 年 10 月）宜昌至湖口段平滩河槽冲刷量为 61 637 万 m³，年均冲刷量 14 377 万 m³，年均冲刷强度为 15.1 万 m³/km；之后的 2006~2011 年，连续出现了 2006 年、2010 年、2011 年流域性

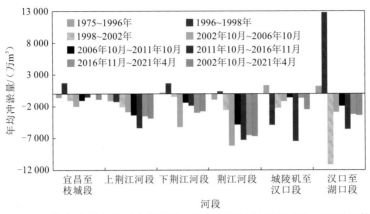

图 5.3.5 三峡水库蓄水前后宜昌至湖口段年均泥沙冲淤量对比（平滩河槽）

或区域性径流偏枯的水文年，河床冲刷强度有所减弱，2006 年 10 月～2011 年 10 月平滩河槽累计冲刷 42 883 万 m^3，年均冲刷泥沙 8 577 万 m^3。2011 年 10 月～2016 年 11 月（三峡水库 175 m 试验性运行），流域径流量有所恢复，2016 年发生了中下游型洪水，城陵矶以下河床冲刷强度逐渐加大，宜昌至湖口段平滩河槽冲刷泥沙 104 872 万 m^3，年均冲刷泥沙 20 973 万 m^3，是三峡水库蓄水后宜昌至湖口段年均冲刷量最大的时段。2016 年 11 月～2021 年 4 月，流域经历了 2017 年、2018 年和 2020 年区域性、流域性洪水年，宜昌至湖口段冲刷强度没有持续增大，冲刷量为 53 047 万 m^3，年均冲刷泥沙 10 609 万 m^3，仅超过 2006～2011 年的冲刷强度，相较于 2011～2016 年，城陵矶至汉口段冲刷量的减小幅度达 91.1%，荆江河段的冲刷量与蓄水初期基本持平。

2）湖口至徐六泾段

（1）湖口至江阴段。三峡水库蓄水运用之前，湖口至江阴段冲淤变化较小，1975～2001 年年均单位河长淤积泥沙 0.7 万 m^3。2001 年 10 月～2021 年 11 月，平滩河槽冲刷泥沙 170 648 万 m^3（含河道采砂影响），年均冲刷强度达 12.9[万 m^3/（km·a）]。冲刷主要集中在枯水河槽，占平滩河槽冲刷量的 86%（表 5.3.4）。

表 5.3.4 不同时段湖口至江阴段平滩河槽冲淤量对比

项目	时段	河段（河段长度/km）		
		湖口至大通段（228.0）	大通至江阴段（431.4）	湖口至江阴段（659.4）
总冲淤量/万 m^3	1975～2001 年	17 882	−5 154	12 728
	2001 年 10 月～2006 年 10 月	−7 986	−15 087	−23 073
	2006 年 10 月～2011 年 10 月	−7 611	−38 150	−45 761
	2011 年 10 月～2016 年 10 月	−21 569	−27 109	−48 678
	2016 年 10 月～2021 年 11 月	−15 054	−38 082	−53 136
	2001 年 10 月～2021 年 11 月	−52 220	−118 428	−170 648
年均冲淤强度/[万 m^3/（km·a）]	1975～2001 年	2.9	−0.5	0.7
	2001 年 10 月～2006 年 10 月	−7.0	−7.0	−7.0

续表

| 项目 | 时段 | 河段（河段长度/km） | | |
		湖口至大通段 （228.0）	大通至江阴段 （431.4）	湖口至江阴段 （659.4）
年均冲淤强度 /[万 m³/(km·a)]	2006 年 10 月~2011 年 10 月	-6.7	-17.7	-13.9
	2011 年 10 月~2016 年 10 月	-18.9	-12.6	-14.8
	2016 年 10 月~2021 年 11 月	-13.2	-17.7	-16.1
	2001 年 10 月~2021 年 11 月	-11.5	-13.7	-12.9

（2）江阴至徐六泾段。三峡水库蓄水运用之前，江阴至徐六泾段基本冲淤平衡，1977~2001 年年均淤积泥沙 0.001 亿 m³。三峡水库蓄水运用以来，2001 年 10 月~2021 年 11 月累计冲刷泥沙 6.17 亿 m³，年均冲刷量为 0.309 亿 m³。

3）长江河口段

三峡水库蓄水运用之前（1984~2001 年），南支河段年均冲刷泥沙 0.117 亿 m³，北支河段则年均淤积泥沙 0.243 亿 m³。三峡水库蓄水运用以来，2001 年 8 月~2021 年 11 月，南支河段累计冲刷泥沙 3.95 亿 m³，年均冲刷量为 0.198 亿 m³，北支河段淤积泥沙 3.14 亿 m³，年均淤积量为 0.157 亿 m³，总体延续了三峡水库蓄水运用前长江口南支冲刷、北支淤积的趋势。

2. 复杂河床的冲刷粗化

1）坝下游砂卵石河床

三峡水库蓄水前，坝下游宜昌至枝城段的河床总体上属于砂砾河床，局部河段为砾石河床。三峡水库蓄水后，随着河道的冲刷，床沙粗化明显，以河床冲刷下切相对剧烈的宜 69 断面为例，2003 年 11 月其床沙中值粒径为 0.296 mm，至 2015 年 11 月粗化至 11.2 mm。2017 年进行床沙取样的断面，中值粒径均在 15.3 mm 以上，至 2019 年，河段大多数断面的床沙为沙质和卵石，组成复杂，无法计算出断面平均的中值粒径，中值粒径有测值的断面也较以往呈粗化趋势。可见，河段河床组成从沙质河床或夹砂卵石河床逐步演变为卵石夹砂河床（表 5.3.5）。

表 5.3.5　宜昌至枝城段床沙中值粒径变化统计表

断面	距坝里程 /km	2001 年 9 月 中值粒径 /mm	2003 年 11 月 中值粒径 /mm	2008 年 10 月 中值粒径 /mm	2012 年 10 月 中值粒径 /mm	2015 年 11 月 中值粒径 /mm	2017 年 10 月 中值粒径 /mm	2019 年 10 月 中值粒径 /mm
宜 34	4.85	0.266	0.293	57.3	—	—	—	—
宜昌站	6.35	0.261	0.320	26.8	25.1	—	44.0	—
昌 15	13.45	0.253	0.513	43.7	—	0.780	21.8	13.9
宜 47	18.47	0.254	0.268	23.5		25.5	32.4	—
宜 51	24.27	0.228	0.227	2.80	—	27.6	—	—

断面	距坝里程/km	2001年9月中值粒径/mm	2003年11月中值粒径/mm	2008年10月中值粒径/mm	2012年10月中值粒径/mm	2015年11月中值粒径/mm	2017年10月中值粒径/mm	2019年10月中值粒径/mm
宜59	36.21	0.201	0.201	2.78	—	—	16.1	—
宜63	41.31	0.186	0.336	13.8	—	32.9	26.8	18.6
宜69	46.70	0.316	0.296	42.4	—	11.2	—	44.3
宜75	54.65	0.151	0.249	0.418	—	0.285	36.8	34.4
枝2	57.88	0.302	0.309	—	6.67	0.497	—	—

截至 2019 年,宜昌站床沙较蓄水前明显粗化,中值粒径由 2003 年汛后的 0.320 mm 增加为 30.7 mm。从各粒径级的变化来看(图 5.3.6),在三峡水库 135~139 m 运行期,99%的床沙粒径在 0.125~1.00 mm,其粒径约为蓄水前的 2 倍;在三峡水库 144~156 m 运行期,床沙粗化趋势更加明显,粗粒径组占比有逐年上升趋势;2008 年汛后三峡水库 进入 175 m 试验性蓄水运行期,2009 年后该站断面床沙进一步粗化,卵石为床沙的主要 成分,如 2013 年粒径在 0.125~2.00 mm 的泥沙沙重百分数仅为 15.1%,粒径在 16.0~ 32.0 mm 的粗颗粒泥沙沙重百分数则高达 95.2%。从 2015 年开始,该站床沙粒径又有较 大程度的粗化,主要表现为细颗粒泥沙占比大幅度减小,小于 1 mm 的床沙沙重百分数 由 2014 年同期的 40.6%下降至 2015 年以来的不足 5%。

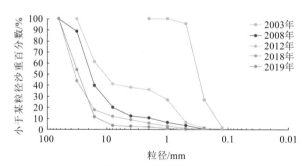

图 5.3.6　三峡水库蓄水运用后宜昌站床沙颗粒级配曲线图

2)沙质河床粗化现象

(1)荆江河段。冲刷最剧烈的荆江河段床沙主要由细沙组成,其次有卵石和砾石组 成的沙质、砂卵质、砂卵砾质河床。根据多年的床沙取样结果,含卵、砾石床沙一般分 布在郝穴镇(荆 67 断面)以上,郝穴镇以下为纯沙质河段,从 2015 年开始,枝江河段 的断面多取到卵石,因而荆江河段床沙中值粒径均值不再统计该河段,实为杨家脑至城 陵矶段的均值。

三峡水库蓄水后,坝下游卵石河床下延近 5 km。沙质河床也逐年粗化,荆江河段床 沙平均中值粒径由 2001 年的 0.188 mm 变粗为 2008 年的 0.230 mm,此后至 2015 年各河 段床沙中值粒径均有所增大,沙市河段、公安河段、石首河段及监利河段的床沙中值粒径均达到 1999 年以来的最大值，分别为 0.263 mm、0.260 mm、0.238 mm 和 0.224 mm，至 2017 年，沙市河段和监利河段床沙继续粗化，公安河段和石首河段则变化不明显；2017～2019 年，除公安河段中值粒径增大以外，其他各河段床沙中值粒径均有所减小，基本恢复至 2008 年的水平，见表 5.3.6。

表 5.3.6　三峡水库蓄水前后荆江河段床沙中值粒径变化　　　　　（单位：mm）

河段名称	年份							
	1999	2000	2001	2003	2008	2015	2017	2019
枝江河段	0.238	0.240	0.212	0.211	0.272	—	—	—
沙市河段	0.228	0.215	0.190	0.209	0.246	0.263	0.308	0.246
公安河段	0.197	0.206	0.202	0.220	0.214	0.260	0.239	0.243
石首河段	0.175	0.173	0.177	0.182	0.207	0.238	0.219	0.208
监利河段	0.178	0.166	0.159	0.165	0.209	0.224	0.237	0.212
荆江河段	0.203	0.200	0.188	0.197	0.230	0.245	0.251	0.226

一，枝城站。三峡水库蓄水后，枝城站 2003～2019 年床沙中值粒径 D_{50} 年际虽有波动，但总体表现为粗化趋势。2010～2015 年床沙中值粒径趋于减小，但基本在 0.300 mm 以上，2015～2019 年该站中值粒径又由 0.304 mm 持续增至 0.442 mm；小于 1 mm 的沙重百分数由 2003 年 10 月的 83.6%减小至 2013 年的 75.6%，2014 年汛后略有增加，至 2015 年汛后增至 85.2%，从 2016 年开始，细颗粒泥沙占比显著下降，至 2017 年小于 1 mm 的沙重百分数下降至 57.8%，2018 年小于 1 mm 的沙重百分数又回升至 80.6%，2019 年又下降至 74.6%。大于 32 mm 的卵石占比增幅较大，进一步表明宜昌至枝城段床沙粗化现象明显（图 5.3.7）。

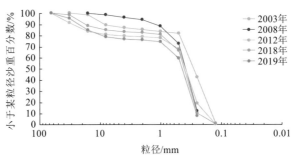

图 5.3.7　三峡水库蓄水运用后枝城站床沙颗粒级配曲线图

二，沙市站。三峡水库蓄水后，2003～2019 年床沙中值粒径 D_{50} 总体逐渐增大，沙市站床沙呈现粗化趋势，0.25～0.5 mm 沙重百分数由 2003 年 10 月的 34.4%增至 2013 年 10 月的 49.9%，至 2015 年，该组泥沙的沙重百分数增至 75.4%，此后至 2018 年，该组泥沙沙重百分数一直维持在 70%左右，2019 年又降至 57.4%。整体来看，沙市站床沙粒径变化范围趋窄，2008 年三峡水库进入 175 m 试验性蓄水后，床沙中值粒径持续粗化，并于 2012 年汛后达到最大值，此后有所减小，2018 年在 2014 年的基础上有较大幅度增加，中值粒径由 0.231 mm 增大至 0.295 mm，2019 年又减小至 0.269 mm（图 5.3.8）。

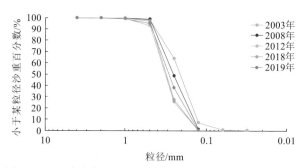

图 5.3.8   三峡水库蓄水运用后沙市站床沙颗粒级配曲线图

三，监利站。三峡水库蓄水后，监利站床沙组成随着河床冲刷呈现粗化现象，细颗粒泥沙占比减小，0.25～0.5 mm 粒径组占比增大，由 2002 年 10 月的 8.9%增至 2013 年的 19.2%，增为原来的两倍以上，2014 年该组粒径沙重百分数减小至 14.9%，至 2015 年再度增大到 36.6%，小于 0.25 mm 的泥沙颗粒仅占 63.4%，较 2003 年汛后同期下降 31.2个百分点；2015 年后粗颗粒沙重百分数又有所减小。整体来看，监利站床沙粒径变化范围趋窄，河床基本不再出现粒径小于 0.062 mm 的床沙，床沙中值粒径总体呈现增大趋势，但粗化程度比枝城站、沙市站小，且 2011 年后粒径变化较小，粗化现象略有弱化，2015 年床沙中值粒径达到 2003 年以来的最大值，为 0.238 mm，此后至 2019 年又逐渐恢复至 2010～2014 年的水平（图 5.3.9）。

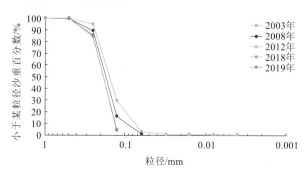

图 5.3.9   三峡水库蓄水运用后监利站床沙颗粒级配曲线图

（2）城陵矶至汉口段。该河段床沙大多为现代冲积层，床沙组成以细沙为主，其次是极细沙，之后依次为中沙、粉沙、粗沙、极粗沙、细卵石、中粗卵石等，河床抗冲性较差。

三峡水库蓄水以来，河床冲刷导致床沙有所粗化，且河床冲刷强度越大，床沙粗化越明显。2003～2019 年，城陵矶至汉口段床沙平均中值粒径由 0.159 mm 变粗为 0.165 mm，蓄水后 2012 年河段床沙中值粒径达到最大值，为 0.288 mm，此后至 2015 年减小至 0.173 mm，之后呈减小的趋势，但年际变化幅度不大，各个典型河段都存在类似的变化规律（表 5.3.7）。

表 5.3.7　三峡水库蓄水前后城陵矶至汉口段床沙中值粒径变化　（单位：mm）

河段名称	年份					
	1998	2003	2009	2015	2017	2019
白螺矶河段	0.124	0.165	0.197	0.192	0.191	0.187
界牌河段	0.180	0.161	0.194	0.167	0.188	0.187
陆溪口河段	0.134	0.119	0.157	0.163	0.152	0.159
嘉鱼河段	0.169	0.171	0.165	0.169	0.148	0.125
簰洲河段	0.136	0.164	0.183	0.169	0.168	0.161
武汉河段上段	0.153	0.174	0.199	0.181	0.147	0.182
城陵矶至汉口段	0.149	0.159	0.183	0.173	0.163	0.165

一，螺山站。三峡水库蓄水后，该站床沙有所粗化，且粗化主要出现在 2009 年之后。中值粒径由 2002 年的 0.180 mm 粗化至 2019 年的 0.212 mm，2019 年螺山站床沙中值粒径为历年最大，2018 年该站床沙中值粒径为 0.207 mm，仅次于 2019 年，再次是 2013 年的 0.204 mm，见图 5.3.10。

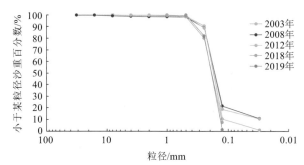

图 5.3.10　三峡水库蓄水运用后螺山站床沙颗粒级配曲线图

二，汉口站。三峡水库蓄水后，汉口站床沙略有粗化，其中值粒径由蓄水前 2002 年的 0.180 mm 变粗至蓄水后 2013 年的 0.192 mm，2016 年该站床沙中值粒径达到蓄水后的最大值，为 0.219 mm，与 2016 年城陵矶至汉口段大幅度冲刷相对应，2017 年床沙中值粒径减小为 0.188 mm，该年河床出现淤积，2019 年床沙中值粒径增大为 0.205 mm，见图 5.3.11。

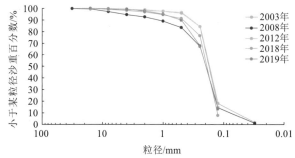

图 5.3.11　三峡水库蓄水运用后汉口站床沙颗粒级配曲线图

（3）汉口至湖口段。根据 1998 年、2003～2019 年床沙实测资料，1998 年"大水带大沙"，使得 1996～1998 年淤积泥沙约 3.08 亿 m³，床沙粒径较细。三峡水库蓄水后的2003～2019 年，汉口至湖口段河床冲刷，床沙有所粗化，平均中值粒径由 0.140 mm 变粗为 0.159 mm，2012 年河段床沙中值粒径达到最大值，为 0.207 mm，2014 年减小至0.158 mm，之后年际变幅不大（表 5.3.8）。

表 5.3.8　三峡水库蓄水前后汉口至湖口段床沙中值粒径变化　　（单位：mm）

河段名称	年份					
	1998	2003	2009	2015	2017	2019
武汉河段下段	0.102	0.129	0.154	0.159	0.133	0.155
叶家洲河段	0.168	0.153	0.173	0.150	0.170	0.168
团风河段	0.113	0.121	0.112	0.111	0.132	0.124
黄州河段	0.170	0.158	0.172	0.181	0.181	0.182
戴家洲河段	0.131	0.106	0.174	0.166	0.164	0.174
黄石河段	0.147	0.160	0.177	0.204	0.165	0.168
韦源口河段	0.140	0.148	0.135	0.152	0.161	0.168
田家镇河段	0.115	0.148	0.157	0.167	0.170	0.168
龙坪河段	0.136	0.105	0.155	0.127	0.127	0.133
九江河段	0.182	0.155	0.156	0.164	0.152	—
张家洲河段	—	0.159	0.181	0.161	0.152	—
汉口至湖口段	—	0.140	0.159	0.158	0.155	0.159

（4）长江下游大通站。图 5.3.12 为 2003～2019 年大通站历年床沙颗粒级配变化对比，可以看出：大通站床沙中值粒径在 0.155～0.199 mm 变化，其中 2010 年床沙中值粒径最大，为 0.199 mm，2018 年床沙中值粒径最小，为 0.155 mm，为三峡水库 175m 试验性蓄水以来各年中值粒径最小值，年际床沙无明显趋势性变化。

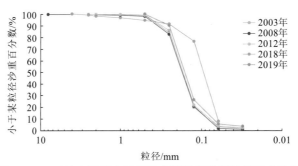

图 5.3.12　三峡水库蓄水运用后大通站床沙颗粒级配曲线图

3. 河床形态调整特征

1）宜昌至枝城段

（1）深泓纵剖面变化。深泓线沿程呈锯齿状，与河道冲淤变化密切相关。2002 年 9 月～2021 年 11 月河段深泓普遍冲深，冲刷强度沿时段逐渐减弱，平均冲刷深度为 4.0 m，最大冲刷深度为 23.4 m，位于宜都河段尾端的枝 2 断面。具体来看：宜昌河段深泓平均冲深 1.80 m，最大冲深为 5.6 m，位于胭脂坝中下部（宜 43 断面）；宜都河段深泓平均冲刷深度为 5.81 m，最大冲深位于宜都河段尾端（枝 2 断面附近），冲刷深度达到 23.4 m，年均冲刷幅度逐步减小（表 5.3.9、图 5.3.13）。

表 5.3.9　三峡水库蓄水后宜昌至枝城段河床纵剖面冲淤变化

河段名称	时段	深泓冲刷深度	
		平均值/m	冲刷坑（冲刷深度，断面编号）
宜昌河段	2002 年 9 月～2006 年 10 月	-1.33	胭脂坝中部（-6.1 m，宜 43）
	2006 年 10 月～2011 年 10 月	-0.32	胭脂坝中上部（-2.8 m，昌 13）
	2011 年 10 月～2016 年 10 月	-0.11	胭脂坝上部（-0.8 m，昌 13）
	2016 年 10 月～2021 年 11 月	-0.03	胭脂坝尾部（-1.3 m，昌 15）
	2002 年 9 月～2021 年 11 月	-1.80	胭脂坝中部（-5.6 m，宜 43）
宜都河段	2002 年 9 月～2006 年 10 月	-2.80	白洋弯道（-7.0 m，宜 72）
	2006 年 10 月～2011 年 10 月	-2.31	宜都河段尾端（-11.3 m，荆 2）
	2011 年 10 月～2016 年 10 月	-0.59	宜都河段尾端（-7.1 m，枝 2）
	2016 年 10 月～2021 年 11 月	-0.09	宜都河段尾端（-2.6 m，枝 2）
	2002 年 9 月～2021 年 11 月	-5.81	宜都河段尾端（-23.4 m，枝 2）

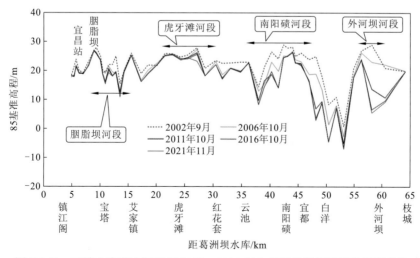

图 5.3.13　三峡水库蓄水运用后 2002～2021 年宜昌至枝城段深泓纵剖面变化

从深泓冲刷的发展过程来看，宜昌河段和宜都河段深泓冲刷都主要集中在 2011 年之前，2002 年 9 月～2006 年 10 月深泓年均冲刷深度分别为 0.33 m、0.70 m，2006 年 10 月～2011 年 10 月深泓年均冲刷深度分别为 0.064 m 和 0.462 m；2011 年之后深泓年均冲刷深度显著下降，宜昌河段深泓高程基本趋于稳定，宜都河段年均冲刷深度下降至 0.118 m，最大冲刷深度发生在河段出口，2016 年之后宜昌至枝城段深泓平均高程趋于稳定，年均下切幅度不足 0.02 m。

（2）典型横断面变化。宜昌至枝城段左岸为阶地，大多修建有护岸工程，右岸多为基岩、山体，河段横断面横向展宽受到制约。河段断面形态基本稳定，局部河段有较大的冲淤变化。三峡水库蓄水以来，河道横断面的冲淤变化主要表现在中枯水位下河床的冲淤变化。冲刷强度沿程逐渐增大，宜昌河段冲刷强度较小，宜都河段冲刷强度较大。从不同河道的形态来看，顺直段横断面变化相对于洲滩段及弯道段小，如南阳碛河段、外河坝河段等洲滩段滩槽交替冲淤变化较大。从时空分布来看，冲刷主要集中在 2002～2006 年这一时段，其后时段冲刷强度逐渐减弱，2006 年后在宜都河段局部断面有较大冲刷，如宜 56 断面在 2016 年左岸侧近岸发生较强冲刷，枝 2 断面右岸深槽在 2011 年后发生较大冲刷（图 5.3.14）。

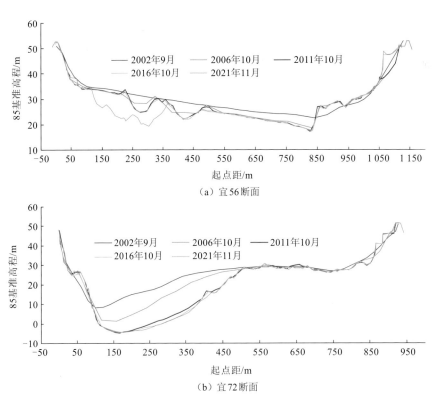

（a）宜 56 断面

（b）宜 72 断面

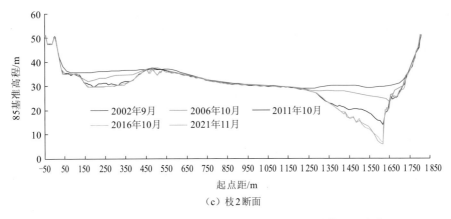

（c）枝 2 断面

图 5.3.14　三峡水库蓄水运用后宜昌至枝城段典型横断面变化

可见，宜昌河段断面形态变化较小，断面最低点高程降低，平滩水位下，断面平均河底高程有所降低，但降低幅度均较小，断面宽深比总体基本稳定，局部断面宽深比略有减小。宜都河段冲刷强度和断面调整幅度明显大于宜昌河段，断面平均河底高程及最低点高程普遍降低，宜 56 断面、宜 72 断面和枝 2 断面平均高程分别累计下切 3.3 m、7.14 m 和 3.99 m，断面宽深比明显减小，以枝 2 断面为例，其宽深比由 2002 年的 3.94 减小至 2021 年的 2.86，河槽向窄深化发展。

2）荆江河段

（1）深泓纵剖面变化。2002 年 10 月～2021 年 4 月，荆江河段纵向深泓以冲刷为主，平均冲刷深度为 2.42 m，最大冲刷深度为 20.1 m，位于石首河段的荆 120 断面，其次为文村夹（荆 56 断面），冲刷深度为 14.5 m，见表 5.3.10 及图 5.3.15。从不同河段的深泓冲刷发展过程来看，枝江河段、沙市河段和石首河段深泓持续冲刷下切，累计下切幅度也相对偏大，分别达到 3.23 m、3.49 m 和 3.85 m，公安河段和监利河段的冲刷下切主要发生在 2016～2021 年，深泓累计下切幅度相对偏小，分别为 1.44 m 和 0.67 m。

表 5.3.10　三峡水库蓄水运用后荆江河段各分段河床纵剖面平均高程变化　（单位：m）

河段	2002～2006 年	2006～2011 年	2011～2016 年	2016～2021 年	2002～2021 年	累计变幅
枝江河段（荆 3～荆 25 断面）	22.04	21.77	20.30	18.94	20.77	-3.23
沙市河段（荆 25～荆 52 断面）	17.34	16.74	15.64	14.58	16.08	-3.49
公安河段（荆 52～荆 82 断面）	12.89	12.18	12.33	11.90	12.33	-1.44
石首河段（荆 82～荆 136 断面）	6.95	5.98	5.03	3.70	5.42	-3.85
监利河段（荆 136～荆 186 断面）	5.66	5.49	5.90	5.37	5.60	-0.67

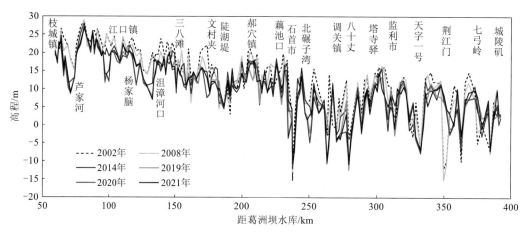

图 5.3.15　三峡水库蓄水后荆江河段深泓纵剖面变化

（2）典型横断面变化。枝江河段处于荆江河段进口段，断面形态基本稳定，除关洲汊道左汊（如荆 6 断面）受人类采砂活动影响大幅刷深外，其他断面自然冲淤变化较小。沙市河段位于荆江河段中上段，江心洲发育，太平口心滩至三八滩段不仅受上游来水来沙变化影响，而且受航道整治影响，断面冲淤交替变化频繁且显著。公安河段位于荆江河段中段，深槽冲刷明显，深泓贴岸边滩（荆 60 断面）崩退。石首河段位于荆江河段中下段，为典型蜿蜒型河道，弯道段断面多呈偏 V 形，深槽冲刷，河床多冲刷缓坡一侧而陡坡一侧冲刷幅度较小。监利河段位于荆江河段出口段，受洞庭湖顶托影响，河段断面冲淤交替频繁，变化幅度较大，尾端急弯段深泓贴岸边坡未护，断面大幅度横向扩展。顺直段断面变化小，分汊段及弯道段断面变化较大（图 5.3.16）。

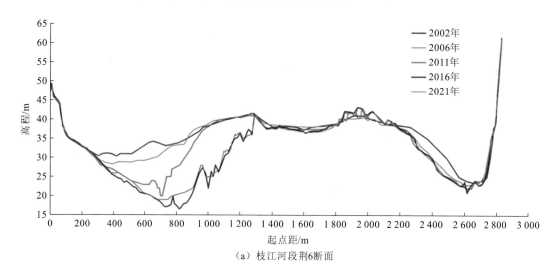

（a）枝江河段荆6断面

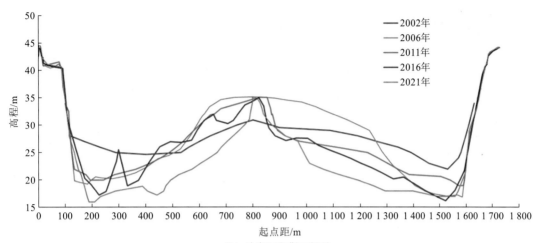

（b）沙市河段荆32断面

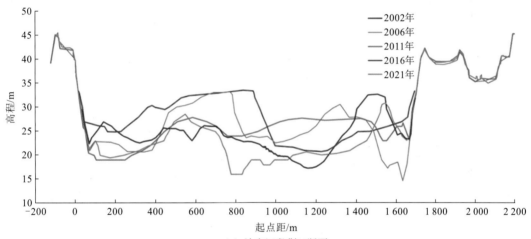

（c）沙市河段荆42断面

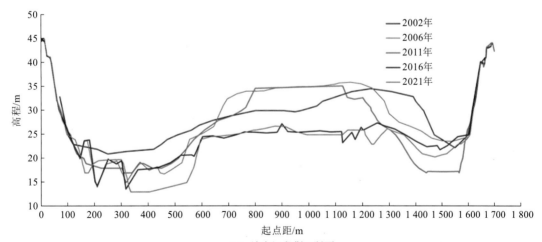

（d）沙市河段荆49断面

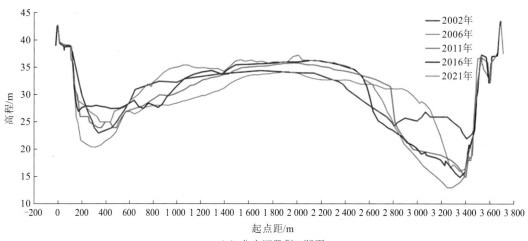

（e）公安河段荆56断面

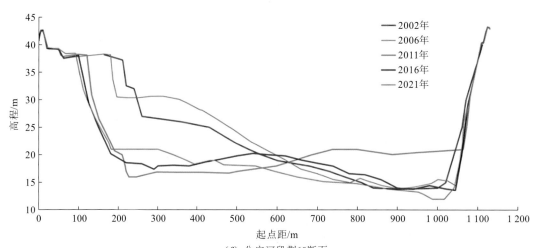

（f）公安河段荆60断面

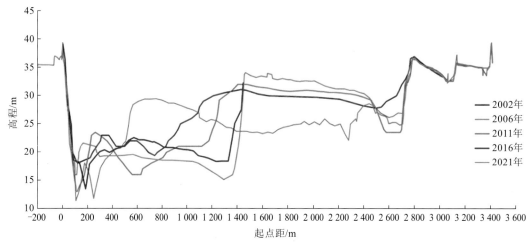

（g）石首河段荆90断面

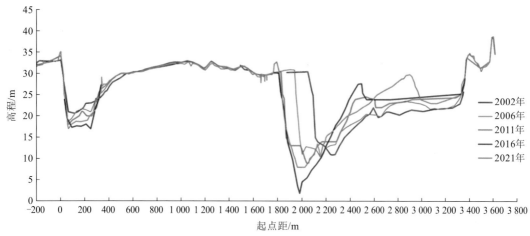

（h）监利河段荆145断面

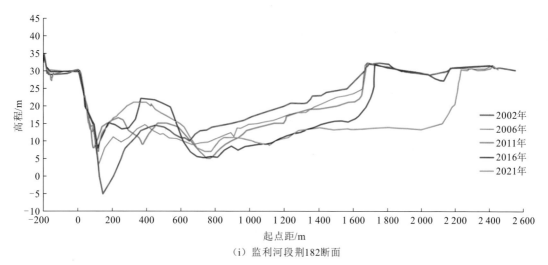

（i）监利河段荆182断面

图 5.3.16　三峡水库蓄水后荆江河段典型横断面变化图

　　受护岸工程的限制，荆江河段深槽的显著冲刷是断面趋于窄深化的主要形式之一。2002～2006 年，平滩河槽的宽深比调整并不明显，荆江河段宽深比由 2002 年的 3.2 变为 2006 年的 3.1，其他各分段如上荆江河段、下荆江河段、枝江河段、沙市河段、公安河段、石首河段等，宽深比的变幅基本都在 0～0.2，枯水河槽的宽深比变幅也基本在 0～0.2，这一阶段河床的强冲刷主要集中在宜昌至枝城段内，荆江河段的宽深比变化较小（图 5.3.17）。

　　2006～2021 年，河床持续冲刷，高强度冲刷逐渐转移至上荆江河段，水深仍持续加大，河宽则变化较小，平滩河槽荆江河段的宽深比由 2006 年的 3.1 变为 2021 年的 2.7，该阶段宽深比变化较大，基本河槽及枯水河槽条件下，水深的变化比河宽的变化更为明显，枯水河槽条件下宽深比由 2006 年的 4.2 减小为 2021 年的 3.4，宽深比变化较大。这说明荆江河段在 2002～2006 年主河槽冲刷扩展，河宽及水深均有所发展，但河宽发展更

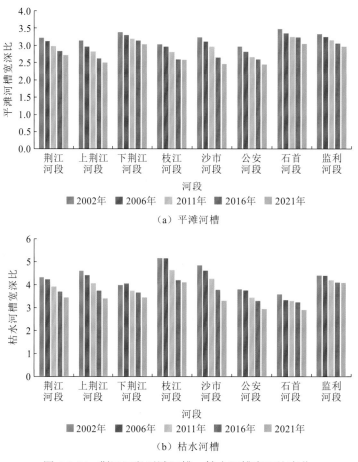

（a）平滩河槽

（b）枯水河槽

图 5.3.17　荆江河段平滩河槽、枯水河槽宽深比变化

为明显，2006～2021 年水深的变化比河宽的变化更为明显，河床朝窄深方向发展。其他分段也呈现类似的变化规律，2006～2021 年，上荆江河段、下荆江河段平滩河槽的宽深比由 3.0、3.3 下降至 2.5、3.0，上荆江河段窄深化的现象更为明显，枝江河段、沙市河段、公安段、石首河段、监利河段的宽深比分别由 3.0、3.1、2.8、3.4、3.2 减小至 2.6、2.5、2.4、3.0、2.9，也说明上荆江河段各段的窄深特征更为明显，尤其是冲刷相对剧烈的枝江河段与沙市河段。枯水河槽的窄深化相对于平滩河槽更为明显，2006～2021 年，上荆江河段、下荆江河段的宽深比分别由 4.4、4.1 下降至 3.4，与冲刷主要集中在枯水河槽相对应。

3）城陵矶至汉口段

（1）深泓纵剖面变化。2001 年 10 月～2021 年 4 月城陵矶至汉口段河床深泓纵剖面总体冲刷，深泓平均冲深 1.67 m。其中：城陵矶至石矶头段（含白螺矶河段、界牌河段和陆溪口河段）深泓平均冲深约 2.45 m；石矶头至汉口段（含嘉鱼河段、簰洲河段和武汉河段上段）深泓平均冲深约 1.29 m，冲刷自上而下发展的特征较为明显（图 5.3.18）。

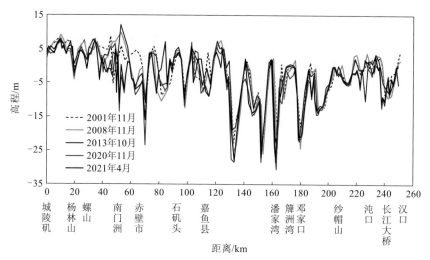

图 5.3.18 三峡水库蓄水后城陵矶至武汉段深泓纵剖面变化

（2）典型横断面变化。从断面形态的变化来看（图 5.3.19），城陵矶至汉口段断面变化较大的有白螺矶河段（CZ01 断面）、簰洲河段（CZ30 断面）、汉口河段（HL13 断面等），其他河段的断面形态变化较小，断面的冲淤变化主要集中在主河槽内。城陵矶至汉口段分布有众多的天然节点，河宽受天然节点和护岸、护滩工程等的限制，在冲刷过程中，展宽幅度有限，河床冲刷以高程下切为主要形式，因此河段内断面形态总体也趋于向窄深化发展。

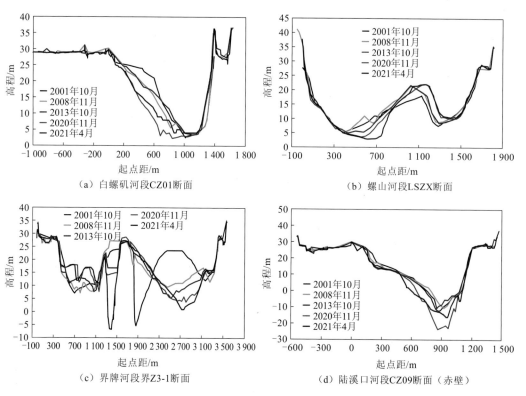

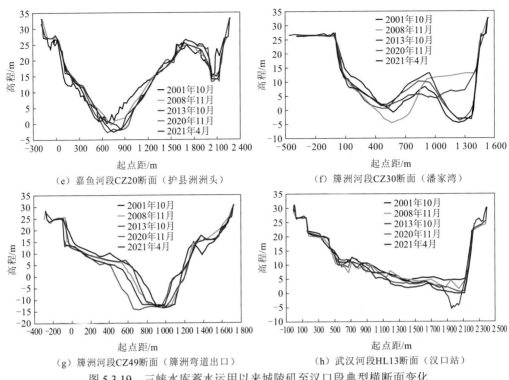

（e）嘉鱼河段CZ20断面（护县洲洲头）　　　　（f）簰洲河段CZ30断面（潘家湾）

（g）簰洲河段CZ49断面（簰洲弯道出口）　　　　（h）武汉河段HL13断面（汉口站）

图 5.3.19　三峡水库蓄水运用以来城陵矶至汉口段典型横断面变化

4）汉口至湖口段

（1）深泓纵剖面变化。2001 年 10 月～2021 年 4 月，汉口至九江段河床深泓纵剖面总体冲刷，全河段深泓平均冲深 2.93 m，河段内河床高程较低的叶家洲河段白浒镇深槽（CZ60 断面）、黄石河段西塞山深槽（CZ86+1 断面）和田家镇河段马口深槽（CZ99A 断面）历年有冲有淤，整体以冲刷为主，其中白浒镇深槽、马口深槽分别冲深约 6 m 和 8 m；张家洲河段深泓冲淤交替，以冲深为主，平均冲深 1.80 m，最大冲深为 5.6 m，位于左汉弯顶上游（ZJL02 断面）处（图 5.3.20）。

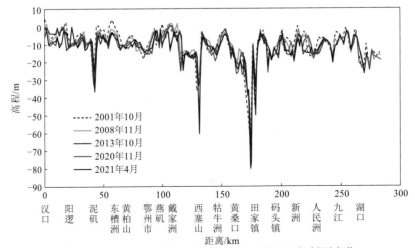

图 5.3.20　三峡水库蓄水后汉口至湖口段深泓纵剖面变化

（2）典型横断面变化。从断面形态的变化来看，汉口至湖口段典型横断面形态基本稳定，冲淤变化主要集中在主河槽局部范围之内（图 5.3.21）。冲刷以河床下切为主，平均河宽减幅在几米至百余米不等，因此该段断面也出现了宽深比减小的现象，但大多减幅不大。

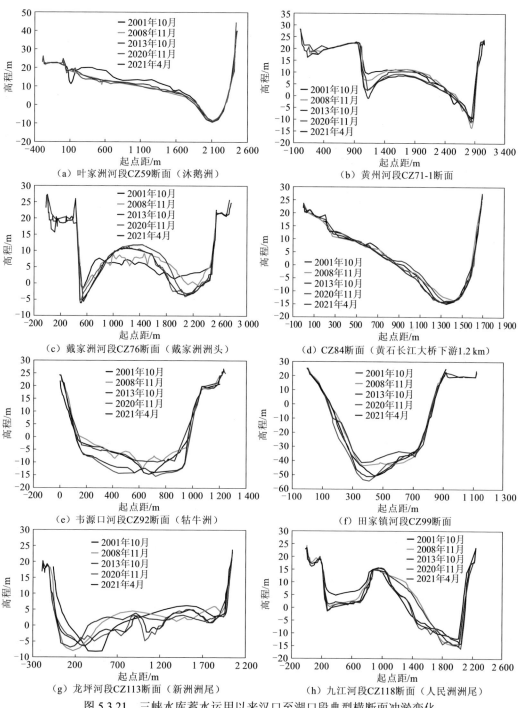

（a）叶家洲河段CZ59断面（沐鹅洲）
（b）黄州河段CZ71-1断面
（c）戴家洲河段CZ76断面（戴家洲洲头）
（d）CZ84断面（黄石长江大桥下游1.2 km）
（e）韦源口河段CZ92断面（牯牛洲）
（f）田家镇河段CZ99断面
（g）龙坪河段CZ113断面（新洲洲尾）
（h）九江河段CZ118断面（人民洲洲尾）

图 5.3.21　三峡水库蓄水运用以来汉口至湖口段典型横断面冲淤变化

5.4 本章小结

近 20 年，长江上游以三峡水库为核心的梯级水库群拦截泥沙的效应是显著的，坝下游河道"清水"冲刷的现象前所未有。本章基于大量的水文泥沙、水下地形和固定断面及现场调研等资料，详细地阐明了控制长江上游主要沙源的金沙江下游 4 座梯级水库及三峡水库的泥沙淤积特征，介绍了水库群下游河道的冲刷发展过程，以及泥沙单向沉积与冲刷造成的河道形态调整效应。

（1）截至 2021 年底，按照输沙量法计算，三峡水库淤积泥沙 20.484 亿 t，近似年均淤积泥沙 1.102 亿 t，仅为论证阶段（数学模型采用 1961～1970 年预测成果）的 33%，水库排沙比为 23.6%。按照断面法计算，自向家坝水库蓄水运用以来（各水库起算时间以蓄水为准），金沙江下游 4 座梯级水库共计淤积泥沙约 6.68 亿 m³，其中，乌东德水库、白鹤滩水库、溪洛渡水库和向家坝水库分别为 1 943 万 m³、5 431 万 m³、55 533 万 m³ 和 3 880 万 m³，淤积主要发生在常年回水区和死库容内。三峡水库蓄水运用以来，2003 年 3 月～2021 年 10 月库区干流累计淤积泥沙 17.835 亿 m³，其中变动回水区累计冲刷泥沙 0.694 亿 m³，常年回水区泥沙淤积量为 18.529 亿 m³。

（2）河道型水库泥沙淤积以主河槽平淤为主要形式。目前金沙江下游仍以溪洛渡水库淤积最为显著，淤积使得库区干流深泓平均抬高 14.9 m。其中，变动回水区深泓平均淤积抬高 7.0 m，最大淤积幅度为 18.7 m；常年回水区深泓平均淤积抬高 16.7 m，最大淤积幅度为 36.1 m；三峡水库蓄水后，大坝至李渡段深泓点平均淤积抬高 8.5 m，最深点和最高点分别淤高 10.8 m 和 3.2 m。李渡至铜锣峡段深泓点平均淤高 0.1 m，最深点淤高 2.7 m，最高点基本不变。

（3）长江上游大型水库库区泥沙淤积沿程具有分选特征。溪洛渡水库和向家坝水库越靠近坝前，淤积泥沙的中值粒径越小，$d<0.008$ mm 细颗粒泥沙的沙重百分数越大。溪洛渡库区自距坝约 80 km 处至坝前，淤积物中值粒径多小于 0.008 mm，$d<0.008$ mm 细颗粒泥沙的沙重百分数多超过 50%，且随着泥沙的持续淤积，床沙细化现象也较为明显。向家坝库区 2019 年的床沙取样结果也显示，在距坝约 70 km 以内的库区，自上而下 $d<0.008$ mm 细颗粒泥沙的沙重百分数由 31.7% 递增至 56.3%。三峡大坝至李渡段实测干容重呈现出从坝前向上游河段逐渐增大的现象，坝前河段平均干容重最小，这符合泥沙在水库内沿程分选的规律，即自上而下粒径变小，越靠近坝前泥沙颗粒越细，而泥沙淤积物的干容重与粒径是正比例关系，泥沙粒径越小，干容重越小。观测资料证明，细颗粒泥沙会在水库一定范围内大量沉积，并不会随着水流全部排出水库。

（4）自向家坝水库蓄水运用后，2012 年 10 月～2021 年 10 月宜宾至江津段累计冲刷泥沙 13 917 万 m³，其中宜宾至朱沱段和朱沱至江津段分别冲刷泥沙 7 929 万 m³ 和 5 988 万 m³。三峡水库坝下游自 2002 年至 2021 年 4 月，宜昌至湖口段干流河道累计冲刷泥沙 26.244 亿 m³，年均冲刷量为 1.350 亿 m³，湖口至徐六泾段累计冲刷泥沙 23.235 亿 m³，年均冲刷量为 1.162 亿 m³，南支河段累计冲刷泥沙 3.954 亿 m³，年均冲刷量为

0.198 亿 m³，冲刷强度均明显大于水库蓄水前；仅北支河段累计淤积泥沙 3.137 亿 m³，年均淤积量为 0.157 亿 m³，但淤积强度较水库蓄水前有所下降。

（5）在水库下游河道冲刷的同时，有较为明显的床沙粗化现象。至 2021 年，向家坝水库下游粗化明显，河床组成具有砾卵石特征，将进一步限制河床的冲刷发展；三峡水库下游砂卵石河段逐渐粗化为卵石夹沙河床，冲刷相对剧烈的荆江河段床沙粗化较为明显，粗化程度总体上沿程减小。宜昌至枝城段粗化明显，2018 年典型断面的床沙中值粒径均在 12 mm 以上，该段已经基本粗化成卵石夹沙河床，且卵石粗化带下延近 5 km；荆江河段仍处于持续粗化状态中，沙市河段和监利河段的中值粒径 2017 年达到最大值；城陵矶以下河段粗化程度较弱，且近年来无明显变化趋势。

（6）水库下游河床冲刷造成了河道纵剖面、横断面形态的调整。向家坝水库下游河道属于山区河流，自然冲刷下切幅度较小，断面较大的冲淤变幅一般由道路施工和采砂活动造成。三峡水库下游河道河床冲刷强度大，深泓纵剖面普遍冲刷下切，2002～2021 年，宜昌至枝城段深泓纵剖面平均冲刷下切 4.0 m，深泓最大冲深 23.4 m，荆江河段深泓以冲刷为主，平均冲刷深度为 2.42 m，最大冲刷深度为 20.1 m，城陵矶至汉口段深泓平均冲深 1.67 m，汉口至九江段深泓平均冲深 2.93 m，张家洲河段深泓平均冲深 1.80 m。断面以河床冲刷下切为主要形式，两岸相对稳定，因此，断面大多向窄深化发展。

第6章 未来30年流域泥沙变化趋势预测

6.1 上游泥沙变化趋势分析预测

长江上游是流域泥沙的主要来源区，干支流的水沙变化主要受气候变化、水库建设、水土保持、河道采砂等方面因素的影响。20世纪90年代以来，由于三峡水库上游干、支流水库的建设，上游水土保持工作的开展，以及气候条件的变化，长江上游沙量显著减少。根据规划，未来三峡水库及上游控制性水库总调节库容近1 000亿 m^3，梯级水库群将会显著改变长江上游泥沙条件。三峡水库是长江上游的水沙出口边界，若不考虑三峡水库未控区间的水沙变化，长江上游输沙的变化几乎等同于三峡入库水沙的变化。因此，本节关于上游输沙变化趋势的预测本质上是指三峡水库入库的水沙。

6.1.1 水沙变化影响因子变化趋势

1. 自然环境

1）地质地貌环境

地质地貌条件的变化属于地质历史时间尺度的变迁，虽然金沙江流域等区域属于地壳抬升区，但百年时间尺度内不会发生大的变化，重点产沙区位于第一级阶梯和第二级阶梯、第二级阶梯和第三级阶梯过渡带的属性不会变化。因此，地质地貌条件影响侵蚀产沙的空间分布，但对侵蚀产沙的年际变化影响较小。长江上游重点产沙区仍会分布在原来的区域，这是由其地质地貌条件决定的，除地震外，地质地貌条件的变化不会对今后流域侵蚀产沙产生大的影响。

大地震会使区域侵蚀产沙环境发生一定的改变。2008年四川省汶川县发生特大地震，在岷江、沱江、涪江等地震影响区形成了新的强产沙区。岷江上游都江堰至汶川段，受地震影响强烈，地表物质震动强烈而变松散，滑坡、崩塌特别是一些小型崩塌、滑坡极为发育。极震区山体破坏剧烈，松散固体物质丰富，对泥石流发生的促进作用强烈，为流域侵蚀产沙提供了大量的泥沙来源。长江上游扬子板块与青藏板块的缝合线是地震高发区，若发生如汶川地震类的强震，会对流域侵蚀产沙产生一定的影响。

2）滑坡、泥石流

长江上游滑坡发育，金沙江、嘉陵江、岷江上游、三峡库区为滑坡重点区域，其他流域也不断有滑坡发生。滑坡主要受地质地貌条件的影响，降雨为诱发条件，滑坡的区域分布不会发生大的改变。滑坡受人类活动的影响较小，水土保持或滑坡护坡工程对一些小型滑坡有较小的影响，长江上游小滑坡的发生频率有可能减小，但不会发生根本性变化。公路的修建切坡可能引起新的小型滑坡，但总体上不会使滑坡的数量和规模发生大的变化。大型滑坡基本不受人类活动的影响，水土保持也基本对此类滑坡无影响，从较长的时间尺度看，长江上游滑坡侵蚀产沙将维持目前的情况，不会有大的改变。若遇强烈地震，地震影响区滑坡的发生频率及规模可能增加。因此，长江上游滑坡主要受地质地貌条件控制，人类活动可能使小型滑坡略有减少，强暴雨可能使滑坡频率和规模在短时间内增大，但滑坡集中释放后，后期将做调整，频率和规模将恢复。长期来看，在无地震等强烈外力的作用下，长江上游滑坡特别是大型滑坡的数量和规模将不会发生大的改变。

长江上游泥石流主要发生在金沙江、岷江上游、嘉陵江等流域，其他流域较少。泥石流的发生主要取决于地质地貌环境条件及暴雨激发条件，同时，松散堆积物的聚集速率也会影响泥石流的规模和暴发频率。金沙江的一些泥石流沟，即使有排导、拦挡等治理措施，仍会每年暴发一次至数次泥石流。也有一些泥石流沟，因沟道植被增加，侵蚀强度减小，已趋于稳定，近期不再暴发泥石流。金沙江下游、岷江上游、白龙江及涪江上游很多泥石流沟都有泥石流治理工程，通过拦挡工程拦挡泥沙、控制局地侵蚀基准面，并通过控导工程排泄泥沙。随着水土保持工程和拦挡工程持续发挥作用，长江上游泥石流虽然不会消失，但其暴发频率和规模可能有一定程度的减小，使长江上游地区重力侵蚀略减弱。岷江、沱江、涪江及白龙江上游地区受汶川地震及九寨沟地震影响，即使采取了拦挡工程等治理措施，泥石流暴发频率仍较大。考虑到地震等因素的影响，泥石流对今后输沙量变化的影响可能变化不大。

3）气候条件

1954～2012 年，长江上游不同区域、不同时段年均降雨量的减小趋势较为明显，但2013～2018 年径流量增大。气候变化还出现 2 年、11 年、22 年、30 年、126 年左右的周期性波动。目前，长江上游降雨量处于增大阶段，由于降雨变化具有较强的周期性，未来数十年降雨量有可能增大到 1954～1990 年的数值，甚至更大。

降雨量增加并不必然导致流域输沙量增大，还与降雨强度、落区和水库拦沙作用有关。若降雨强度大，水土保持发挥作用有限，流域侵蚀量大，但水库会拦截一部分泥沙。因此，降雨量增大后，侵蚀产沙量增大，但水库拦沙量可能增大，导致在流域降雨量与1990 年前相同的情况下，输沙量不随降雨同步增加，但其输沙量可能大于 2006～2012 年这个时段的输沙量，比 2013～2018 年时段的输沙量增加不多。若降雨强度较小，降雨比较均匀，则水土保持减沙作用较强，流域产沙量较小。重点产沙区的局部强降雨也会导致某些年份输沙量突然增大，如 2013 年、2018 年岷沱江和嘉陵江大水，导致三峡水库入库(朱沱站+北碚站+武隆站) 沙量分别达到 1.26 亿 t、1.43 亿 t。

4）植被条件

自 1989 年实施"长治"工程特别是 1998 年实施"天保"工程以来，流域植被得到一定程度的恢复，随着对林下枯枝落叶层水土保持功能认识的深入，枯枝落叶层也会得到一定程度的保护。小水电代能源政策的实施，也使当地对森林的破坏力减轻，有利于自然植被的恢复。通过自然恢复和人为修复，长江上游流域的生态有所改善，遏制住了环境恶化的趋势，特别是嘉陵江、乌江、渠江和雅砻江河口以下长江干流流域，植被覆盖程度改善面积远大于恶化面积。总体来说，整个长江上游流域的植被都处在恢复阶段，植被覆盖度可能继续增加。

5）河道冲刷

向家坝水库和溪洛渡水库建成后，来自金沙江的推移质泥沙全部淤积在水库内，横江由于张窝水库的修建，也拦截了横江上游的推移质泥沙；大渡河、嘉陵江也由于一系列大型水库的修建，拦沙量增加。随着金沙江中游和下游乌东德水库、白鹤滩水库的修建，向家坝至寸滩段的大部分泥沙来源被切断，河道内新的泥沙主要来自横江、沱江、涪江、区间河道两岸的崩落物及一些小沟道的泥沙，泥沙补充有限，河道冲刷物主要为前期淤积于河道和滩地的淤积物。

由于上游水库的大量修建和水土保持减沙作用的增强，长江上游金沙江至寸滩段及各支流出口控制站下游河道的冲刷可能加剧，且经历较长时间才能达到冲淤平衡，河道冲刷对三峡水库入库输沙量的影响可能略有增大。

2. 人类活动

1）水土保持

自长江上游实施"长治"工程以来，长江上游水土流失治理面积不断扩大，已达水土流失面积的 62.3%，且今后水土流失治理仍将实施一段时间，但治理强度可能减弱，流域水土保持累计治理面积可能会继续增加，但增速可能减小。

一般情况下，水土保持减沙量主要取决于水土流失治理面积，治理面积越大，水土保持减沙量越大。从表 6.1.1 可以看出，1991～2018 年，长江上游水土流失治理面积增加很快，金沙江流域 2013～2018 年累计水土流失治理面积较 1991～2005 年增加了 2 倍，整个上游地区增加了 1 倍。但受地貌、土壤、植被、降雨条件及堰塘、水库拦沙的影响，随着治理面积的增大，水土保持减蚀量也增大，但流域泥沙输移比可能减小，导致水土保持减沙量较水土流失治理面积的增加量要小，治理面积增加 1 倍并不意味着减沙量也增加 1 倍。

表 6.1.1 长江上游不同区域累计水土流失治理面积

区域	金沙江	岷沱江	嘉陵江	乌江	寸滩站	长江上游
总面积/km²	479 932.9	165 326.9	159 850.2	88 689.9	866 559.0	1 005 501.0
水土流失面积/km²	8 5485.5	35 062.8	49 808.9	27 502.3	175 724.1	221 349.3

续表

区域		金沙江	岷沱江	嘉陵江	乌江	寸滩站	长江上游
治理面积/km²	1991～2005 年	10 457.0	2 585.0	32 674.0	4 900.7	47 559.0	68 731.2
	2006～2012 年	21 460.0	9 640.2	43 492.2	14 912.9	78 382.0	119 378.4
	2013～2018 年	31 650.0	14 616.6	51 789.4	21 375.8	103 642.0	140 080.8
2013～2018 年治理面积占 水土流失面积的比例/%		37.0	41.7	104.0	77.7	59.0	63.3
2013～2018 年治理面积占 总面积的比例/%		6.6	8.8	32.4	24.1	12.0	13.9

今后一段时间内，长江上游水土流失治理面积可能还会适当增加，加上长江流域大保护的政策定位，加强了流域生态环境保护力度，禁止破坏流域环境的行为，实施开发建设项目水土保持保护措施，促进了流域生态环境的好转，流域植被得到一定程度的恢复。随着对林下枯枝落叶层水土保持功能认识的深入，枯枝落叶层也会得到一定程度的保护。小水电代能源政策的实施、农民工劳动力的转移及农村薪柴和能源结构的调整，也使当地对森林的破坏力减轻，有利于自然植被的恢复。10 年后中国人口将开始减少，对长江上游的开发利用和对生态环境的破坏将持续减弱。因此，若无特殊情况(如战争、地震及政策的巨大调整等)，长江上游生态环境将持续向好，流域植被覆盖度增加，侵蚀减弱，拦截泥沙的能力增强，今后水土流失治理因素导致的减沙量平均值将至少保持目前的数量，或者略有增加。

2）水库拦沙

长江上游水库淤积比例见表 6.1.2。1954～2018 年，长江上游水库拦沙总量为 79.0 亿 m³，仅占水库总库容的 6.5%，还有很大的拦沙库容。金沙江水库淤积量占水库总库容的 5.4%，岷沱江水库淤积量占水库总库容的 12.4%，嘉陵江水库淤积量占水库总库容的 9.3%，乌江水库淤积量占水库总库容的 3.5%。

表 6.1.2　长江上游水库淤积量占库容的比例

区域	总库容/亿 m³				总淤积量/亿 m³				淤积比例/%			
	大型	中型	小型	合计	大型	中型	小型	合计	大型	中型	小型	平均
金沙江	428.2	24.8	16.0	469	17.7	2.4	5.1	25.2	4.1	9.7	31.9	5.4
岷沱江	79.7	19.4	19.2	118.3	8.2	1.6	4.9	14.7	10.3	8.2	25.5	12.4
嘉陵江	239.3	24.3	11.6	275.2	12.0	4.4	9.1	25.5	5.0	18.1	78.4	9.3
乌江	168.8	41.5	24.4	234.7	6.0	1.4	0.8	8.2	3.6	3.4	3.3	3.5
宜宾至 三峡大坝段	71.1	22.6	18.6	112.3	2.8	1.1	1.5	5.4	3.9	4.9	8.1	4.8
合计	987.1	132.6	89.8	1 209.5	46.7	10.9	21.4	79.0	4.7	8.2	23.8	6.5

水库拦沙库容的减小速率与水库拦沙率有关，当水库库容大，流域来沙量较小时，

水库库容损失率小，拦沙库容能维持较长的时间，流域输沙量将维持目前的较低水平；当流域来沙量大，而拦沙库容较小时，水库库容损失率大，拦沙库容损失较快，流域输沙量将增加。长江上游大规模水库建设已基本接近尾声，在累计水库库容增加的同时，部分老水库将失去拦沙能力，随着水库拦沙量的增加，水库拦沙能力将逐步减小。由于长江上游水库群泥沙淤积量仅占总库容的 6.5%，还有很大的拦沙库容，即使中小型水库因淤积而失去拦沙能力，大型水库也还剩 900 余亿立方米的库容。按 2013~2018 年年均淤积量 2.5 亿 m^3 计，长江上游剩余库容 1 130 亿 m^3，淤满其 50%的库容需要 160 余年。

3）其他因素

随着我国大规模的基建和房地产建设即将进入尾声，对砂石资源的需求也在逐渐减小，虽然砂石资源减少，但采砂量也将逐步减小，采砂对三峡水库入库输沙量的影响也可能减小，河道冲刷对入库输沙量的影响可能增大。河道采砂和河道冲刷对河道的作用过程相同，但对三峡水库入库输沙量的影响相反，前者使三峡水库入库输沙量减少，后者使三峡水库入库输沙量增加。

20 世纪 90 年代以来，因公路等基建项目及房地产开发项目对砂石资源的需求量大增，长江上游规模达数万立方米的采石场数量很多。虽然单一采石场废弃的泥沙较少，但数量众多，若不采取水土保持措施，对水土流失的影响也较大。

6.1.2 干流控制站水沙变化预测

考虑到上游干、支流水利工程是近期影响三峡水库入库水沙变化的主要因素，因此在预测未来三峡水库入库水沙变化时，遵循水沙代表系列选取的主要原则，以 1991~2000 年典型系列为主，并充分考虑上游水利工程对未来三峡水库入库水沙的影响；另取 2001~2010 年水沙过程作为参考系列。研究的三峡水库入库水沙量是指长江朱沱站、嘉陵江北碚站及乌江武隆站之和。嘉陵江北碚站和乌江武隆站来水来沙量见表 6.1.3。数学模型计算的长江朱沱站水沙变化见表 6.1.4。

表 6.1.3 三峡库区主要支流年均水沙量

年	1991~2000 年系列						2001~2010 年系列			
	嘉陵江			乌江			嘉陵江		乌江	
	径流量/亿 m^3	输沙量/亿 t		径流量/亿 m^3	输沙量/亿 t		径流量/亿 m^3	输沙量/亿 t	径流量/亿 m^3	输沙量/亿 t
		不考虑工程拦沙	考虑工程拦沙		不考虑工程拦沙	考虑工程拦沙				
10	552	0.411	0.191	538	0.221	0.058	595	0.263	445	0.081
20	552	0.411	0.211	538	0.221	0.062	595	0.263	445	0.081
30	552	0.411	0.232	538	0.221	0.066	595	0.263	445	0.081
40	552	0.411	0.254	538	0.221	0.071	595	0.263	445	0.081
50	552	0.411	0.279	538	0.221	0.076	595	0.263	445	0.081

续表

年	1991~2000 年系列						2001~2010 年系列			
	嘉陵江			乌江			嘉陵江		乌江	
	径流量/亿 m³	输沙量/亿 t		径流量/亿 m³	输沙量/亿 t		径流量/亿 m³	输沙量/亿 t	径流量/亿 m³	输沙量/亿 t
		不考虑工程拦沙	考虑工程拦沙		不考虑工程拦沙	考虑工程拦沙				
60	552	0.411	0.311	538	0.221	0.081	595	0.263	445	0.081
70	552	0.411	0.341	538	0.221	0.087	595	0.263	445	0.081
80	552	0.411	0.371	538	0.221	0.093	595	0.263	445	0.081
90	552	0.411	0.390	538	0.221	0.099	595	0.263	445	0.081
100	552	0.411	0.411	538	0.221	0.105	595	0.263	445	0.081
平均	552	0.411	0.299	538	0.221	0.080	595	0.263	445	0.081

表 6.1.4　模型计算的长江朱沱站年均水沙量

年	1991~2000 年系列				2001~2010 年系列		
	径流量/亿 m³	输沙量/亿 t			径流量/亿 m³	输沙量/亿 t	
		不考虑工程拦沙	考虑工程拦沙			不考虑工程拦沙	考虑工程拦沙
			考虑絮凝	不考虑絮凝			
10	2 699	3.05	0.817	0.935	2570	1.897	0.713
20	2 699	3.05	0.607	0.784	2570	1.897	0.557
30	2 699	3.05	0.620	0.798	2570	1.897	0.558
40	2 699	3.05	0.633	0.818	2570	1.897	0.565
50	2 699	3.05	0.645	0.833	2570	1.897	0.569
60	2 699	3.05	0.657	0.850	2570	1.897	0.573
70	2 699	3.05	0.670	0.865	2570	1.897	0.581
80	2 699	3.05	0.688	0.883	2570	1.897	0.587
90	2 699	3.05	0.708	0.905	2570	1.897	0.592
100	2 699	3.05	0.731	0.934	2570	1.897	0.598
平均	2 699	3.05	0.678	0.860	2570	1.897	0.589

　　长江上游干支流的强产沙区主要位于金沙江中下游、嘉陵江上游、涪江上游、渠江上游，而金沙江上游、雅砻江上游、横江、沱江产沙量较少，故本次长江上游梯级水库群拦沙计算只考虑金沙江中下游、雅砻江中下游、大渡河流域、岷江流域、嘉陵江流域、乌江流域梯级水库群的拦沙作用。此次参与拦沙计算的水库包括：金沙江梨园水库、阿海水库、大渡河、金安桥水库、龙开口水库、鲁地拉水库、观音岩水库、乌东德水库、白鹤滩水库、溪洛渡水库和向家坝水库；雅砻江锦屏一级水库、两河口水库、二滩水库；岷江紫坪铺水库、双江口水库、瀑布沟水库；嘉陵江亭子口水库、草街水库；乌江构皮

滩水库、彭水水库；长江干流三峡水库等 20 余座水库，水库分布示意图见图 6.1.1，水库基本参数见表 6.1.5。

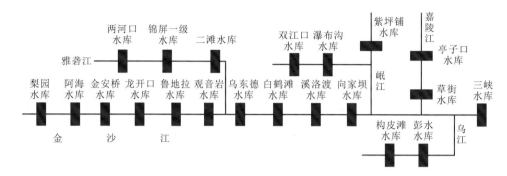

图 6.1.1　长江上游拦沙计算水库分布示意图

表 6.1.5　主要拦沙计算水库的基本参数

流域	水库	正常蓄水位/m	死水位/m	正常蓄水位库容/亿 m³	总库容/亿 m³	调节库容/亿 m³	控制流域面积/万 km²
金沙江	梨园水库	1 618	1 602	7.27	9.0	2.09	22.00
	阿海水库	1 504	1 494	8.79	8.82	2.38	23.54
	金安桥水库	1 410	1 400	6	9.13	0.6	23.74
	龙开口水库	1 298	1 289	5.45	5.07	1.13	24.00
	鲁地拉水库	1 223	1 212	11	17.18	5.7	24.73
	观音岩水库	1 134	1 126	21	20.72	5.42	25.65
	乌东德水库	975	945	58.63	76	30.2	40.61
	白鹤滩水库	825	765	190.06	206	104.36	43.03
	溪洛渡水库	600	540	115.7	126.7	64.6	45.44
	向家坝水库	380	370	49.78	51.6	9.03	45.88
雅砻江	两河口水库	2 860	2 785	95.97	101.54	65.6	6.57
	锦屏一级水库	1 880	1 800	77.6	77.6	49.1	10.30
	二滩水库	1 200	1 155	58	58	33.7	11.64
大渡河	双江口水库	2 500	2 420	27.32	31.15	19.17	3.93
	瀑布沟水库	850	790	50.64	53.37	38.94	6.85
岷江	紫坪铺水库	877	817	9.98	11.12	7.74	2.27
嘉陵江	亭子口水库	458	438	34.68	40.67	17.4	6.26
	草街水库	203	200	7.54	22.18	0.65	15.60
乌江	构皮滩水库	630	590	55.62	55.64	31.54	4.33
	彭水水库	293	278	12.1	14.65	5.18	6.90
长江	三峡水库	175	145	393.0	393.0	221.5	100

嘉陵江 1991~2000 年系列平均径流量、输沙量分别为 552 亿 m³ 和 4110 万 t,若考虑亭子口水库及草街水库的拦沙作用,北碚站平均年输沙量为 2990 万 t;2001~2010 年系列平均径流量、输沙量分别为 595 亿 m³ 和 2630 万 t。

乌江 1991~2000 年系列平均径流量、输沙量分别为 538 亿 m³ 和 2210 万 t,若考虑彭水水库及构皮滩水库等的拦沙作用,武隆站平均年输沙量为 800 万 t;2001~2010 年系列平均径流量、输沙量分别为 445 亿 m³ 和 810 万 t。

长江朱沱站 1991~2000 年系列平均径流量、输沙量分别为 2699 亿 m³ 和 3.05 亿 t,上游梯级水库考虑与不考虑絮凝影响,平均输沙量分别为 6780 万 t 和 8600 万 t,朱沱站级配变化见图 6.1.2。91~100 年朱沱站泥沙仍明显细于 1991~2000 年实测值。

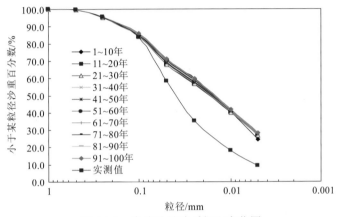

图 6.1.2　朱沱站悬移质级配变化图

2001~2010 年系列平均径流量、输沙量分别为 2570 亿 m³ 和 1.897 亿 t,考虑上游梯级水库影响,平均输沙量为 5890 万 t。

依据上述长江上游输入三峡水库的朱沱站、北碚站、武隆站水沙条件的不同,初步拟定以下三峡水库入库水沙系列和水库拦沙的具体方案,预测成果如表 6.1.6 所示,各方案计算的三峡水库入库水沙变化趋势如下。

表 6.1.6　三峡水库年均入库沙量　　　　　　　　　　（单位:亿 t）

年	方案一	方案二	方案三	方案四	方案五	方案六
1~10	1.567	1.184	1.449	**1.066**	1.286	1.057
11~20	1.416	1.057	1.239	**0.880**	1.080	0.901
21~30	1.430	1.096	1.252	**0.918**	1.097	0.902
平均	1.471	1.112	1.313	**0.955**	1.154	0.953

方案一:1991~2000 年水沙系列,上游梯级水库不考虑絮凝作用,嘉陵江和乌江不考虑工程拦沙。前 10 年三峡水库年均入库沙量为 1.567 亿 t;1~30 年三峡水库年均入库沙量为 1.471 亿 t。

方案二:1991~2000 年水沙系列,上游梯级水库不考虑絮凝作用,嘉陵江和乌江考虑工程拦沙。前 10 年三峡水库年均入库沙量为 1.184 亿 t;1~30 年三峡水库年均入库

沙量为 1.112 亿 t。

方案三：1991～2000 年水沙系列，上游梯级水库考虑絮凝作用，嘉陵江和乌江不考虑工程拦沙。前 10 年三峡水库年均入库沙量为 1.449 亿 t；1～30 年三峡水库年均入库沙量为 1.313 亿 t。

方案四：1991～2000 年水沙系列，上游梯级水库考虑絮凝作用，嘉陵江和乌江考虑工程拦沙。前 10 年三峡水库年均入库沙量为 1.066 亿 t；1～30 年三峡水库年均入库沙量为 0.955 亿 t。

方案五：1991～2000 年水沙系列，上游梯级水库考虑絮凝作用，嘉陵江不考虑工程拦沙，乌江考虑工程拦沙。前 10 年三峡水库年均入库沙量为 1.286 亿 t；1～30 年三峡水库年均入库沙量为 1.154 亿 t。

方案六：2001～2010 年水沙系列，上游梯级水库考虑絮凝作用，嘉陵江和乌江不考虑工程拦沙。前 10 年三峡水库年均入库沙量为 1.057 亿 t；1～30 年三峡水库年均入库沙量为 0.953 亿 t。

三峡水库上游主要支流上水利及航电工程的开发仍在进行，梯级工程的拦沙效果在一定时期内是可以维持的。鉴于在预测三峡水库上游梯级水库的拦沙量时遵循了留有余地的原则，故未来 30 年三峡水库年均入库水沙量预测以采用方案四为宜。

6.1.3 三峡水库未控区间产输沙预估

三峡水库未控区间面积约为 5.6 万 km^2，产输沙条件十分复杂，测站分布少，其来沙量研究一直未有明确的结论。区间来沙量是三峡水库来沙的重要组成部分，也是准确计算三峡水库泥沙淤积量、排沙比等的重要基础之一。

三峡水库区间来沙主要集中在大暴雨洪水期间，与洪水期间伴随大量的崩塌、滑坡、泥石流等重力侵蚀密切相关。三峡水库蓄水前，区间河道年际冲淤基本平衡，区间来沙量可通过计算寸滩站、武隆站、宜昌站输沙量的差值得到。例如，1955～1990 年寸滩站+武隆站年均径流量、输沙量分别为 3 967 亿 m^3、4.835 亿 t，宜昌站年均径流量、输沙量分别为 4 350 亿 m^3、5.253 亿 t，据此估算（不考虑水库淤积），三峡水库区间年均来水、来沙量分别为 383 亿 m^3、0.418 亿 t，分别占宜昌站水沙量的 8.8%、8.0%；1991～2002 年寸滩站+武隆站年均径流量、输沙量分别为 3 871 亿 m^3、3.572 亿 t，宜昌站年均径流量、输沙量分别为 4 287 亿 m^3、3.914 亿 t，据此估算（不考虑水库淤积），三峡水库区间年均来水、来沙量分别为 416 亿 m^3、0.342 亿 t，分别占宜昌站水沙量的 9.7%、8.7%。随着三峡水库上游来水来沙量的减少，三峡水库区间来水来沙量占宜昌站水沙量的比例在逐渐增多。

三峡水库蓄水后入库水沙量持续减少，区间来沙量对水库淤积的影响更加明显。由于三峡水库的蓄水拦沙作用，区间河床处于累计淤积状态，无法直接通过进出口站输沙量的差值来估算区间来水来沙量。并且，目前对于三峡库区泥沙的淤积计算与相关研究，均没有考虑区间来沙量的大小。本次以三峡水库区间来沙量调查为依托，在已有研究成

果的基础上，收集了三峡水库区间水文、气象、水利工程、水土保持等相关资料，充分调研了三峡水库区间产输沙环境条件，分析了典型支流输沙量变化的特征及原因，采用多源数据、多类别研究方法对三峡库区区间来沙量进行初步估算。

1）三峡库区植被覆盖度变化规律研究

自 1989 年国家实施"长治"工程以来，三峡库区相继开展了"长江防护林工程""天然林保护""退耕还林（草）"等生态工程，森林面积明显增长，水土流失得到有效控制，生态环境进一步改善。1986～2012 年，三峡库区水土流失面积由 3.88 万 km² 减少至 2.34 万 km²，减少了 1.54 万 km²（减幅达 40%）。

本次使用 1981～2006 年 AVHRR NDVI 数据和 2000～2015 年的 MODIS NDVI 数据，对三峡库区及大宁河流域、小江流域、香溪河流域、磨刀溪流域、龙河流域 1981～2015 年丰水时期（5～10 月）和枯水时期（11 月～次年 4 月）的年平均植被覆盖度进行了研究，发现三峡水库开始蓄水运用后，尤其是从 2005 年开始，三峡库区及支流丰水期（5～10 月）、枯水期（11 月～次年 4 月）的植被覆盖度均有所增加（图 6.1.3），耕地面积减少，林地面积增加；加之区间支流水库控制面积增加，拦沙能力增大，流域下垫面条件的变化等均向有利于输沙量减小的方向变化，三峡库区输沙量较之前大幅度减小，库区及支流输沙总体减少的趋势较为明朗。

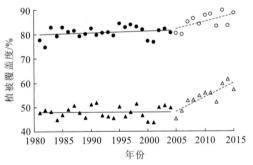

▲ 枯水期（1981～2004 年）　△ 枯水期（2005～2015 年）
● 丰水期（1981～2004 年）　○ 丰水期（2005～2015 年）

（a）三峡库区

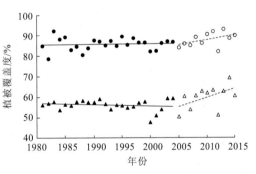

▲ 枯水期（1981～2004 年）　△ 枯水期（2005～2015 年）
● 丰水期（1981～2004 年）　○ 丰水期（2005～2015 年）

（b）龙河流域

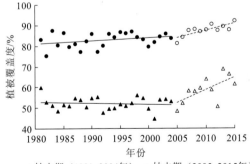

▲ 枯水期（1981～2004 年）　△ 枯水期（2005～2015 年）
● 丰水期（1981～2004 年）　○ 丰水期（2005～2015 年）

（c）小江流域

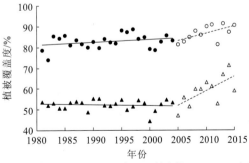

▲ 枯水期（1981～2004 年）　△ 枯水期（2005～2015 年）
● 丰水期（1981～2004 年）　○ 丰水期（2005～2015 年）

（d）磨刀溪流域

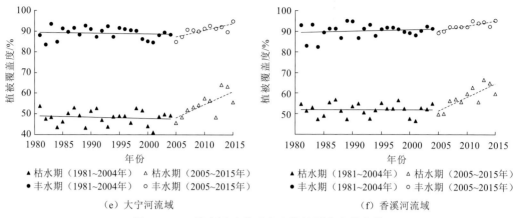

（e）大宁河流域　　　　　　　　（f）香溪河流域

图 6.1.3　三峡库区及典型支流植被覆盖度的变化

2）三峡库区典型支流输沙量变化规律

三峡库区支沟密布，分布有大小支流 66 条，产输沙条件复杂。在"十一五"期间，对三峡库区的来水来沙特征进行了初步分析，对三峡库区的来沙量进行了粗略的估算。但三峡库区小支流较多，而有观测资料的支流很少，代表性水文站少，仅龙河、磨刀溪、大宁河和香溪河等少数几条河流有泥沙监测资料。本节也对这些资料进行了收集，其长系列变化规律与上述植被覆盖度的变化存在一定的对应关系。

仅以观测资料较全的龙河、磨刀溪、大宁河和香溪河为例，从长系列的径流量和输沙量变化过程来看（图 6.1.4），4 条支流几乎都存在输沙量逐渐减少的趋势。三峡水库蓄水后，其年均输沙量分别较蓄水前多年平均值减少85.8%、88.6%、37.2%和71.0%。

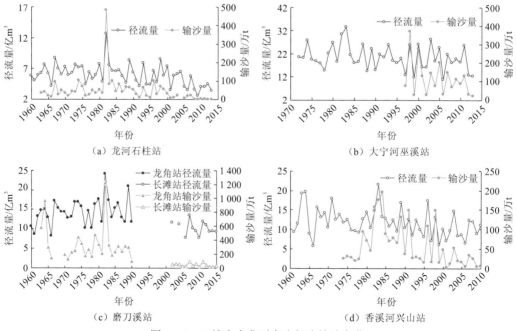

（a）龙河石柱站　　　　　　　　　　　（b）大宁河巫溪站

（c）磨刀溪站　　　　　　　　　　　（d）香溪河兴山站

图 6.1.4　三峡水库典型支流径流输沙变化

3）三峡水库区间来沙量综合估算

根据区间地质地貌、植被与土地利用等特点，将三峡水库区间分为 5 个片区，通过输沙模数还原计算并扣减水库拦沙、水土保持减沙等，提出了无资料地区面积、输沙模数双加权计算方法：

$$Q_s = \sum_{i=1}^{n} (q_{iu} + 2M_i S_{id} - q_{ird} + M_i S_{iou} - q_{ioru} + 2M_i S_{iod} - q_{iord})$$

$$M_i = (q_{iu} + q_{iru}) / S_{iu}$$

式中：Q_s 为三峡水库区间总来沙量；M_i 为第 i 片区代表流域水文站上游还原输沙模数；S_{iu} 为第 i 片区代表流域水文站上游流域面积；S_{id} 为第 i 片区代表流域水文站下游流域面积；S_{iou} 为第 i 片区除代表流域外上段流域面积；S_{iod} 为第 i 片区除代表流域外下段流域面积；q_{iu} 为第 i 片区代表流域水文站上游实测输沙量；q_{iru} 为第 i 片区代表流域水文站上游水库拦沙量；q_{ird} 为第 i 片区代表流域水文站下游水库拦沙量；q_{ioru} 为第 i 片区除代表流域外上段水库拦沙量；q_{iord} 为第 i 片区除代表流域外下段水库拦沙量。片区上下段面积比例与代表流域水文站集水面积上下游比例一致。

同时利用侵蚀量计算法、双累积曲线法、输沙平衡法进行验证。侵蚀量计算法所得三峡水库区间 2000 年、2007 年、2010 年侵蚀模数分别为 2 474 t/（km²·a）、2 126 t/（km²·a）、1 844 t/（km²·a），土壤侵蚀量分别为 1.45 亿 t、1.24 亿 t、1.08 亿 t，泥沙输移比为 0.01～0.34，入库泥沙量为 1 010 万～2 410 万 t。输沙平衡法、双累积曲线法、输沙模数类比法入库泥沙量计算值分别为 2 200 万 t、1 560 万 t、2 185 万 t。

三峡水库蓄水后的 2003～2015 年年最大输沙量可达 4 000 余万吨，年均输沙量约为 2 000 万 t，其中寸滩至万州段、万州至巫山段、巫山至大坝段来沙量分别占 41%、39%、20%。

三峡水库区间 2003 年以前年均输沙量为 4 270 万 t，2003～2015 年输沙量约为 2 000 万 t，输沙量约减少 2 270 万 t，三峡水库区间输沙量减少的主要因素依次是水土保持、降雨/径流变化影响及水库拦沙作用。其中，2003～2015 年较 1995～2002 年径流量均值减少 48.1 亿 m³，导致减沙约 1 000 万 t，水土保持减沙约 1 150 万 t，区间内主要大、中型水库拦沙约 200 万 t。

综上所述，三峡水库运行的前 10 年年均入库沙量为 2.23 亿 t，上游金沙江的溪洛渡水库和向家坝水库运行后，三峡水库年均入库沙量下降至 0.923 亿 t（含未控区间），与计算值较为接近（表 6.1.7）。今后 30 年内，预计影响三峡水库区间产输沙的因素将保持稳定，区间的年均产沙量仍按照 0.17 亿 t 来控制，考虑这一因素，预计未来 30 年三峡水库年均入库沙量在 1.1 亿 t 左右。

表 6.1.7　三峡水库实测与推荐方案计算的入库沙量对比

时段	实测三峡水库入库			推荐方案计算值	
	输沙量（朱沱站+北碚站+武隆站）/亿 t	未控区间/亿 t	年均入库沙量/亿 t	时段	年均入库沙量/亿 t
2003～2012 年	2.03	0.2	2.23	1～10	1.066

续表

时段	实测三峡水库入库			推荐方案计算值	
	输沙量（朱沱站+北碚站+武隆站）/亿 t	未控区间/亿 t	年均入库沙量/亿 t	时段	年均入库沙量/亿 t
2013～2018 年	0.723		0.923	11～20	0.880
2003～2018 年	1.54	0.2	1.74	21～30	0.918
				平均	0.955

根据气候变化特征，未来一段时间，长江上游降雨量可能增大，极端降雨事件出现的概率可能增加。若遇地震及强降雨等意外因素，入库输沙量可能发生大的变化。降雨和径流量变化的周期性特征较为明显，今后一段时间内，降雨可能处于增大阶段，长江上游产沙量可能因降雨量的增加而增加。由于降雨变化的不确定性，计算结果可能较实测值偏大。据实测资料统计，2020 年 8 月三峡水库入库泥沙（不含三峡水库区间）1.41 亿 t，加上三峡水库区间来沙，2020 年三峡水库入库输沙量将达到 2.0 亿 t 左右。2020 年 8 月长江上游寸滩站洪峰流量为 74 600 m³/s，仅次于 1981 年的 84 300 m³/s，为实测历史第二大洪峰流量，且发生在汶川地震影响强烈区，沱江、涪江水库拦沙能力小，流域产沙量大，输沙量也大，可能成为未来 30 年三峡水库入库输沙量的极值。

6.1.4 预测成果的合理性分析

为进一步检验长江上游输入三峡水库泥沙预测成果的合理性，本小节梳理了自三峡水库论证阶段到"十三五"规划研究阶段的有关成果，对三峡水库入库泥沙变化趋势预测研究过程进行了回顾，同时也通过纵横向的对比，论证了预测值的可靠性。

（1）三峡水库初步设计阶段。在三峡水库的初步设计阶段，水文专家组、三峡工程论证领导小组基于对长江上游 30 多年泥沙资料的分析，在对三峡水库以上泥沙来量变化趋势的论证中指出：根据现有泥沙资料（1950～1986 年），长江干流历年来沙量基本上在平均值的上下摆动，没有明显的增加或减少趋势。同时认为，根据长江流域的规划布局，上游地区正在加强水土流失治理并陆续兴建干支流水库，长江上游来沙量在总的趋势上将会逐渐减少。

（2）三峡工程泥沙问题研究"九五"计划成果。"九五"期间，关于长江上游三峡水库入库水沙变化的分析成果主要集中在嘉陵江流域，水利部长江水利委员会水文局、四川大学、清华大学和北京大学等单位围绕嘉陵江流域的水土流失、水土保持等对泥沙的影响开展了大量研究，给出了多因素影响下的嘉陵江水沙变化趋势。

长江科学院在"向家坝及溪洛渡水库修建后三峡水库淤积一维数模计算"研究中采用 60 水沙系列（1961～1970 年）进行模型计算，同时考虑溪洛渡水库和向家坝水库蓄水运行，发现自两个水库运行之后的 30 年内，朱沱站的年均输沙量在 1.35 亿 t 左右。中国水利水电科学研究院在"向家坝和溪洛渡水库对三峡水库泥沙淤积的影响"研究中也采用了 60 水沙系列，在考虑上游修建溪洛渡水库和向家坝水库的条件下，发现朱沱站在两级水库运行后 30 年的年均输沙量在 1.45 亿 t 左右。若进一步考虑嘉陵江、乌江和三峡水库区间的来沙，预计这一时期三峡水库入库沙量将在 2.5 亿 t 左右。

（3）三峡工程泥沙问题研究"十五"计划成果。"十五"期间，水利部长江水利委员会水文局在"三峡水库上游来水来沙变化分析研究"专题研究中，通过对长江上游地区 1991～2000 年新建大中小型水库拦沙作用的调查分析，发现水库拦沙对各出口控制站的年均减沙量约为 7 600 万 t。对长江上游地区水土保持综合治理措施减沙作用的调查分析显示，其年均减蚀量约为 8 869 万 t，且量化分析了 90 系列（1990～2000 年）年输沙量减少的主要原因，但并未明确给出未来三峡水库入库水沙的量值。

中国水利水电科学研究院模型和长江科学院模型均采用 1961～1970 年水沙系列，计算得出溪洛渡水库、向家坝水库联合运行 50 年，朱沱站累计悬移质输沙量为 64.2 亿～65.1 亿 t，年均入库约 1.3 亿 t，与"九五"期间的论证值相比略偏少。推移质入库总量为 4 960 万～6 340 万 t。在考虑亭子口水库拦沙的条件下，嘉陵江北碚站未来 30 年年均输沙量减少至 0.22 亿 t。若再加上乌江来沙和三峡水库未控区间的来沙，这一阶段预测给出的三峡水库年均入库沙量也应在 2 亿 t 以上，相较于"九五"期间预测值是略偏少的。

（4）三峡工程泥沙问题研究"十一五"规划成果。"十一五"期间，水利部长江水利委员会水文局在"三峡水库近期（2008～2027 年）入库泥沙系列分析"专题研究中指出：这期间仍然可选取 1991～2000 年系列代表入库水沙，但从输沙量的变化趋势来看，受降雨极值、水库拦沙和水土保持等因素的影响，1991～2000 年系列输沙量数值可能大于实际系列的数值，水库淤积估算偏安全，明确了三峡水库入库泥沙趋于减少的发展方向。

中国水利水电科学研究院、长江科学院和长江设计集团有限公司在"三峡水库近期（2008～2027 年）淤积计算研究"中采用的入库水沙条件初步考虑了溪洛渡水库和向家坝水库运行的影响，中国水利水电科学研究院和长江科学院的数学模型中最终采用的三峡水库前 20 年的年均入库沙量分别为 2.12 亿 t 和 1.99 亿 t。与"十一五"期间相比，在三峡水库入库泥沙变化趋势上没有太大区别。

因此，综合以往的论证成果来看，预计在金沙江下游的溪洛渡水库和向家坝水库运行后的 30 年内，三峡水库年均入库沙量基本在 2 亿 t 左右。

（5）三峡工程泥沙问题研究"十三五"规划成果。三峡工程泥沙重大问题研究项目"三峡水库优化调度与长期有效库容研究"中考虑了金沙江中游梯级水库、雅砻江梯级水库、岷江梯级水库、嘉陵江梯级水库、乌江梯级水库分别对金沙江攀枝花站、雅砻江小得石站、岷江高场站、嘉陵江北碚站、乌江武隆站的拦沙影响，拦沙计算采用平衡坡降法。综合考虑库容大小、建库时间、水库位置等多方面因素，共考虑金沙江中游、雅砻江、岷江、嘉陵江、乌江 5 个流域梯级上 25 座水库的拦沙影响。来水过程继续使用 1991～2000 年实测系列，沙量过程则考虑从不同阶段实测沙量统计值中选取合理的沙量值，然后对 1991～2000 年实测来沙过程进行同倍比缩放获得。按照水库运行方式拟定了 2 组计算方案,起始年份为 2016 年,最终计算得到的前 50 年三峡水库的累计淤积量约为 39 亿 t,三峡水库的排沙比为 31%。由此可推算得出该研究中,三峡水库未来 50 年年均入库沙量在 1.13 亿 t 左右。

三峡工程泥沙重大问题研究项目"未来三峡入库水沙变化趋势研究"充分考虑了影响三峡水库入库水沙的变化因子和发展趋势,综合采用水库拦沙模型、多梯级水库一维水沙数学模型、区间产输沙水文模型和经验估算模型等,研究预测三峡水库未来 30 年年均入库沙量。模型对选定的 1991～2000 年序列的重点产输沙区进行拦沙计算,参与拦沙计算的水库共计 55 座。

根据各水沙来源区的输沙量,考虑河道冲刷量,三峡水库未来 30 年入库输沙量见表 6.1.8。因 2013 年前,寸滩站上游各区间输沙量之和比寸滩站约大 2 500 万 t,2013～2018 年区间冲刷量大致为 2 500 万 t,上游各区间之和与寸滩站相当,输沙量大致平衡。因此,从沙量平衡角度考虑,在考虑未来 30 年三峡水库入库输沙量时,以当时的河道冲刷量 3 190 万 t 减去 2 500 万 t,得到新增的河道冲刷量为 690 万 t。在未来 30 年的统计中,朱沱站输沙量为向家坝站、横江站、高场站、富顺站之和;寸滩站为向家坝站、横江站、高场站、富顺站、北碚站和向家坝至寸滩段之和。最终确定出,未来 30 年三峡水库入库(寸滩站+武隆站)年均输沙量约为 0.85 亿 t,如考虑三峡水库区间来沙,三峡水库年均入库沙量约为 1.0 亿 t。

表 6.1.8 未来 30 年三峡水库入库输沙量预测表 （单位：万 t）

区间	1950～2018 年	1950～1990 年	2003～2012 年	2013～2018 年	未来 30 年
向家坝站	21 400	24 600	14 300	169	200
横江站	1 170	1 370	548	732	950
高场站	4 300	5 380	2 930	1 560	2 450
富顺站	836	1 120	210	1 090	850
朱沱站	25 700	31 100	16 800	4 300	4 450
北碚站	9 360	14 600	2 910	2 680	2 500
向家坝至寸滩段	3 200	4 530	1 270	1 040	1 200
小计	40 300	51 600	22 200	7 270	8 150
寸滩站	36 100	46 000	18 700	6 930	8 150
武隆站	2 230	3 000	570	266	340
三峡水库区间	3 730	4 520	2 330	1 700	1 700
寸滩站+武隆站	38 330	49 000	19 270	7 196	8 490
朱沱站+北碚站+武隆站	37 290	48 700	20 280	7 246	7 290
寸滩站+武隆站+三峡水库区间	42 060	53 520	21 600	8 896	10 190
河道冲刷	—	—	—	2 500	3 190
三峡水库入库合计	42 060	53 520	21 600	8 896	10 880

综上，本次预测给出的未来 30 年三峡水库年均入库沙量在 1.1 亿 t 左右是基本可靠的。

6.2　中下游河道冲刷趋势预测

三峡水库蓄水后，宜昌站以下干流河道的输沙量大幅减少，大通站的泥沙更多地来源于长江中下游河道的河床冲刷补给。因此，中下游河道冲刷趋势预测是预估大通站输沙变化趋势的关键。

6.2.1　中下游河道河床冲刷现状

三峡水库蓄水运用以来，宜昌至湖口段年际冲淤量变化如图 6.2.1 所示，宜昌至湖口段不同时期的冲淤量对比如表 5.3.3 所示。三峡水库蓄水运用前（1975～2002 年），宜昌至湖口段平滩河槽总体冲刷 1.687 亿 m³，年均冲刷量仅为 0.063 亿 m³，河段总体冲淤平衡。三峡水库蓄水运用后，2002 年 10 月～2019 年 10 月，宜昌至湖口段平滩河槽总冲刷量为 25.59 亿 m³（含河道采砂影响），年均冲刷量为 1.466 亿 m³。河床的中低滩和主槽均表现为冲刷，主要集中在枯水河槽，其冲刷量占平滩河槽冲刷量的 91%。在三峡水库围堰发电期，河段普遍冲刷，宜昌至枝城段冲刷强度最大；在三峡水库初期运用期，河床略有冲刷；自三峡水库 175 m 试验性蓄水以来，坝下游河床冲刷强度明显增大，其年均冲刷泥沙 1.758 亿 m³，大于围堰发电期的 1.438 亿 m³ 和初期蓄水期的 0.045 亿 m³，以荆江河段冲刷强度最大。

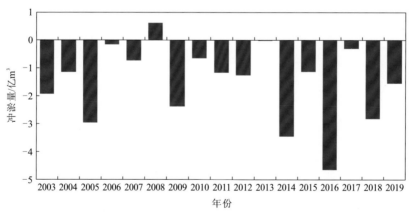

图 6.2.1　宜昌至湖口段平滩河槽年际冲淤量变化过程（负值为冲刷）

近年来，坝下游冲刷逐渐向下游发展，城陵矶以下河段河床冲刷强度有所增大，城陵矶至汉口段和汉口至九江段 2012 年 10 月～2019 年 10 月的年均冲刷量分别为 5 400 万 m³ 和 6 380 万 m³，远大于 2002～2011 年年均冲刷量 1 141 万 m³ 和 860 万 m³（图 6.2.2 和表 6.2.1）。

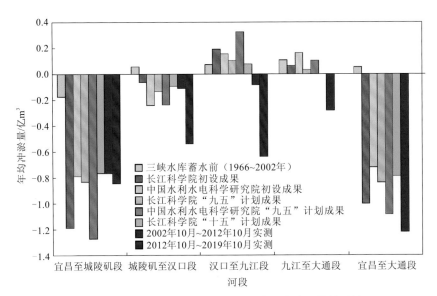

图 6.2.2　三峡水库蓄水前、后坝下游泥沙冲淤特性对比

表 6.2.1　三峡水库蓄水前、后坝下游泥沙冲淤特性对比

河段	年均冲淤量/（亿 m³）							
	三峡水库蓄水前（1966~2002 年）	长江科学院初设成果（前 10 年）	中国水利水电科学研究院初设成果（前 10 年）	长江科学院"九五"计划成果（前 10 年）	中国水利水电科学研究院"九五"计划成果（前 10 年）	长江科学院"十五"计划成果（前 10 年）	2002 年10 月~2012 年10 月实测	2012 年10 月~2019 年10 月实测
宜昌至城陵矶段	-0.177 1	-1.188	-0.788	-0.833	-1.27	-0.764	-0.767	-0.845
城陵矶至汉口段	0.052 1	-0.064	-0.244	-0.138	-0.239	-0.097	-0.114	-0.540
汉口至九江段	0.067 8	0.189	0.151	0.102	0.322	0.072	-0.086	-0.638
九江至大通段	0.105 1	0.061	0.161	0.03	0.1	0	-0.283	—
宜昌至大通段	0.047 9	-1.003	-0.721	-0.839	-1.087	-0.789	-1.219	—

从 10 余年的实测结果来看，三峡水库蓄水运用以来，长江中下游河道河势总体基本稳定，河道冲刷总体呈现从上游向下游推进的发展态势，由于受入、出库沙量减少和河道采砂等的影响，坝下游河道的冲刷速度较快，范围较大，河道冲刷主要发生在宜昌至城陵矶段，该河段的冲刷量在初步设计预测值范围之内，目前全程冲刷已发展至湖口以下。

6.2.2 中下游河道采砂、疏浚情况

由于地形法计算的河道冲刷总量中还包含了河道采砂和航道疏浚的影响，为了进一步明确输沙量法和地形法计算的冲淤量的对应关系，本节收集了长江中下游河道的规划采砂量和航道疏浚量数据。

在《长江中下游干流河道采砂管理规划》的三轮规划期 2002～2010 年、2011～2015 年和 2016～2020 年内，长江中下游规划采砂中实际发生的开采量为 8.278 亿 t，其中：2004～2018 年实际发生的建筑砂采砂量总计为 6 780 万 t（不含非法采砂量），年均采砂量为 452 万 t；2003～2018 年吹填等其他采砂项目共计采砂 7.6 亿 t，年均采砂量为 4 750 万 t。三峡水库蓄水后长江中下游河道的年均总采砂量约为 5 200 万 t。

据航道部门统计，2006～2019 年，长江中下游累计实施的航道疏浚方量为 1.9 亿 m³，折算成重量，年均疏浚泥沙约 2150 万 t。

扣除上述规划内的采砂量和疏浚量，中下游河道河床每年仍有约 2.1 亿 t 的泥沙冲刷补给量。输沙量法与地形法计算的补给量大概呈 1：3 的比例关系。

6.2.3 中下游河床冲刷发展趋势

"九五"期间，中国水利水电科学研究院和长江科学院对三峡水库下游河道（宜昌至大通段）的河床冲淤开展了模拟预测计算。中国水利水电科学研究院计算得到，不同方案下三峡水库运行的前 48 年间（扣除三峡水库实际已运行年限，可以看作自此至未来 30 年的预测成果）宜昌至大通段累计冲刷泥沙 30 亿 t 左右，且此前年均冲刷强度呈增加趋势，此后冲刷强度减弱。长江科学院计算的未来 50 年间三峡水库下游宜昌至大通段的河床累计冲刷量呈增加趋势，冲刷量在 43 亿 t 左右，且前 20 年冲刷速度最大。参照这一成果，扣除三峡水库已运行时段的冲刷量，预计未来 30 年，两家单位计算的水库下游宜昌至大通段的年均冲刷量十分接近，均在 0.75 亿 t 左右，比实际发生的冲刷量偏小。

近期，在三峡工程泥沙重大问题研究项目"坝下游河道长期冲刷演变及其影响研究"中，中国水利水电科学研究院和长江科学院选取 2008～2017 年实测水沙系列为江湖冲淤中短期（30 年）预测计算的典型系列年。长江科学院和中国水利水电科学研究院预测的未来 30 年，宜昌至大通段累计总冲刷量分别为 38.03 亿 m³、32.43 亿 m³，总量相差不大，各时段年均冲刷量和冲刷速率有所不同。也就是说，河床年均补给泥沙量仍能达到约 2 亿 t。

按照当前输沙量法与地形法冲淤量的比值，折算成输沙量法的结果，未来 30 年年均中下游河床冲刷对大通站泥沙的补给量仍将接近 0.7 亿 t。

6.3 中下游泥沙变化趋势预测

6.3.1 三峡水库排沙比预测

三峡水库作为长江中下游河道的进口控制边界，水库排沙即中下游河道的来沙。因此，关于中下游河道的水沙预测还是围绕三峡水库来展开，核心是对三峡水库排沙比的预测。本节首先介绍了三峡水库运行以来的排沙比变化特征；其次是直接采用中国水利水电科学研究院对三峡水库排沙比的预测成果；最后仍然是对比以往和同期其他研究成果，最终给出三峡水库排沙比的预测值。

1. 三峡水库排沙比变化特征

三峡水库蓄水运用以来，汛期随着坝前平均水位的抬高，水库排沙效果有所减弱。在三峡水库围堰蓄水期，水库排沙比为 37.0%；初期蓄水期，水库排沙比为 18.8%。三峡水库 175 m 试验性蓄水后，2008 年 10 月～2019 年 12 月三峡水库入库悬移质泥沙12.601 亿 t，出库悬移质泥沙 2.293 亿 t，不考虑区间来沙，水库淤积泥沙 10.308 亿 t，水库排沙比为 18.2%，要小于围堰蓄水期和初期蓄水期（表 6.3.1、图 6.3.1）。排沙比变化的重要原因之一就是其蓄水位，特别是汛期水位，较蓄水初期有所抬高。

表 6.3.1 三峡水库进出库泥沙与水库淤积量

时段	入库		出库		水库淤积 /亿 t	排沙比 /%
	水量/亿 m³	沙量/亿 t	水量/亿 m³	沙量/亿 t		
2003 年 6 月～2006 年 8 月	13 277	7.004	14 097	2.590	4.414	37.0
2006 年 9 月～2008 年 9 月	7 619	4.435	8 178	0.832	3.603	18.8
2008 年 10 月～2019 年 12 月	41 518	12.601	46 448	2.293	10.308	18.2
2003 年 6 月～2019 年 12 月	62 414	24.040	68 723	5.715	18.325	23.8

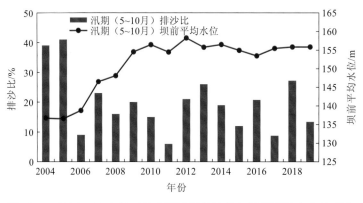

图 6.3.1 2004～2019 年三峡水库汛期排沙比与坝前平均水位的变化

2. 排沙比的预测计算

以往也积累了很多关于三峡水库排沙比的预测成果，"九五"期间，长江科学院和中国水利水电科学研究院研究计算了金沙江溪洛渡水库建设后三峡水库排沙比的变化，预计溪洛渡水库建成后 30 年，三峡水库的排沙比可以达到 48%左右，与当前三峡水库实际的排沙比有一定的差距。近期，在三峡工程泥沙重大问题研究项目"三峡水库优化调度与长期有效库容研究"中，充分考虑梯级水库的优化和联合排沙调度后，预测未来 30 年三峡水库的排沙比仍可以达到 31%左右，这与三峡水库近年实测的汛期排沙比相差不大。中国水利水电科学研究院预测的未来 30 年三峡水库的排沙比能由 22%增加至 25%。

6.3.2　宜昌站输沙变化趋势

三峡水库蓄水后，入库沙量和水库的排沙比都比预期偏小，2003~2018 年宜昌站的年均输沙量为 0.358 亿 t，金沙江下游溪洛渡水库和向家坝水库运行后的 2013~2018 年，宜昌站的年均输沙量进一步下降至 0.152 亿 t。

本节在回顾三峡水库排沙比预测计算过程的基础上，也对宜昌站输沙趋势预测的研究过程进行了梳理（表 6.3.2）。预测成果从设计阶段的预计年均输沙量 1.7 亿 t 逐步下降至"十一五"期间的 0.54 亿 t，与实际情况越来越接近。

表 6.3.2　三峡水库进、出库泥沙预测研究成果统计和对比

研究阶段	完成单位	三峡水库入库泥沙预估量/亿 t	三峡水库排沙比/%	宜昌站未来年均输沙量/亿 t
设计阶段	水文专家组、泥沙专家组	4.93	34	1.7
"九五"期间	水利部长江水利委员会水文局、中国水利水电科学研究院、长江科学院、清华大学等	2.0	48	0.96
"十五"期间			40	0.80
"十一五"期间			27	0.54
本书成果	水利部长江水利委员会水文局、中国水利水电科学研究院等	1.1	22~31	0.24~0.34

本次计算结合其他单位近期的研究成果，预估今后 30 年，考虑三峡水库的排沙优化调度等条件，宜昌站的年均输沙量在 0.24 亿~0.34 亿 t，平均约为 0.3 亿 t。

6.3.3　大通站泥沙变化趋势

长江入海泥沙的组成分析中，上游以三峡水库为核心的梯级水库群运行后，2013~2018 年宜昌站输沙量占大通站的比例由 33.2%下降至 13.2%，两湖及汉江流域来沙量占大通站的比例增至 15.1%，其他支流占比仅为 1%左右，大通站的泥沙更多地来源于长江中下游河道的河床冲刷补给，其占比高达 71%。因此，在掌握今后宜昌站输沙量变化趋势的基础上，关于长江入海泥沙变化趋势需补充论证两湖及汉江泥沙变化趋势和中下游河道河床冲刷补给泥沙的变化趋势。

1. 两湖及汉江泥沙变化趋势

1）洞庭湖

洞庭湖水沙来自荆江三口和四水。1956~2018 年，荆江三口年均输入洞庭湖的径流量和输沙量均呈持续性减少趋势。湘江、资江、沅江、澧水输入洞庭湖的径流量年际无明显变化趋势，年输沙量呈持续性减少趋势，2003~2018 年四水年均输入洞庭湖的沙量减少至 814 万 t，相较于 1956~2018 年多年平均值偏少 64.8%，相较于三峡水库蓄水前的 1996~2002 年多年平均值偏少 48.5%。荆江三口 1956~2018 年多年平均入湖沙量占总入湖沙量的 80.3%，四水来沙量仅占 19.7%，因此，荆江三口分沙是洞庭湖泥沙的主要来源。三峡水库蓄水后，荆江三口入湖的泥沙量大幅减少，占入湖总沙量的比例下降至 50%左右（表 6.3.3）。

表 6.3.3　不同时段洞庭湖入、出湖水沙量统计表

时段	入湖水量/亿 m³		出湖水量/亿 m³	入湖沙量/万 t		出湖沙量/万 t	淤积量/万 t	湖泊泥沙沉积率/%
	荆江三口	四水		荆江三口	四水			
1956~1966 年	1 332	1 524	3 126	19 590	2 920	5 960	16 550	73.5
1967~1972 年	1 022	1 729	2 982	14 190	4 080	5 250	13 020	71.3
1973~1980 年	834	1 699	2 789	11 090	3 650	3 840	10 900	73.9
1981~1988 年	772	1 545	2 579	11 570	2 440	3 270	10 740	76.7
1989~1995 年	615	1 778	2698	7 040	2 330	2 760	6 610	70.5
1996~2002 年	657	1 874	2 958	6 960	1 580	2 250	6 290	73.7
2003~2018 年	481	1 604	2 400	866	813	1 860	-176	-10.5
1956~2018 年	798	1 656	2 749	9 431	2 312	3 472	8271	70.4

洞庭湖出湖的水量呈不显著的减少趋势，输沙量在 2008 年之前呈显著的减少趋势，2008~2018 年出湖沙量增大，年均值达到 2 030 万 t，相较于 1996~2002 年均值仅偏小约 9.8%。受入湖沙量大幅减少、出湖沙量变化较小的综合影响，三峡水库蓄水后，尤其是 2008 年以来，洞庭湖都呈现出出湖沙量大于入湖沙量的特征，湖泊进入冲淤相对平衡的状态，甚至由于受到东洞庭湖区采砂活动扰动的影响，湖区出现向干流补给泥沙的现象。

洞庭湖出湖的泥沙同时受制于荆江三口、四水和湖区汇集及湖床冲淤等多个方面。荆江三口和四水来沙的控制因素相似，今后都将以水利枢纽拦沙和水土保持减沙作用为主，在湖区不发生大规模扰动、湖床冲淤不出现趋向性调整的条件下，未来洞庭湖入汇干流的泥沙基本不会超过当前水平，即湖区每年向干流河道净补给的泥沙（出湖与荆江三口入湖泥沙的差值）将维持在 0.1 亿 t 左右。

2）鄱阳湖

鄱阳湖流域处于长江中游右岸，是我国目前最大的淡水湖泊，湖区泥沙主要来自五河，且绝大部分来自赣江。

1956～2018 年五河（不含区间来水）年均输入鄱阳湖的径流量和输沙量分别为 1 088 亿 m³ 和 1 205 万 t，其径流量时段间无明显的趋势性变化，输沙量自 1961 年以来呈持续性的减少趋势，湖口出湖年输沙量 1956～2002 年也呈持续性的减少趋势。2003～2018 年五河年均入湖沙量减少至 563 万 t，相较于 1991～2002 年减少 45.4%，与此同时，出湖的沙量却出现增加的趋势，相较于 1991～2002 年增加 54.3%，根据研究，自 21 世纪初长江干流段全面禁止采砂后，大量采砂船进入鄱阳湖入江水道，高频率的采砂活动对泥沙输移造成明显扰动，是鄱阳湖区出湖泥沙量增大的重要原因。鄱阳湖区也是在 2000 年前后由此前的常年沉积泥沙状态转变为常年对干流河道补给泥沙的状态，2003～2018 年湖区补给的泥沙与入湖的总沙量基本相当（表 6.3.4）。

表 6.3.4　不同时段鄱阳湖入出湖水沙量统计表

时段	入出湖径流量/亿 m³		入出湖输沙量/万 t		湖泊泥沙沉积量/万 t	湖泊泥沙沉积率/%
	五河	湖口	五河	湖口		
1956～1960 年	942	1 244	1 483	1 192	291	19.6
1961～1970 年	1 051	1 369	1 678	1 059	619	36.9
1971～1980 年	1 078	1 418	1 574	989	585	37.2
1981～1990 年	1 042	1 428	1 460	895	565	38.7
1991～2002 年	1 265	1 752	1 032	726	305	29.6
2003～2018 年	1 060	1 480	563	1 120	−559	−99.3
1956～2018 年	1 088	1 477	1 205	985	220	18.3

鄱阳湖出湖的泥沙主要受制于五河入湖和湖区的产沙、湖床的冲淤变化等因素。五河水系输沙影响因素与其他流域大同小异，主要包括水土保持工程、水利工程及河道采砂等，因此自 20 世纪 70 年代以来也呈现持续性减沙的趋势。目前，鄱阳湖区的采砂活动仍较频繁，但今后随着长江大保护理念的不断深入推进，采砂会逐渐正规化，对无序的采砂量和采砂活动予以限制。因此，鄱阳湖输入长江干流的泥沙今后也将继续维持在 0.1 亿 t 左右的水平。

3）汉江

汉江仙桃站自丹江口水库及下游多个梯级水库建成运行后，多年平均输沙量基本维持在 350 万 t 左右，丹江口水库大坝加高工程实施后，汉江中下游的来沙基本得到控制，未来 30 年也不会超过当前的水平。

2. 大通站输沙变化趋势分析

未来大通站的泥沙仍将主要来源于长江上游（以宜昌站控制）、两湖及汉江水系、河床冲刷补给泥沙。综合上述关于这几个部分未来30年的变化趋势分析和计算结果，宜昌站年均来沙量约为0.3亿t，中下游河道河床冲刷补给泥沙0.7亿t/a，两湖和汉江水系补给泥沙0.25亿t/a，未来30年大通站的年均输沙量约为1.25亿t。

同时，考虑到三峡水库蓄水后遭遇大水年时，河床冲刷量偏大，宜昌至大通段年最大冲刷量仍能达到5亿m³，按照输沙量法和地形法的比例关系，河床冲刷补给的泥沙量将相应高达1.7亿t/a，彼时大通站的年输沙量可能达到2.5亿t左右。

6.4 本 章 小 结

本章主要是在4.6节讨论的影响长江流域输沙的控制因子及作用权重的基础上，采用大范围一维非恒定水沙数学模型，考虑水库泥沙的絮凝作用，对1991～2000年、2001～2010年两种系列条件下，长江上游多级水库联合运用拦沙作用下的控制断面泥沙变化趋势进行预测计算。同时，与自三峡水库工程论证以来的众多成果和近期平行开展的相关研究进行对比分析，综合给出了未来30年长江上游以三峡水库入库为控制、长江中游以宜昌站为控制、长江入海以大通站为控制的泥沙输移变化趋势，具体认识如下。

（1）在全面梳理和掌握长江上游泥沙输移控制性影响因素及贡献权重的基础上，全面和充分地梳理了长江上游的产输沙规律及控制因子的变化趋势，着重优化了重要产输沙区域的水库拦沙计算模块，同时充分考虑水库群对天然径流的调节及库区泥沙絮凝等细节问题，综合多种方法预估了未控区间的产输沙。最后，基于对以往研究成果的梳理，评估了本次计算成果的合理性。最终认为，未来30年三峡水库年均入库沙量约为1.1亿t，最大仍可能达到2亿t左右。

（2）三峡水库作为长江中下游河道的进口控制边界，水库排沙即中下游河道的来沙。研究分析了三峡水库运行以来的排沙比变化特征，采用模型对未来三峡水库的排沙比进行了预测模拟，结合以往和同期其他研究成果，最终给出未来30年三峡水库排沙比的预测值为22%～31%，对应的宜昌站年均输沙量为0.24亿～0.34亿t，平均约为0.3亿t。

（3）未来大通站的泥沙仍将主要来源于长江上游、两湖及汉江水系、河床冲刷补给泥沙。未来30年大通站的年均输沙量约为1.25亿t。若遭遇大水小沙年，河床仍有可能出现高强度冲刷，大通站的年输沙量可能达到2.5亿t左右。

长江科学院, 2002. 三峡水库下游宜昌至大通河段冲淤一维数模计算分析(二)//长江三峡工程泥沙问题研究(第七卷). 北京: 知识产权出版社: 258-311.

陈桂亚, 袁晶, 许全喜, 2012. 三峡工程蓄水运用以来水库排沙效果. 水科学进展, 23(3): 355-362.

陈龙, 2010. 乌东德水电站库坝区驾车河泥石流发育特征及危险性评价. 长春: 吉林大学.

邓建辉, 高云建, 余志球, 等, 2019. 堰塞金沙江上游的白格滑坡形成机制与过程分析. 工程科学与技术, 51(1): 9-16.

董炳江, 陈显维, 许全喜, 2014. 三峡水库沙峰调度试验研究与思考. 人民长江, 45(19): 1-5.

府仁寿, 虞志英, 金缪, 等, 2003. 长江水沙变化趋势. 水利学报(11): 21-29.

葛华, 李义天, 朱玲玲, 等, 2009. 三峡蓄水初期宜昌枯水位稳定机理分析. 四川大学学报(工程科学版), 41(1): 47-53.

关颖慧, 王淑芝, 温得平, 2021. 长江源区水沙变化特征及成因分析. 泥沙研究, 46(3): 43-49,56.

韩其为, 何明民, 1997. 三峡水库建成后长江中、下游河道演变的趋势. 长江科学院院报(1): 12-16.

胡启芳, 2014. 乌东德库岸滑坡灾害风险性研究. 武汉: 长江水利委员会长江科学院.

胡向阳, 张细兵, 黄悦, 2010. 三峡工程蓄水后长江中下游来水来沙变化规律研究. 长江科学院院报, 27(6): 4-9.

江凌, 李义天, 孙昭华, 等, 2010. 三峡工程蓄水后荆江沙质河段河床演变及对航道的影响. 应用基础与工程科学学报, 18(1): 1-10.

李长安, 殷鸿福, 俞立中, 2000. 长江流域泥沙特点及对流域环境的潜在影响. 长江流域资源与环境(4): 504-509.

李文杰, 杨胜发, 付旭辉, 等, 2015. 三峡水库运行初期的泥沙淤积特点. 水科学进展, 26(5): 676-685.

李义天, 孙昭华, 邓金运, 2003. 论三峡水库下游的河床冲淤变化. 应用基础与工程科学学报, 11(3): 283-295.

廖建华, 李丹勋, 王兴奎, 等, 2010. 黄土高原侵蚀产沙与高含沙水流空间分异对比分析. 自然资源学报, 25(1): 100-111.

林向阳, 2017. 亭子口水库泥沙冲淤演变及治理分析. 四川水利, 38(6): 1-4, 13.

刘成, 王兆印, 隋觉义, 2007. 我国主要入海河流水沙变化分析. 水利学报(12): 1444-1452.

刘光生, 王根绪, 张伟, 2012. 三江源区气候及水文变化特征研究. 长江流域资源与环境, 21(3): 302-309.

刘尚武, 张小峰, 吕平毓, 等, 2019a. 金沙江下游梯级水库对氮、磷营养盐的滞留效应. 湖泊科学, 31(3): 656-666.

刘尚武, 张小峰, 许全喜, 等, 2019b. 三峡水库区间来沙量估算及水库排沙效果分析. 湖泊科学, 31(1): 28-38.

刘邵权, 陈治谏, 陈国阶, 等, 1999. 金沙江流域水土流失现状与河道泥沙分析. 长江流域资源与环境(4): 423-428.

刘希胜, 2014. 青海省三江源区主要河流泥沙特征分析. 安徽农业科学, 42(26): 9091-9093, 9106.

刘毅, 1997. 长江泥沙输移及三峡工程泥沙问题. 中国三峡建设(7): 17-18, 50.

卢金友, 黄悦, 2013. 三峡水库淤积计算预测与原型实测结果比较分析. 长江科学院院报, 30(12): 1-6, 27.

潘增, 陈忠贤, 范向军, 等, 2020. 向家坝水电站下游河道变化对枢纽运行影响研究. 人民长江, 51(S2):

320-324.

钱宁, 万兆惠, 钱意颖, 1979. 黄河的高含沙水流问题. 清华大学学报(自然科学版)(2): 1-17.

石国钰, 1991. 岷、沱江流域水库群拦沙分析及计算. 水文(5): 20-26.

唐小娅, 童思陈, 许光祥, 等, 2019. 三峡水库汛期泥沙淤积对坝前水位的滞后响应. 水科学进展, 30(4): 528-536.

王兴奎, 钱宁, 胡维德, 1982. 黄土丘陵沟壑区高含沙水流的形成及汇流过程. 水利学报(7): 26-35.

王延贵, 史红玲, 刘茜, 2014. 水库拦沙对长江水沙态势变化的影响. 水科学进展, 25(4): 467-476.

王莺, 李耀辉, 孙旭映, 2015. 气候变化对黄河源区生态环境的影响. 草业科学, 32(4): 539-551.

王之君, 拓万全, 王昱, 等, 2019. 黄河上游"十大孔兑"高含沙洪水灾害过程与输沙特性. 灾害学, 34(3): 93-96.

熊明, 许全喜, 袁晶, 等, 2010. 三峡水库初期运用对长江中下游水文河道情势影响分析. 水力发电学报, 29(1): 120-125.

许炯心, 1999. 黄土高原的高含沙水流侵蚀研究. 土壤侵蚀与水土保持学报(1): 3-5.

许炯心, 2000. 长江上游干支流的水沙变化及其与森林破坏的关系. 水利学报(1): 72-80.

许炯心, 2006. 人类活动和降水变化对嘉陵江流域侵蚀产沙的影响. 地理科学(4): 4432-4437.

许强, 郑光, 李为乐, 等, 2018. 2018年10月和11月金沙江白格两次滑坡-堰塞堵江事件分析研究. 工程地质学报, 26(6): 1534-1551.

许全喜, 2007. 长江上游河流输沙规律变化及其影响因素研究. 武汉: 武汉大学.

许全喜, 2013. 三峡工程蓄水运用前后长江中下游干流河道冲淤规律研究. 水力发电学报, 32(2): 146-154.

许全喜, 石国钰, 陈泽方, 2004. 长江上游近期水沙变化特点及其趋势分析. 水科学进展(4): 420-426.

许全喜, 童辉, 2012. 近50年来长江水沙变化规律研究. 水文, 32(5): 38-47,76.

杨艳生, 史德明, 1994. 长江三峡区土壤侵蚀研究. 南京: 东南大学出版社.

袁晶, 许全喜, 2018. 金沙江流域水库拦沙效应. 水科学进展, 29(4): 482-491.

袁晶, 许全喜, 童辉, 2013. 三峡水库蓄水运用以来库区泥沙淤积特性研究. 水力发电学报, 32(2): 139-145, 174.

张莉莉, 陈进, 2007. 长江上游水沙变化分析. 长江科学院院报(6): 34-37.

张信宝, 1999. 长江上游河流泥沙近期变化原因及减沙对策: 嘉陵江与金沙江的对比. 中国水土保持(2): 22-24.

张信宝, 文安邦, 2002. 长江上游干流和支流河流泥沙近期变化及其原因. 水利学报(4):56-59.

中国水利水电科学研究院, 2002. 三峡水库下游河道冲淤计算研究// 长江三峡工程泥沙问题研究(第七卷). 北京: 知识产权出版社: 149-210.

周曼, 黄仁勇, 徐涛, 2015. 三峡水库库尾泥沙减淤调度研究与实践. 水力发电学报, 34(4): 98-104.

朱鉴远, 2000. 长江沙量变化和减沙途径探讨. 水力发电学报(3): 38-48.

朱玲玲, 葛华, 李义天, 等, 2015. 三峡水库蓄水后长江中游分汉河道演变机理及趋势. 应用基础与工程科学学报, 23(2): 246-258.

朱玲玲, 李圣伟, 董炳江, 等, 2020. 白格堰塞湖对金沙江水沙及梯级水库运行的影响. 湖泊科学, 32(4): 1165-1176.

朱玲玲, 许全喜, 戴明龙, 2016. 荆江三口分流变化及三峡水库蓄水影响. 水科学进展, 27(6): 822-831.

朱玲玲, 许全喜, 董炳江, 等, 2021. 金沙江下游溪洛渡水库排沙效果及影响因素. 水科学进展, 32(4): 544-555.

朱玲玲, 杨霞, 许全喜, 2017. 上荆江枯水位对河床冲刷及水库调度的综合响应. 地理学报, 72(7): 1184-1194.

CHEN Z Y, LI J F, SHEN H T, et al., 2001. Yangtze River of China: Historical analysis of discharge variability and sediment flux. Geomorphology, 41: 77-91.

DUAN Q Y, SOROOSHIAN S, GUPTA V K, 1994. Optimal use of the SCE-UA global optimization method for calibrating watershed models. Journal of hydrology, 158(3/4): 265-284.

GUO B, ZHOU Y, ZHU J F, et al.,2016.Spatial patterns of ecosystem vulnerability changes during 2001–2011 in the three-river source region of the Qinghai-Tibetan Plateau[①], China. Journal of arid land, 8(1): 23-35.

HU S X, WANG Z Y, WANG G, et al., 2004. Effects of watershed management on the reduction of sediment and runoff in the Jialing River, China. International journal of sediment research, 19(2): 142-148.

Intergovernmental Panel on Climate Change, 2007. Climate change 2007: The physical science basis//SOLOMON S et al. Contribution of working group I to the fourth assessment report of the Intergovernmental Panel on Climate Change. Cambridge:Cambridge University Press.

JIANG L G, YAO Z J, LIU Z F, et al., 2015. Hydrochemistry and its controlling factors of rivers in the source region of the Yangtze River on the Tibetan Plateau[②]. Journal of geochemical exploration,155: 76-83.

KNIGHT J, HARRISON S, 2009. Sediments and future climate. Nature geoscience, 2: 230.

LU X X, CHEN X Q, 2008. Larger Asian rivers and their interactions with estuaries and coasts. Quaternary international, 186(1): 1-3.

XIANG X H, WU X L, WANG C H, et al., 2013. Influences of climate variation on thawing-freezing processes in the northeast of Three-River Source Region China. Cold regions science and technology, 86: 86-97.

YANG S L, ZHANG J, DAI S B, et al., 2007. Effect of deposition and erosion within the main river channel and large lakes on sediment delivery to the estuary of the Yangtze River. Journal of geophysical research, 112: F02005.

---

① "Qinghai-Tibetan Plateau"更正为"Qinghai-Tibet Plateau"。
② "Tibetan Plateau"更正为"Qinghai-Tibet Plateau"。

长江上游一直是长江流域水土流失最严重的区域之一，高强度的侵蚀产沙造成了流域生态环境的恶化，限制了水土资源的高效利用，严重制约地区经济社会发展，侵蚀产沙治理成为长江上游水生态环境保护与修复的"第一课"，关系到长江大保护目标的实现。自 20 世纪 80 年代开始，长江上游水土保持工作稳步推进，水土流失面积和强度持续下降，有效改善了部分重点产沙区的下垫面环境，外源输入江、河、湖水系的泥沙整体减少。然而，长江上游重点侵蚀产沙区的地位没有发生根本性改变，大量泥沙由输移入海转变为囤积于梯级水库。近年长江上游水库群每年拦截接近 4 亿 t 的泥沙，泥沙淤积将严重影响水库的使用寿命和综合效益，侵蚀产沙的精准调控与水库群长期安全运行需求的矛盾依然突出。

同时，流域中下游区域河道泥沙输移量进入极低水平，且短期内这种变化趋势难以扭转，使得中下游河道河床普遍地、高强度地冲刷，进而导致流域不同尺度的泥沙来源显著变化，从主产沙区转变为支流、未控区间和河床的冲刷补给等，水沙异源的现象更为突出。流域泥沙分布格局显著调整，从沉积在中下游平原河流、通江湖泊和随水流入海转变为囤积在控制性水库群内，而接近淤积平衡或低水头的水利枢纽可能再度成为泥沙的来源之一等。诸如此类的新变化渐次显现，流域可能面临将长达百年之久的新水沙环境，因而关于泥沙输移规律及其宏观效应的研究仍应持续加强。